U0687771

"十四五"职业教育国家规划教材

智能制造专业群系列教材

UG NX 注塑模具设计教程

（第二版）

主编　吕永锋

主审　蒋立正

科学出版社

北　京

内 容 简 介

本书详细介绍了 UG NX MoldWizard 模具设计模块和运用 UG 软件进行模具设计的相关技巧。全书共分 8 章，分别为模具设计基础知识、模具设计应用体验、模型准备、注塑模工具、模具分型工具、模架及标准件、MoldWizard 其他功能、UG 注塑模设计实例。

本书将 UG 软件基础应用与注塑模设计实例有机地结合起来，并穿插大量操作技巧和实例，以帮助读者切实掌握运用 UG 软件 MoldWizard 模块进行模具设计的方法和技巧。

本书既可作为职业院校模具设计课程的教学用书，又可作为各类技能培训的教材，还可供工厂模具工程技术人员参考。

图书在版编目(CIP)数据

UG NX 注塑模具设计教程/吕永锋主编. —2 版.—北京：科学出版社，2019.11（2023.8 修订）

"十四五"职业教育国家规划教材　智能制造专业群系列教材

ISBN 978-7-03-063409-2

Ⅰ.①U⋯　Ⅱ.①吕⋯　Ⅲ.①注塑—塑料模具—计算机辅助设计—应用软件—高等职业教育—教材　Ⅳ.①TQ320.66-39

中国版本图书馆 CIP 数据核字（2019）第 258013 号

责任编辑：张振华 / 责任校对：陶丽荣
责任印制：吕春珉 / 封面设计：东方人华平面设计部

科学出版社 出版
北京东黄城根北街 16 号
邮政编码：100717
http://www.sciencep.com

廊坊市都印刷有限公司　印刷
科学出版社发行　　各地新华书店经销

*

2015 年 1 月第 一 版　　开本：787×1092　1/16
2019 年 11 月第 二 版　　印张：21
2024 年 6 月第八次印刷　　字数：500 000

定价：56.00 元

（如有印装质量问题，我社负责调换）

销售部电话 010-62136230　编辑部电话 010-62135120-2005

版权所有，侵权必究

前　言

2013年，本书被评为"十二五"职业教育国家规划教材；2020年，本书被评为"十三五"职业教育国家规划教材；2023年，本书被评为"十四五"职业教育国家规划教材。多年来，本书受到广大读者的普遍欢迎，被众多院校指定为相关专业的专用教材。许多热心读者在使用本书后提出了宝贵的修订建议。

党的二十大报告深刻指出："推进新型工业化，加快建设制造强国、质量强国、航天强国、交通强国、网络强国、数字中国。"为了更好地适应国家新型工业化发展和教学改革的需要，编者根据二十大报告精神和《职业院校教材管理办法》《高等学校课程思政建设指导纲要》《"十四五"职业教育规划教材建设实施方案》等相关文件精神，在保留了第二版的编写风格和主要内容的基础上，对本书内容做了更新、完善等修订工作。

在修订过程中，编者紧紧围绕"培养什么人、怎样培养人、为谁培养人"这一教育的根本问题，以落实立德树人为根本任务，以学生综合职业能力培养为中心，以培养卓越工程师、大国工匠、高技能人才为目标，紧密结合当前教学改革趋势，充分考虑职业院校的特点，注重岗课赛证融通，强调思政融入，充分发挥教材承载的思政育人功能。

通过这次修订，本书的体例更加合理和统一，概念阐述更加严谨和科学，内容重点更加突出，文字表达更加简明易懂，工程案例和思政元素更加丰富，配套资源更加完善。具体而言，主要具有以下几个方面的突出特点。

1. 校企"双元"联合开发，编写理念新颖

本书在模具行业、企业专家和课程开发专家联合指导下，由校企"双元"联合开发，行业特点鲜明。编者均来自教学或企业一线，具有多年的教学或实践经验，大多编者带队参加过国家或职业院校技能大赛并取得了良好的成绩。在编写本书的过程中，编者能紧扣该专业的培养目标，借鉴相关岗位所提出的能力要求，把相关岗位所体现的规范、高效等理念贯穿其中，符合当前企业对人才综合素质的要求。

2. 体现以人为本，强调实践能力培养

本书切实从职业院校学生的实际出发，摈弃了以往教材中过多的理论描述，在知识讲解上"削枝强干"，力求理论联系实际，从实用、专业的角度剖析各个知识点，以浅显易懂的语言和丰富的图示来进行说明，注重学生应用能力和实践能力的培养。

3. 与实际工作岗位对接，突出"工学结合"

本书基于专业工作领域模块化、工作任务项目化、职业能力具体化的职业教育课程改革理念进行编写，注重以真实生产项目、典型工作任务、案例等为载体组织教学，能够满足项目学习、案例学习、模块化学习等不同教学方式要求。

本书是关于MoldWizard模块使用和模具设计实例的综合教程。首先，本书讲解了最

常用的模块与功能，使读者容易上手，学习起来也更轻松。其次，在讲解功能时，本书并未面面俱到，而是只介绍 MoldWizard 模块中最常用的功能，从而让读者能集中精力，快速掌握 MoldWizard 模块的核心功能，并能运用这些核心功能完成工程设计。本书以丰富的图形和操作实例讲解功能，避免了枯燥地讲命令造成的只了解该命令但不知如何使用的尴尬，从而使读者阅读起来更为便利，并在学习中逐步掌握命令的用法。最后，本书配套资源包中包含大量的实例文件，并带有多媒体演示文件，供读者学习参考。本书设计了"提示""注意"等内容，提醒读者应特别注意的技术细节。

4. 体现"书证"融通，注重思政融合

在编写过程中，注重对接与 1+X 职业资格证书和国家职业技能标准，体现"书证"融通、"岗课赛证"融通。

同时，为落实立德树人根本任务，充分发挥教材承载的思政教育功能，本书凝练案例中的思政要素，融入精益化生产管理理念，将安全质量意识、职业素养、工匠精神的培养与教材的内容相结合，使学生在学习专业知识的同时，通过潜移默化的效果，把握各个思政教育映射点所要传授的内容。

5. 配套立体化资源，便于信息化教学实施

本书配套立体化的教学资源包，包括视频、电子教材、纸质教材、演示文稿、练习、试题库、教学辅助软件、自动组卷系统、教学计划等。书中穿插有微课视频等二维码资源链接，便于实施信息化教学。

本书由杭州浙大旭日科技开发有限公司配套提供立体教学资源包。其内容更丰富，形式更多样，并可灵活、自由地组合和修改。同时，还配套提供教学软件和自动组卷系统，使教学效率显著提高。实践证明，立体教学资源库的使用可大幅度提升教学效率和效果，是广大教师和学生的得力助手。

本书由浙江机电职业技术学院吕永锋任主编，浙江机电职业技术学院陈川、杭州科技职业技术学院张学良、宁波职业技术学院祝水琴任副主编，浙江机电职业技术学院蒋立正任主审。杭州浙大旭日科技开发有限公司为本书配套提供立体教学资源库、教学软件及相关协助。

限于编者的水平，书中难免存在需要改进和提高的地方。编者十分期望广大读者提出宝贵意见与建议，以便我们今后不断加以完善。请通过以下方式与我们交流。

- 网站：http://www.51cax.com
- 邮箱：service@51cax.com，book@51cax.com
- 电话：0571-28852522，0571-87952303

目　　录

第1章
模具设计基础知识

内容提要 ☞

　　简单了解模具行业现今的发展状况和趋势，熟悉注塑模具的基本组成结构，理解注塑模具成型工艺中的参数含义，培养通过试模等方式对出现的问题提出解决方法的能力。

学习重点 ☞

1. 注塑模具的基本结构。
2. 注塑模具的成型工艺参数。
3. 注射成型问题及其对应的解决方法。

思政目标 ☞

1. 树立正确的学习观、价值观，自觉践行行业道德规范。
2. 牢固树立质量第一、信誉第一的强烈意识。
3. 遵规守纪，安全生产，爱护设备，钻研技术。

1.1 模具设计简介

模具工业是制造业中的一项基础产业,是技术成果转化的基础,同时本身又是高新技术产业的重要领域,在欧美等工业发达国家被称为"点铁成金"的"磁力工业"。美国工业界认为"模具工业是美国工业的基石";德国工业界则认为模具工业是所有工业中的"关键工业";日本模具协会也认为"模具是促进社会繁荣富裕的动力",同时也是"整个工业发展的秘密",是"进入富裕社会的原动力"。

1.1.1 模具行业现状及发展趋势

模具是工业产品生产用的重要工艺装备,在现代工业生产中,60%~90%的工业产品需要使用模具,模具工业已成为工业发展的基础。许多新产品的开发和研制在很大程度上依赖于模具生产,汽车、摩托车、轻工、电子、航空等行业尤为突出。近年来,我国模具工业一直以每年13%左右的增长速度快速发展。模具钢的需求量也以每年12%的速度递增,全国年需求量约 70 万吨,而国产模具钢的品种只占现有国外模具钢品种的60%,每年进口模具钢约 6 万吨。我国每年进口模具约占市场总量的20%,价值超过10亿美元,其中塑料与橡胶模具占全部进口模具的50%以上,冲压模具约占全部进口模具的40%。目前,全世界模具的年产值约为650亿美元,我国模具工业产值在国际上排名位居第三位,仅次于日本和美国。虽然近几年来,我国模具工业的技术水平已取得了很大的进步,但总体上与工业发达国家相比仍有较大的差距。例如,精密加工设备还很少,许多先进的技术如 CAD/CAE/CAM 技术的普及率还不高,特别是大型、精密、复杂和长寿命模具远远不能满足国民经济各行业的发展需要。

塑料成型所用的模具称为塑料成型模,用于成型塑料制件,它是型腔模的一种类型。塑料成型工业是新兴的工业,并随着石油工业的发展应运而生。塑料工业又是一个飞速发展的工业领域,世界塑料工业始于 20 世纪 30 年代前后。目前,塑料工业从产品系列化、生产工艺自动化、连续化至不断开拓功能塑料新领域,经历了 30 年代以前的初创阶段、30 年代的发展阶段、50~60 年代的飞跃发展阶段和 70 年代至今的稳定增长阶段。随着工业塑料制件和日用塑料制件的品种及需求量的日益增加,这些产品更新换代的周期越来越短,因此对塑料的品种、产量和质量都提出了越来越高的要求。这就要求塑料模具的开发、设计与制造水平也必须越来越高。纵观发达国家对模具工业的认识与重视,我们感受到制造理念陈旧是我国模具工业发展滞后的直接原因。模具技术水平的高低,决定着产品的质量、效益和新产品开发能力,它已成为衡量一个国家制造业水平高低的重要标志。因此,模具是国家重点鼓励与支持发展的技术和产品,现代模具是多学科知识集聚的高新技术产业的一部分,是国民经济的装备产业,其技术、资金与劳动相对密集。目前,我国模具工业的当务之急是加快技术进步,调整产品结构,增加高档模具的比例,从质量中求效益,提高模具的国产化程度,减少对进口模具的依赖。

据新近有关统计资料,在国内外模具行业中,各类模具占模具总量的比例大致如下:

冲压模具、塑料模具各占 35%～40%，压铸模具占 10%～15%，粉末冶金模具、陶瓷模具、玻璃模具等其他模具约占 10%，因此，塑料成型模具的应用在各类模具的应用中与冲压模具并驾齐驱，占有重要位置。

目前，我国在塑料模具的制造精度、模具标准化程度、制造周期、模具寿命及塑料成型设备的自动化程度和精度方面已经有了长足的进步，但与国外工业先进国家相比，仍有一定的差距。许多精密技术、大型薄壁和长寿命塑料模具自主开发的生产能力还较薄弱。因此，需在先进的模具设计技术、制造技术和开发研制优质的模具材料等方面下功夫，以提高模具的整体制造水平和在国内外市场的竞争力。

现代模具技术的发展，在很大程度上依赖于模具标准化、优质模具材料的研究、先进的设计与制造技术、专用的机床设备，特别是生产技术的管理等。21 世纪模具行业的基本特征是高度集成化、智能化、柔性化和网络化，追求的目标是提高产品的质量及生产效率，缩短设计及制造周期，降低生产成本，最大限度地提高模具行业的应变能力，满足用户需要。可见，未来我国模具工业和技术的主要发展方向如下。

1）大力普及、广泛应用 CAD/CAE/CAM 技术，逐步走向集成化。现代模具设计制造不仅应强调信息的集成，还应该强调技术、人员和管理的集成。

2）提高大型、精密、复杂与长寿命模具的设计与制造技术，逐步减少模具的进口量，增加模具的出口量。

3）在塑料注射成型模具中，积极应用热流道，推广气辅或水辅注射成型及高压注射成型技术，满足产品的成型需要。

4）提高模具标准化水平和模具标准件的使用率。模具标准件是模具的基础，其大量应用可缩短模具设计制造周期，同时可显著提高模具的制造精度和使用性能，大大提高模具质量。我国模具商品化、标准化率均低于 30%，而发达国家均高于 70%，每年我国要从国外进口相当数量的模具标准件，其费用占年模具进口额的 3%～8%。

5）发展快速制造成型和快速制造模具，即快速成型制造技术，快速制造出产品的原型与模具，降低成本，推向市场。

6）积极研究与开发模具的抛光技术、设备与材料，满足特殊产品的需要。

7）推广应用高速铣削、超精度加工和复杂加工技术与工艺，满足模具制造的需要。

8）开发优质模具材料和先进的表面处理技术，提高模具的可靠性。

9）研究和应用模具的高速测量技术、逆向工程与并行工程，最大限度地提高模具的开发效率与成功率。

10）开发新的成型工艺与模具，以满足未来多学科多功能综合产品开发设计技术。

在科技发展中，人是第一因素，因此我们要特别注重人才的培养，实现"产、学、研"相结合，培养更多的模具人才，搞好技术创新，提高模具设计制造水平。在制造中积极采用多媒体与虚拟现实技术，逐步走向网络化、智能化环境，实现模具企业的敏捷制造、动态联盟与系统集成。我国模具工业一个完全信息化的、充满着朝气和希望而又实实在在的新时代即将到来。

1.1.2　塑料成型模具分类

按照塑料制件成型的方法，塑料成型模具通常可以分为以下几类。

1.　注塑模具

注塑模具即塑料注射成型模具，又称注射模具。塑料注射成型是在金属压铸成型的基础上发展起来的，成型所使用的设备是注射机。注塑模具通常适合于热塑性塑料的成型，目前部分热固性塑料也可以采用该方法成型。塑料注射成型是塑料成型生产中自动化程度最高、应用最广泛的一种成型方法。本书后面讲解此类内容。

2.　压缩模具

压缩模具又称压塑模具或压胶模具。塑料压缩成型是塑料制件成型方法中较早采用的一种。成型所使用的设备是塑料成型压力机，是热固性塑料通常采用的成型方法之一。与塑料注射成型相比，成型周期较长，生产效率较低。

3.　压注模具

压注模具又称传递模具。压注成型所使用的设备和塑料的适应性与压缩成型完全相同，只是模具的结构不同。

4.　挤出模具

挤出模具是安装在挤出机料筒端部进行生产的，因此又称挤出机头。成型所使用的设备是塑料挤出机。只有热塑性塑料才能采用挤出成型。

5.　气动成型模具

气动成型模具是指利用气体作为动力介质成型塑料制件的模具。气动成型包括中空吹塑成型、抽真空成型和压缩空气成型等。与其他模具相比较，气动成型模具结构最为简单，只有热塑性塑料才能采用气动成型。

除了上述介绍的几种常用的塑料成型模具外，还有浇注成型模具、泡沫塑料成型模具、聚四氟乙烯冷压成型模具和滚塑模具等。

1.2　注塑模具的构成形式

注塑模具主要用于热塑性塑料制件的成型。塑料注射成型的特点是生产效率高，容易实现自动化生产，因此使用最为广泛。注塑模具根据分类性质不同，也有多种类型。例如，按塑料性质分类，注塑模具可分为热塑性注塑模具、热固性注塑模具；按注塑模具所使用注射机的类型，可分为卧式注射机用模具、立式注射机用模具和角式注射机用模具等。

1.2.1 注塑模具的结构组成

注塑模具的结构是由塑料制件的复杂程度和注射机的形式等因素决定的。注塑模具可分为动模和定模两大部分，定模安装在注射机的固定模板上，动模安装在注射机的移动模板上。注射时，动模与定模闭合构成浇注系统和型腔；开模时，动模与定模分离，取出塑料制件。

不管模具结构如何复杂，注塑模具的总体结构大致由以下几个部分或系统组成。

1. 成型部分

成型部分是指与塑料制件直接接触、成型塑料制件内表面和外表面的模具部分，它由凸模（型芯）、凹模（型腔）、嵌件和镶块等组成。作为塑料制件的几何边界，成型部分包容塑料制件，完成塑料制件的结构和尺寸等的成型。

2. 浇注系统

浇注系统是熔融塑料在压力作用下充填模具型腔的通道（熔融塑料从注射机喷嘴进入模具型腔所流经的通道）。浇注系统由主流道（sprue）、分流道（runner）、浇口（gate）及冷料穴等组成。浇注系统对塑料熔体在模内流动的方向与状态、排气溢流、模具的压力传递等起到重要作用。

3. 导向机构

为了保证动模、定模在合模时的准确定位，模具必须设计有导向机构。导向机构分为导柱-导套导向机构与内外锥面定位导向机构两种形式。

4. 侧向分型与抽芯机构

塑料制件的侧向有凹凸形状及孔或凸台，需要有侧向的型芯或成型块来成型。在塑料制件被推出之前，必须先推出侧向型芯或侧向成型块，然后才能顶离脱模。带动侧向型芯或侧向成型块移动的机构称为侧向分型与抽芯机构。

5. 推出机构

推出机构是将成型后的塑料制件从模具中推出的装置。推出机构由推杆、复位杆、推杆固定板、推板、主流道拉料杆、推板导柱和推板导套等组成。

6. 温度调节系统

为了满足注射工艺对模具的温度要求，必须对模具的温度进行控制，模具结构中一般设有对模具进行冷却或加热的温度调节系统。模具的冷却方式通常是在模具上开设冷却水道；加热方式通常是在模具内部或四周安装加热元件。

7. 排气系统

在注射成型过程中，为了将型腔内的气体排出模外，通常需要设置排气系统。排气系统通常是在分型面上有目的地开设几条排气槽，另外，许多模具的推杆或活动型芯与模板之间的配合间隙可起排气作用。

8. 支撑零部件

用来安装固定或支撑成型的零部件及前述各部分机构的零部件均称为支撑零部件。支撑零部件组装在一起，构成注塑模具的基本骨架。

根据注塑模具中各零部件的作用，上述八大部分可以分为成型零部件和结构零部件两大类。在结构零部件中，导向机构与支撑零部件合称为基本结构零部件，二者组装起来可以构成注塑模模架（已标准化）。

1.2.2 注塑模具的基本结构

1. 单分型面注塑模具

单分型面注塑模具又称二板式注塑模具，是注塑模具中最简单、最常见的一种结构形式。单分型面注塑模具只有一个分型面，如图 1-1 所示。

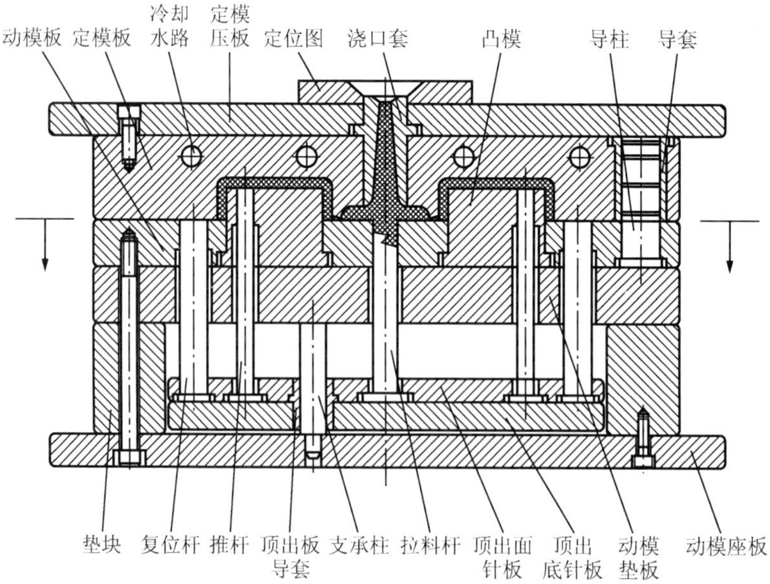

图1-1 单分型面注塑模具

其工作原理如下：合模时，在导柱和导套的导向和定位作用下，注射机的合模系统带动动模部分向前移动，使模具闭合，并提供足够的锁模力锁紧模具。在注射液压缸的作用下，塑料熔体通过注射机喷嘴经过模具浇注系统进入型腔，待熔体充满型腔并经过保压、补缩和冷却定型后开模；开模时，注射机合模系统带动动模向后移动，模具从动模和定模分型面分开，塑料包在凸模上随动模一起后移，同时拉料杆将浇注系统主流道凝料从浇口套中拉出，开模行程结束；注射机液压顶杆推动顶出底针板，推出机构开始工作，推杆和拉料杆分别将塑料制件及浇注系统凝料从凸模和冷料穴中推出，至此完成一次注射过程。合模时，复位杆使推出机构复位，模具准备下一次注射。

2. 双分型面注射模具

双分型面注射模具又称三板式注塑模具，其结构特点是有两个分型面，通常用于点浇口浇注系统的模具，如图 1-2 所示。

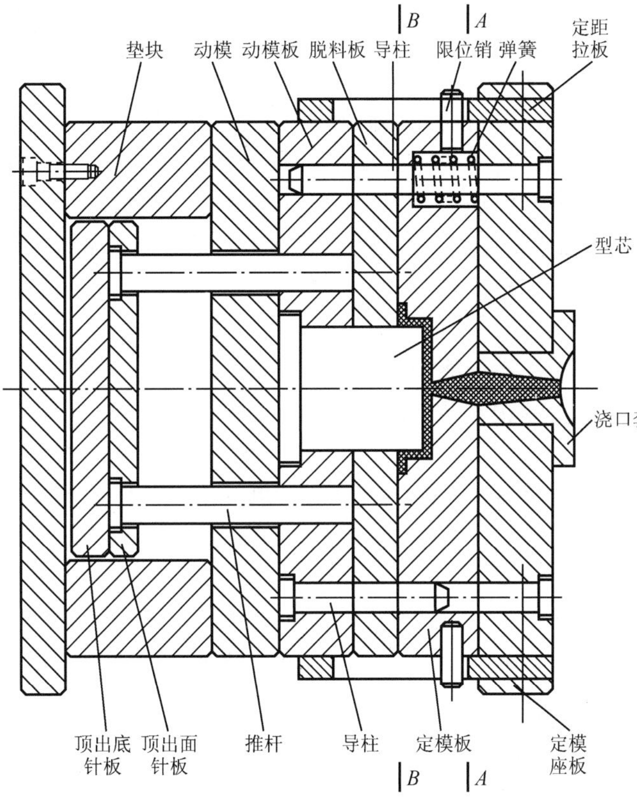

图1-2　双分型面注塑模具

其工作原理如下：开模时，动模部分向后移动，由于弹簧的作用，模具首先在 *A* 分型面分型，定模板（中间板）随动模一起后退，主流道凝料从浇口套中随之拉出。当动模部分移动一定距离后，固定在定模板上的限位销与定距拉板左端接触，使中间板停止移动，*A* 分型面分型结束。动模继续后移，*B* 分型面分型。因塑料制件抱紧在型芯上，这时浇注系统凝料在浇口处拉断，然后在 *B* 分型面之间自行脱落或人工取出。动模部分继续后移，当注射机的顶杆接触顶出底针板时，推出机构开始工作，脱料板在推杆的推动下将塑料制件从型芯上推出，塑料制件在 *B* 分型面自行落下。

1.3　塑　　料

1.3.1　塑料成分

塑料在很多领域得到广泛应用。对于一个实际的物品，我们可以很容易地分辨出其是否用塑料制成的。那么塑料究竟是什么呢？

塑料是以树脂为主要成分的高分子有机化合物。树脂最早指的是树木分泌出来的脂物，最常见的如松香。松香就是从松树分泌出的乳液状松脂中提炼出来的。后来还从石油中分离出沥青。松香、沥青等都是天然树脂。

由于天然树脂在数量上和质量上都满足不了需求，人们就根据天然树脂的结构特性由人工方法生产出合成树脂。目前，我们所使用的塑料一般是用合成树脂制成的，很少采用天然树脂，如环氧树脂、酚醛树脂、聚乙烯等。树脂一般不能单独使用，只有加入一些助剂后才有使用价值，而加有各种助剂的树脂才称为塑料。

我们把这些添加进去的非主要成分称为添加剂。塑料中添加剂的种类比较多，主要有以下几种。

（1）填充剂

塑料中加入填充剂后，不仅能降低塑料的成本，还能改善塑料的性能。例如，在酚醛树脂中加入木粉，可以克服其脆性；在尼龙中加入玻璃纤维，可以使其抗拉强度和一般的灰铸铁相近。有的填充剂可以使塑料具有树脂没有的性能，如可以使塑料有良好的导电性、导热性、导磁性等。常见的填充剂有玻璃纤维（简称玻纤）、碳纤维、滑石粉、大理石粉、木粉等。

（2）增塑剂

在树脂中加入一些化合物，以改善塑料的加工性能，这类物质称为增塑剂。增塑剂使塑料在较低温度下具有好的成型性能和柔软性。例如，在聚氯乙烯中加入邻苯二甲酸二丁酯，聚氯乙烯可变得像橡胶一样柔软。常见的增塑剂为液态或低熔点固态有机化合物，如甲酸酯类、磷酸酯类、氯化石蜡等。

（3）稳定剂

与金属相比，塑料容易老化，即在光、热、霉、氧等外界自然因素作用时，树脂性能变差甚至失去使用性能。在塑料中加入稳定剂可以有效延缓塑料老化。常用的稳定剂有硬脂酸盐、铅或锡的化合物及环氧化合物等。

（4）润滑剂

润滑剂改善塑料在成型加工时的流动性，减少对模具的摩擦或者因黏附导致的脱模，使产品表面光洁。常用的润滑剂是硬脂酸及其盐类。平时所说的"脱模剂"的作用是在塑料成型过程中，在熔融的塑料和金属模具之间形成一层很薄的隔离膜，使塑料不黏附在模具表面而容易脱模。

（5）染色剂

合成树脂本身多为半透明乳白色或无色透明的。许多塑料制品，如日用品、各种装饰品及儿童玩具都要求颜色鲜艳美观；电器上使用的导线，为接线时方便识别也需要区分不同的颜色。为了使塑料制品具有不同颜色而加入的添加剂就是染色剂。染色剂有染料和颜料两种。染料是在生产原材料（造粒）时加入的，颜料则是在成型加工时加入的。

（6）固化剂

固化剂的作用是使树脂具有体型网状结构，使制品有好的刚度和硬度。

（7）阻燃剂

许多合成树脂遇火会燃烧，有的离火后还能自燃。为了使用安全，常在塑料中加入阻燃剂以防止塑料制品遇火燃烧。常见的阻燃剂有氢氧化铝、三氧化二锑等。阻燃 ABS（丙烯腈-丁二烯-苯乙烯共聚物）就是在 ABS 中加了阻燃剂。

（8）抗静电剂

塑料是良好的绝缘体，但是如果在使用过程中与其他材料摩擦，很容易在制品表面产生静电。静电的危害很多，轻者表面容易吸尘变脏，严重的能引起火花放电，造成火灾。加入抗静电剂可以使制品表面形成导电层放电。

（9）发泡剂

发泡剂使塑料形成微孔结构。发泡的原理是发泡剂在受热时分解释放出气体。泡沫塑料是使用发泡剂的典型例子，其具有良好的隔声、隔热和减震效果，使用广泛。

（10）特殊功能添加剂

在塑料中加入一些物质可使塑料具有某种特殊性能。例如，在树脂中加入发光材料，可使塑料在黑暗环境中发光，成为发光塑料；加入芳香物质可使塑料发出香味等。

另外，把不同性能的塑料融合起来可以形成塑料"合金"。塑料"合金"具有综合的性能优势。例如，ABS 就是由丙烯腈、丁二烯、苯乙烯组成的塑料"合金"。

值得注意的是，并非所有塑料都必须添加上面所述的添加剂，而是根据制品使用要求有选择地添加，加入的分量也根据要求而定。

1.3.2　塑料性能

随着社会科学技术的发展，制造业对其使用的材料提出了越来越高的要求。塑料因其具有质量小、强度高、耐腐蚀、绝缘性能好、可塑性良好、易于成型等特点，受到越来越广泛的青睐，正逐步取代木材及部分取代金属等传统材料，成为广泛应用的结构件材料。本节将对塑料进行简单的介绍。

1. 塑料的使用性能

不同材料的性能也不相同，金属材料、特种陶瓷、纤维、增强工程塑料和木材在强度、密度、耐热性、膨胀系数、导热性等方面的性能都存在很大的差异。同时，不同材料的性能都有其突出和不足之处。

（1）突出性能

1）质量小。塑料的密度为 $1\sim2g/cm^3$，为钢材的 1/8～1/4，在众多材料中比木材的密度稍高，而且泡沫塑料密度会更低。因此，在产品对质量有要求，而木材又不能满足要求时，一般选择塑料。这样可大大减小质量，提高速度，降低能耗。塑料在飞机、轮船、车辆等交通工具中应用广泛，且对高层建筑也具有特殊意义。

2）比强度高。比强度是材料强度与材料密度之比。塑料的强度较高，而相对密度低，其比强度远超过传统的土木工程材料，是一种优质的轻质高强材料。

3）可塑性好，具有优良的加工性能。除少数热敏型、热固型和高黏度型纯原料加工需要改性处理外，塑料具有优良的加工性能，易加工成复杂形状的产品，也可加工出厚度十分薄的产品。可按需要调节制品硬度、密度、色泽，用多种加工工艺制成不同形状的产品，适应不同用途的需要。

4）耐蚀性高。塑料化学稳定性良好，是憎水性材料，对弱酸弱碱的抵抗性强。其耐蚀性仅次于玻璃及陶瓷材料。

一些化工管道、容器和需要润滑的结构部件宜应用耐腐蚀塑料制造。

5）绝缘性能好。按照材料的电阻率值，对材料导电性进行分类：

① 绝缘材料，电阻率大于 $10^9 \Omega \cdot cm$，一般为 $10^9 \sim 10^{22} \Omega \cdot cm$。

② 半导体材料，电阻率为 $10^{-2} \sim 10^9 \Omega \cdot cm$。

③ 导电材料，电阻率小于 $10^{-2} \Omega \cdot cm$，一般为 $10^{-6} \sim 10^{-2} \Omega \cdot cm$。

大部分塑料的电阻率在绝缘材料的数值范围内，是优良的绝缘材料，只有少数吸水性塑料的电阻率小于 $10^9 \Omega \cdot cm$。

6）具有防震、隔热、隔声性能。塑料特别是泡沫塑料具有优良的防震、隔热、隔声性能，除了木材有相近的性能之外，其他材料都不能与之匹敌。

7）自润滑性好。在很多场合中，摩擦接触的结构产品（如食品、纺织、日用及医药机械等）为防止污染而禁止使用润滑剂，而很多塑料品种具有优良的自润滑性，自润滑性塑料很好地解决了这个问题。用该类材料制造的运动型结构产品，不需润滑也能正常运动。

（2）不足之处

1）机械强度低。与一般的工程材料相比，塑料的机械强度低。虽然使用超强纤维增强的工程塑料会大幅度提高强度，且强度高于钢；但在大载荷应用场合，塑料不能满足要求，这时只好用高强度金属材料或超级陶瓷材料。

2）尺寸精度低。塑料的成型收缩率大且不稳定，所以塑料产品受外力作用时产生的变形（蠕变）大，热膨胀系数比金属大几倍。因此，塑料产品的尺寸精度不高。

3）耐热温度低。一般来说，大多数塑料的使用温度为 100～260℃，且最高使用温度不超过 400℃。所以，当使用环境的温度长时间超过 400℃时，几乎没有合适的塑料可以选用；而当使用环境温度超过 400℃，甚至达到 500℃以上，且无较大的负荷时，有些耐高温塑料可短时使用。部分热固性塑料如以碳纤维、石墨或玻璃纤维增强的酚醛等比较特别，它们长期耐热的温度虽然不到 200℃，但其瞬间可耐上千度的高温，可作为耐烧蚀材料，多用在导弹外壳及宇宙飞船面层。

4）易老化。在阳光、氧、热等条件下，塑料中聚合物的组成和结构发生变化，致使塑料性质恶化，这种现象称为老化。塑料存在老化问题，但通过一定措施，塑料制品的使用寿命可以和其他材料媲美，有的甚至能高于传统材料。

5）可燃性。塑料大多可燃，且在燃烧时会产生大量有毒的烟雾。目前，正在研究具有自熄性、难燃甚至不燃的塑料。

2. 塑料的成型性能

塑料是以高相对分子质量合成树脂为主要成分，在一定条件下（如温度、压力等）可加工成一定形状且在常温下保持形状不变的材料。

塑料按受热后表面的性能，可分为热固性塑料与热塑性塑料两大类。前者的特点是在一定温度下，经一定时间加热、加压或加入硬化剂后，发生化学反应而硬化。硬化后的塑料化学结构发生变化、质地坚硬、不溶于溶剂、加热也不再软化，如果温度过高就分解。后者的特点为受热后发生物态变化，由固体软化或熔化成黏流体状态，但冷却后又可变硬而成固体，且过程可多次反复，塑料本身的分子结构则不发生变化。

塑料都以合成树脂为基本原料，并加入填料、增塑剂、染料、稳定剂等各种辅助料而构成。因此，不同品种牌号的塑料，由于选用树脂及辅助料的性能、成分、配比及塑料生产工艺不同，其使用及工艺特性也各不相同。为此，设计模具时必须了解所用塑料的工艺特性。

3. 塑料的收缩性

塑料注射成型的过程是在较高温度下将熔融的熔料注入型腔内，固化、冷却后成型。塑料制件自模具中取出冷却到室温后，发生尺寸收缩，这种性能称为收缩性。收缩不仅是树脂本身的热胀冷缩，还与各成型因素有关，成型后，塑料制件的收缩称为成型收缩。

（1）热固性塑料

1）成型收缩的形式主要表现在下列几个方面：

① 塑料制件的线尺寸收缩。由于热胀冷缩、塑料制件脱模时的弹性恢复、塑性变形等导致塑料制件脱模冷却到室温后其尺寸缩小，因此设计型腔时须考虑补偿。

② 收缩方向性。成型时，分子沿充模方向（即平行方向）排列，塑料制件呈现各向异性，则收缩率大、强度高；而充模直角方向（即垂直方向）上收缩率小、强度低。另外，成型时塑料制件各部位密度及填料分布不均匀，使收缩也不均匀，产生的收缩差使塑料制件易发生翘曲、变形、裂纹等缺陷，在挤塑及注射成型时则方向性更为明显。因此，设计模具时应考虑收缩方向性，按塑料制件形状、流料方向选取收缩率为宜。

③ 塑料脱模后由于应力趋向平衡及储存条件的影响，残余应力发生变化，使塑料制件发生再收缩，称为后收缩。后收缩塑料制件成型时，受成型压力、剪切应力、各向异性、密度不匀、填料分布不匀、模温不匀、硬化不匀、塑性变形等因素的影响，会引起一系列应力的作用，在黏流态时影响不能全部消失，故塑料制件在应力状态下成型时存在残余应力。一般塑料制件在脱模后 10h 内变化最大，24h 后基本定型，但最后稳定要经 30~60 天。对于后收缩的收缩率，通常热塑性塑料的比热固性塑料的大，挤塑及注射成型的比压塑成型的大。

④ 后处理收缩。有时塑料制件按性能及工艺要求，成型后需进行热处理，处理后也会导致塑料制件尺寸发生变化。故模具设计时对高精度塑料制件应考虑后收缩及后处理收缩的误差并予以补偿。

2）收缩率。计算塑料制件成型收缩参数可用收缩率来表示，如式（1-1）及式（1-2）所示。

$$Q_{实}＝（a－b）/b×100\%　　　　　　　　　　（1-1）$$
$$Q_{计}＝（c－b）/b×100\%　　　　　　　　　　（1-2）$$

式中：$Q_{实}$——实际收缩率；

$\quad\quad Q_{计}$——计算收缩率；

$\quad\quad a$ ——塑料制件在成型温度下的单向尺寸（mm）；

$\quad\quad b$ ——塑料制件在室温下的单向尺寸（mm）；

$\quad\quad c$ ——模具在室温下的单向尺寸（mm）。

实际收缩率表示塑料制件实际所发生的收缩，因其值与计算收缩率相差很小，所以模具设计时以 $Q_{计}$ 为设计参数来计算型腔及型芯尺寸。

3）影响收缩率变化的因素。在实际成型时，不仅不同品种塑料的收缩率各不相同，而且不同批次的同种塑料甚至同一塑料制件的不同部位的收缩率也不尽相同，影响收缩率变化的主要因素有如下几个方面：

① 塑料品种。各种塑料都有其各自的收缩范围，同种类塑料由于填料、相对分子质量及配比等不同，其收缩率及各向异性也不同。

② 塑料制件特性。塑料制件的形状、尺寸、壁厚、有无嵌件、嵌件数量及布局对收缩率大小也有很大影响。

③ 模具结构。模具的分型面及加压方向，以及浇注系统的形式、布局及尺寸对收缩率方向性的影响也较大，尤其在挤塑及注射成型时更为明显。

④ 成型工艺。挤塑、注射成型工艺的收缩率一般较大，方向性明显。预热情况、成型温度、成型压力、保持时间、填装料形式及硬化均匀性对收缩率及方向性都有影响。

另外，成型收缩还受到各成型因素的影响，但主要取决于塑料品种、塑料制件形状及尺寸。所以，成型时调整各项成型条件也能够适当地改变塑料制件的收缩情况。

（2）热塑性塑料

热塑性塑料成型收缩的形式及计算如前所述，影响热塑性塑料收缩率的因素如下。

1）塑料品种。热塑性塑料成型过程中，由于还存在结晶化所引起的体积变化、内应力强、冻结在塑料制件内的残余应力大、分子取向性强等因素，与热固性塑料相比则收缩率较大，收缩率范围宽、方向性明显。另外，成型后的收缩率、退火或调湿处理后的收缩率一般比热固性塑料大。

2）塑料制件特性。成型时，融料与型腔表面接触外层立即冷却形成低密度的固态外壳。由于塑料的导热性差，塑料制件内层冷却缓慢而形成收缩率大的高密度固态层，所以壁厚、冷却慢、高密度层厚的塑料制件收缩率大。另外，有无嵌件及嵌件布局、嵌件数量都直接影响料流方向、密度分布及收缩阻力大小等，所以塑料制件的特性对收缩率大小、方向性影响较大。

3）进料口形式、尺寸、分布这些因素直接影响充模方向、密度分布、保压补缩作用及成型时间。直接进料口、进料口截面大（尤其截面较厚的）则收缩率小，但方向性大；进料口宽及长度短则方向性小；距进料口近或与充模方向平行则收缩率大。

4）成型条件。模具温度高，融料冷却慢、密度高、收缩率大，尤其对结晶料则因结晶度高，体积变化大，故收缩率更大。模温分布与塑料制件内外冷却及密度均匀性也有关，直接影响各部分收缩率大小及方向性。另外，保持压力及时间对收缩率也影响较大，压力大、时间长的则收缩率小，但方向性大。注射压力高，熔料黏度差小，层间剪切应力小，脱模后弹性回跳大，故收缩率也可适量地减小。料温高，收缩率大，但方向性小，因此在成型时调整模温、压力、注射速度及冷却时间等因素也可适当改变塑料制件收缩情况。

模具设计时，根据各种塑料的收缩范围、塑料制件壁厚和形状、进料口形式尺寸及分布情况，按经验确定塑料制件各部位的收缩率，再来计算型腔尺寸。对高精度塑料制件及难以掌握收缩率时，一般宜用如下方法设计模具：

① 对塑料制件外径取较小收缩率，内径取较大收缩率，以留有试模后修正的余地。

② 试模确定浇注系统形式、尺寸及成型条件。

③ 需后处理的塑料制件经后处理确定尺寸变化情况（测量必须在脱模完成 24h 以后进行）。

④ 按实际收缩情况修正模具。

⑤ 再试模并可适当地改变工艺条件，略微修正收缩率值以满足塑料制件要求。

4. 塑料的流动性

（1）热固性塑料

塑料在一定温度与压力下填充型腔的能力称为流动性。这是模具设计时必须考虑的一个重要工艺参数。流动性大易造成溢料过多，填充型腔不密实，塑料制件组织疏松，树脂、填料分头聚积，易黏模，脱模及清理困难，硬化过早等弊病。但流动性小则填充不足，不易成型，成型压力大。所以，选用塑料的流动性必须与塑料制件要求、成型工艺及成型条件相适应。

模具设计时应根据流动性能来考虑浇注系统、分型面及进料方向等。热固性塑料流动性通常以拉西格流动性（单位以 mm 计）来表示。数值大则流动性好，每一品种的塑料通常分 3 个不同等级的流动性，以供不同塑料制件及成型工艺选用。一般塑料制件面积大、嵌件多、型芯及嵌件细弱，有狭窄深槽及薄壁的复杂形状对填充不利时，应采用流动性较好的塑料。挤塑成型时应选用拉西格流动性 150mm 以上的塑料，注射成型时应用拉西格流动性 200mm 以上的塑料。为了保证每批塑料都有相同的流动性，在实际中常用并批方法来调节，即将同一品种而流动性有差异的塑料加以配用，使各批塑料流动性互相补偿，以保证塑料制件质量。

必须指出，塑料的流动性除了取决于塑料品种外，在填充型腔时还常受各种因素的影响而使塑料实际填充型腔的能力发生变化。例如，粒度细匀（尤其是圆状粒料）、湿度大、含水分及挥发物多、预热及成型条件适当、模具表面粗糙度好、模具结构适当等都有利于改善流动性。反之，预热或成型条件不良、模具结构不良、流动阻力大或塑料储存期过长、超期、储存温度高（尤其对氨基塑料）等都会导致塑料填充型腔时实际的流动性能下降而造成填充不良。

（2）热塑性塑料

1）热塑性塑料流动性的大小，一般可通过相对分子质量大小、熔融指数、阿基米德螺旋线长度、表观黏度及流动比（流程长度/塑料制件壁厚）等一系列指数进行分析。相对分子质量小、相对分子质量分布宽、分子结构规整性差、熔融指数高、螺旋线长度长、表观黏度小、流动比大的则流动性好，对同一品名的塑料必须检查其说明书判断其流动性是否适用于注射成型。按模具设计要求大致可将常用塑料的流动性分为以下 3 类：

① 流动性好，尼龙、聚乙烯、聚苯乙烯、聚丙烯、醋酸纤维素、聚四甲基戊烯。

② 流动性中等，改性聚苯乙烯［如 ABS、AS（丙烯腈-苯乙烯共聚物）］、有机玻璃、聚甲醛、聚氯醚。

③ 流动性差，聚碳酸酯、硬聚氯乙烯、聚苯醚、聚砜、聚芳砜、氟塑料。

2）各种塑料的流动性也因各成型因素而变，主要影响的因素有如下几点：

① 温度。料温高则流动性增大，但不同塑料也各有差异，聚苯乙烯（尤其耐冲击型及熔融指数较高的）、聚丙烯尼龙、有机玻璃、改性聚苯乙烯（如 ABS、AS）、聚碳酸酯、醋酸纤维等塑料的流动性随温度变化较大。对于聚乙烯、聚甲醛，则温度增减对其流动性影响较小。所以，前者在成型时宜通过调节温度来控制流动性。

② 压力。注射压力增大则熔料受剪切作用大，流动性也增大，特别是聚乙烯、聚甲醛较为敏感，所以成型时宜通过调节注射压力来控制流动性。

③ 模具结构。浇注系统的形式、尺寸、布置、冷却系统设计、融料流动阻力（如型面粗糙度、料道截面厚度、型腔形状、排气系统）等因素都直接影响融料在型腔内的实际流动性，凡促使融料降低温度、增加流动性阻力的，流动性就降低。

5. 其他特性

（1）热固性塑料

1）比体积及压缩率。

比体积为每克塑料所占有的体积（单位以 cm³/g 计）。压缩率为塑料与塑料制件两者体积或比体积之比（其值恒大于1）。它们都可被用来确定压模装料室的大小。其数值大，既要求装料室体积大，又说明塑料内充气多，排气困难，成型周期长，生产率低。比体积小则反之，而且有利于压锭、压制。但比体积值也常因塑料的粒度大小及颗粒不均匀而有误差。

2）硬化特性。

热固性塑料在成型过程中加热受压转变为可塑性黏流状态，随后，流动性增大，填充型腔，与此同时发生缩合反应，交联密度不断增加，流动性迅速下降，熔料逐渐固化。模具设计时，对硬化速度快、保持流动状态短的材料应注意便于装料、装卸嵌件及选择合理的成型条件和操作等，以免过早硬化或硬化不足，导致塑料制件成型不良。

硬化速度不仅与塑料品种、壁厚、塑料制件形状、模温有关，还受其他因素影响，特别是预热状态，适当的预热应保持在使塑料能发挥出最大流动性的条件下，尽量提高其硬化速度。一般预热温度高、时间长（在允许范围内）则硬化速度加快，尤其预压锭坯料经高频预热后硬化速度显著加快。另外，成型温度高、加压时间长则硬化速度也随之增加。因此，硬化速度可通过调节预热或成型条件予以适当控制。

硬化速度还应适合成型方法要求。例如，注射、挤塑成型时应要求在塑化、填充时化学反应慢、硬化慢，并保持较长时间的流动状态，但当充满型腔后在高温、高压下应快速硬化。

3）水分及挥发物含量。

各种塑料中含有不同程度的水分、挥发物等，含量过多时流动性增大、易溢料、保持时间长、收缩率增大，易发生波纹、翘曲等弊病，影响塑料制件的物理性质。但当塑料过于干燥时也会导致流动性不良、成型困难，所以不同塑料应按要求进行预热干燥，对于吸湿性强的塑料，尤其在潮湿季节即使对预热后的塑料也应防止再吸湿。

由于各种塑料中含有不同程度的水分及挥发物，同时在缩合反应时要发生缩合水分，这些成分都需在成型时变成气体排出模外，有的气体对模具有腐蚀作用，对人体也有刺激作用，为此在模具设计时应对各种塑料的此类特性有所了解，并采取相应措施，如预热、模具镀铬、开排气槽或成型时设排气工序。

（2）热塑性塑料

1）结晶性。

热塑性塑料按其冷凝时有无出现结晶现象可划分为结晶性塑料与非结晶性（又称无定性）塑料两大类。

所谓结晶现象，即塑料由熔融状态冷凝时，分子自由独立移动，完全处于无次序状态，变成分子停止自由运动，按略微固定的位置，并有一个使分子排列成为正规模型倾向的一种现象。

作为判别这两类塑料的外观标准，可视塑料的壁厚、塑料制件的透明性而定，一般结晶性塑料为不透明或半透明的（如聚甲醛等），无定性塑料为透明的（如有机玻璃等）。但也有例外情况，如聚四甲基戊烯为结晶性塑料却有高透明性，ABS 为无定性塑料但并不透明。

在模具设计及选择注射机时，应注意对结晶性塑料有下列要求：

① 料温上升到成型温度所需的热量多，要用塑化能力大的设备。

② 冷凝时放出的热量大，要充分冷却。

③ 熔态与固态的密度差大，成型收缩率大，易发生缩孔、气孔。

④ 冷却快，结晶度低，收缩率小，透明度高。结晶度与塑料制件壁厚有关，冷却慢，结晶度高，收缩率大，物理性能好。所以，结晶性塑料应按要求必须控制模温。

⑤ 各向异性显著，内应力大。脱模后未结晶化的分子有继续结晶化倾向，处于能量不平衡状态，易发生变形、翘曲。

⑥ 结晶熔点范围窄，易发生未熔粉末注入模具或堵塞进料口。

2）热敏性及水敏性。

① 热敏性塑料是指对热较为敏感的塑料。高温下，受热时间较长或进料口截面过小，剪切作用力大时，料温增高易发生变色、降聚、分解倾向的塑料称为热敏性塑料，如硬聚氯乙烯、聚偏氯乙烯、乙烯-乙酸乙酯共聚物、聚甲醛、聚三氟氯乙烯等。热敏性塑料在分解时产生单体、气体、固体等副产物，特别是有的分解气体对人体、设备、模具

都有刺激、腐蚀作用或毒性。因此，模具设计、选择注射机及成型时都应注意，应选用螺杆式注射机，浇注系统截面宜大，模具和料筒应镀铬，不得有死角滞料，必须严格控制成型温度，塑料中加入稳定剂，减弱热敏性能。

② 有的塑料（如聚碳酸酯）即使含有少量水分，但在高温、高压下也会发生分解，这种性能称为水敏性，对此必须预先加热干燥。

3）应力开裂及熔融破裂。

① 有的塑料对应力敏感，成型时易产生内应力且质脆易裂，塑料制件在外力作用下或在溶剂作用下即发生开裂现象。为此，除了在原料内加入附加剂提高抗裂性外，对原料应注意干燥，合理地选择成型条件，以减少内应力和增加抗裂性。选择合理的塑料制件形状，不宜设置嵌件等，尽量减少应力集中。模具设计时应增大脱模斜度，选用合理的进料口及顶出机构，成型时应适当地调节料温、模温、注射压力及冷却时间，尽量避免塑料制件过于冷脆而脱模，成型后塑料制件还应进行后处理提高抗裂性，消除内应力并防止与溶剂接触。

② 当一定融熔指数的聚合物熔体在恒温下通过喷嘴孔时，其流速超过某值后，熔体表面发生明显横向裂纹，称为熔融破裂，有损塑料制件外观及物理性质。故在选用熔融指数高的聚合物时，应增大喷嘴、浇道、进料口截面，减小注射速度，提高料温。

4）热性能及冷却速度。

① 各种塑料有不同比热容、热传导率、热变形温度等热性能。比热容高的塑料塑化时需要的热量大，应选用塑化能力大的注射机。热变形温度高的冷却时间可缩短，脱模可提早，但脱模后要防止冷却变形。热传导率低的冷却速度慢（如离子聚合物等冷却速度极慢），必须充分冷却，加强模具冷却效果。热浇道模具适用于比热容低、热传导率高的塑料。比热容高、热传导率低，热变形温度低、冷却速度慢的塑料则不利于高速成型，必须用适当的注射机及加强模具冷却。

② 各种塑料按其品种特性及塑料制件形状要求，必须保持适当的冷却速度。所以，模具必须按成型要求设置加热和冷却系统，以保持一定模温。当料温使模温升高时应予以冷却，以防止塑料制件脱模后变形，缩短成型周期，降低结晶度。当塑料余热不足以使模具保持一定温度时，模具应设有加热系统，使模具保持在一定温度，以控制冷却速度，保证流动性，改善填充条件或用以控制塑料制件使其缓慢冷却，防止厚壁塑料制件内外冷却不均及提高结晶度等。对于流动性好、成型面积大、料温不均的，按塑料制件成型情况，有时需加热或冷却交替使用或局部加热与冷却并用。为此，模具应设有相应的冷却系统或加热系统。

5）吸湿性。

塑料中因有各种添加剂，使其对水分各有不同的亲疏程度，所以塑料大致可分为吸湿、黏附水分及不吸水也不易黏附水分两种，塑料中的含水量必须控制在允许范围内，否则在高温、高压下水分变成气体或发生水解作用，会使树脂起泡、流动性下降、外观及物理性质不良。所以，吸湿性塑料必须按要求采用适当的加热方法及规范进行预热，在使用时还需用红外线照射以防止再吸湿。

1.3.3 塑料分类

塑料的分类体系比较复杂，各种分类方法也有所交叉，按常规分类主要有以下 3 种：按使用特性分类、按理化特性分类和按加工方法分类。

1. 按使用特性分类

根据各种塑料不同的使用特性，通常将塑料分为通用塑料、工程塑料和特种塑料 3 种类型。

（1）通用塑料

通用塑料一般是指产量大、用途广、成型性能好、价格低廉的塑料，如聚乙烯、聚丙烯、酚醛树脂等。

（2）工程塑料

工程塑料一般指能承受一定外力作用，具有良好的力学性能和耐高低温性能，尺寸稳定性较好，可以用作工程结构的塑料，如聚酰胺、聚砜等。

工程塑料又可分为通用工程塑料和特种工程塑料两大类。

通用工程塑料包括聚酰胺、聚甲醛、聚碳酸酯、改性聚苯醚、热塑性聚酯、超高相对分子质量聚乙烯、甲基戊烯聚合物、乙烯醇共聚物等。

特种工程塑料又有交联型和非交联型之分。交联型有聚氨基双马来酰胺、聚三嗪、交联聚酰亚胺、耐热环氧树脂等。非交联型有聚砜、聚醚砜、聚苯硫醚、聚酰亚胺、聚醚醚酮（PEEK）等。

（3）特种塑料

特种塑料一般是指具有特种功能，可用于航空航天等特殊应用领域的塑料。例如，氟塑料和有机硅等具有突出的耐高温、自润滑等特殊功用，增强塑料和泡沫塑料具有高强度、高缓冲性等特殊性能，这些塑料都属于特种塑料的范畴。

1）增强塑料。增强塑料原料在外形上可分为粒状（如钙塑增强塑料）、纤维状（如玻璃纤维或玻璃布增强塑料）、片状（如云母增强塑料）3 种；按材质可分为布基增强塑料（如碎布增强或石棉增强塑料）、无机矿物填充塑料（如石英或云母填充塑料）、纤维增强塑料（如碳纤维增强塑料）3 种。

2）泡沫塑料。泡沫塑料可以分为硬质、半硬质和软质泡沫塑料 3 种。硬质泡沫塑料没有柔韧性，压缩硬度很大，只有达到一定应力值才产生变形，应力解除后不能恢复原状；软质泡沫塑料富有柔韧性，压缩硬度很小，很容易变形，应力解除后能恢复原状，残余变形较小；半硬质泡沫塑料的柔韧性和其他性能介于硬质泡沫塑料和软质泡沫塑料之间。

2. 按理化特性分类

根据各种塑料不同的理化特性，可以把塑料分为热固性塑料和热塑性塑料两种类型。

（1）热固性塑料

热固性塑料是指在受热或其他条件下能固化或具有不溶（熔）特性的塑料，如酚醛塑料、环氧塑料等。热固性塑料又分为甲醛交联型和其他交联型两种类型。

甲醛交联型塑料包括酚醛塑料、氨基塑料（如脲/三聚氰胺-甲醛等）。

其他交联型塑料包括不饱和聚酯、环氧树脂、邻苯二甲酸二烯丙酯树脂等。

（2）热塑性塑料

热塑性塑料是指在特定温度范围内能反复加热软化和冷却硬化的塑料，如聚乙烯、聚四氟乙烯等。热塑料性塑料又分烃类、含极性基团的乙烯基类、工程类、纤维素类等多种类型。

1）烃类塑料属非极性塑料，具有结晶性和非结晶性之分，结晶性烃类塑料包括聚乙烯、聚丙烯等，非结晶性烃类塑料包括聚苯乙烯等。

2）含极性基团的乙烯基类塑料，除氟塑料外，大多数是非结晶性的透明体，包括聚氯乙烯、聚四氟乙烯、聚乙酸乙烯酯等。乙烯基类单体大多数可以采用游离基型催化剂进行聚合。

3）热塑性工程塑料主要包括聚甲醛、聚酰胺、聚碳酸酯、ABS、聚苯醚、聚对苯二甲酸乙二醇酯（PET）、聚砜、聚醚砜、聚酰亚胺、聚苯硫醚、聚四氟乙烯、改性聚丙烯等。

4）热塑性纤维素类塑料主要包括乙酸纤维素、乙酸丁酸纤维素、赛璐珞、玻璃纸等。

3．按加工方法分类

根据各种塑料不同的成型方法可以将塑料分为膜压、层压、注射、挤出、吹塑、浇铸塑料和反应注射塑料等多种类型。

膜压塑料多为物理性质和加工性能与一般固性塑料相类似的塑料；层压塑料是指浸有树脂的纤维织物，经叠合、热压而结合成为整体的材料；注射、挤出和吹塑成型塑料多为物理性质和加工性能与一般热塑性塑料相类似的塑料；浇铸塑料是指能在无压或稍加压力的情况下，倾注于模具中能硬化成一定形状制品的液态树脂混合料，如 MC（单体浇铸）尼龙等；反应注射塑料是用液态原材料加压注入膜腔内，使其反应固化成一定形状制品的塑料，如聚氨酯等。

1.3.4　塑料成型方法

将塑料转化为塑料制品的工艺方法称为塑料成型方法。塑料成型方法很多，包括压缩成型、传递成型、挤出成型、吹塑成型、发泡成型、注射成型等。

1．压缩成型

压缩成型是成型料在闭合型腔内借助加压（一般需加热）的成型方法，又称模压。压缩成型适用于热固性塑料，如酚醛塑料、氨基塑料、不饱和聚酯塑料等。

压缩成型由预压、预热和模压 3 个过程组成。

1）预压：为改善制品质量和提高成型效率等，将粉料或纤维状成型料预先压成一定形状的操作。

2）预热：为改善成型料的加工性能和缩短成型周期等，把成型料在成型前先行加热的操作。

3）模压：在模具内加入所需量的塑料，闭模、排气，在成型温度和压力下保持一段时间，然后进行脱模、清模的操作。

压缩成型的主要设备是压机和压制模具。压机用得最多的是自给式液压机，吨位从几十吨至几百吨不等。压机有下压式压机和上压式压机。用于压缩成型的模具称为压制模具，分为 3 类：溢料式模具、半溢料式模具和不溢料式模具。

压缩成型的主要优点是可模压较大平面的制品和能大量生产，其缺点是生产周期长，效率低。

2. 传递成型

传递成型是指成型时先将成型料在加热室加热软化，然后压入已被加热的型腔内固化成型，是热固性塑料的一种成型方式。传递成型按设备不同有 3 种形式：活板式、罐式、柱塞式。

传递成型对塑料的要求：在未达到固化温度前，塑料应具有较大的流动性；达到固化温度后，又须具有较快的固化速率。适用于该加工方法的塑料有酚醛、三聚氰胺甲醛和环氧树脂等。

传递成型的优点：①制品废边少，可减少后加工量；②能成型带有精细或易碎嵌件和穿孔的制品，并且能保持嵌件和孔眼位置的准确；③制品性能均匀，尺寸准确，质量高；④模具的磨损较小。

传递成型的缺点：①模具的制造成本较压缩模具高；②塑料损耗大；③纤维增强塑料因纤维定向而产生各向异性；④围绕在嵌件四周的塑料，有时会因熔接不牢而使制品的强度降低。

3. 挤出成型

挤出成型是在挤出机中通过加热、加压而使物料以流动状态连续通过口模成型的方法，又称挤压成型或挤塑。

挤出成型主要用于热塑性塑料的成型，也可用于某些热固性塑料。挤出的制品都是连续的型材，如管、棒、丝、板、薄膜、电线电缆包覆层等。此外，挤出成型还可用于塑料的混合、塑化造粒、着色、掺和等。

挤出机由挤出装置、传动机构、加热系统、冷却系统等主要部分组成。挤出机有螺杆式（单螺杆和多螺杆）和柱塞式两种类型。前者的挤出工艺是连续式的，后者是间歇式的。

单螺杆挤出机的基本结构主要包括传动装置、加料装置、料筒、螺杆、机头和口模等部分。

挤出机的辅助设备有物料的前处理设备（如物料输送与干燥）、挤出物处理设备（定型、冷却、牵引、切料或辊卷）和生产条件控制设备三大类。

4. 吹塑成型

吹塑成型是借气体压力使闭合在模具中的热型坯吹胀成为中空制品，或管型坯吹胀成管式膜的一种方法。其主要用于各种包装容器和管式膜的制造。凡是熔体指数为 0.04～1.12 的都是比较优良的中空吹塑材料，如聚乙烯、聚氯乙烯、聚丙烯、聚苯乙烯、热塑性聚酯、聚碳酸酯、聚酰胺、乙酸纤维素和聚缩醛树脂等，其中以聚乙烯应用最多。

吹塑成型包括以下几种方法：

1）挤出吹塑成型，即用挤出法先将塑料制成有底型坯，再将型坯移到吹塑模中吹制成中空制品。

2）注射吹塑成型，即用注射成型法先将塑料制成有底型坯，再将型坯移到吹塑模中吹制成中空制品。

挤出吹塑成型和注射吹塑成型的不同之处在于制造型坯的方法不同，吹塑过程基本上是相同的。吹塑设备除注射机和挤出机外，主要是吹塑模具。吹塑模具通常由两部分合成，其中设有冷却剂通道，分型面上的小孔可插入充压气吹管。

3）拉伸吹塑成型，是双轴定向拉伸的一种吹塑成型，其方法是先将型坯进行纵向拉伸，然后用压缩空气进行吹胀达到横向拉伸。拉伸吹塑成型可使制品的透明性、冲击强度、表面硬度和刚性有很大的提高，适用于聚丙烯、聚对苯二甲酸乙二醇酯的吹塑成型。

拉伸吹塑成型包括注射型坯定向拉伸吹塑、挤出型坯定向拉伸吹塑、多层定向拉伸吹塑、压缩成型定向拉伸吹塑等。

4）吹塑薄膜法，是成型热塑性薄膜的一种方法，即用挤出法先将塑料挤成管，而后借助向管内吹入的空气使其连续膨胀到一定尺寸的管式膜，冷却后折叠卷绕成双层平膜。塑料薄膜可用许多方法制造，如吹塑、挤出、流延、压延、浇铸等，但以吹塑薄膜法应用最广泛。该方法适用于聚乙烯、聚氯乙烯、聚酰胺等薄膜的制造。

5. 发泡成型

发泡成型是使塑料产生微孔结构的过程。绝大多数热固性塑料和热塑性塑料都能制成泡沫塑料，常用的树脂有聚苯乙烯、聚氨酯、聚氯乙烯、聚乙烯、尿素甲醛、酚醛等。

按泡孔结构可将泡沫塑料分为两类：如果绝大多数气孔是互相连通的，则称为开孔泡沫塑料；如果绝大多数气孔是互相分隔的，则称为闭孔泡沫塑料。开孔或闭孔的泡沫结构是由制造方法所决定的。

1）化学发泡。化学发泡是指由特意加入的化学发泡剂，受热分解或原料组分间发生化学反应而产生气体，使塑料熔体充满泡孔。化学发泡剂在加热时释放出的气体有二氧化碳、氮气和氨气等。化学发泡常用于聚氨酯泡沫塑料的生产。

2）物理发泡。物理发泡是在塑料中溶入气体或液体，而后使其膨胀或气化发泡的方法。物理发泡适用的塑料品种较多。

3）机械发泡。机械发泡是指借机械搅拌方法使气体混入液体混合料中，然后经定型过程形成泡孔的泡沫塑料成型方法。此法常用于尿素甲醛树脂，其他如聚乙烯醇缩甲醛、聚乙酸乙烯和聚氯乙烯溶胶等也适用。

6. 注射成型

注射成型是将热塑性或热固性成型料先在加热料筒中均匀塑化，而后由柱塞或移动螺杆将其推挤到闭合模具的型腔中成型的一种方法。

注射成型几乎适用于所有的热塑性塑料。近年来，注射成型也成功地用于某些热固性塑料的成型。注射成型的成型周期短（几秒到几分钟），成型制品质量可由几克到几十千克，能一次成型外形复杂、尺寸精确、带有金属或非金属嵌件的成型品。因此，该方法适用性强，生产效率高。

注射成型使用的注射机分为柱塞式注射机和螺杆式注射机两大类，注射机由注射系统、锁模系统和塑模三大部分组成。注射成型方法可分为以下几种。

1）排气式注射成型。其应用的排气式注射机，在料筒中部设有排气口，并与真空系统相连接。当塑料塑化时，真空泵可将塑料中含有的水气、单体、挥发性物质及空气经排气口抽走；原料不必预干燥，从而提高生产效率和产品质量。此方法特别适用于聚碳酸酯、尼龙、有机玻璃、纤维素等易吸湿的材料成型。

2）流动注射成型。可用普通移动螺杆式注射机，将塑料经不断塑化挤入有一定温度的模具型腔内，塑料充满型腔后，螺杆停止转动，借螺杆的推力使模内物料在压力下保持适当时间，然后冷却定型。流动注射成型克服了生产大型制品的设备限制，制件质量可超过注射机的最大注射量。其特点是塑化的物件不是储存在料筒内的，而是不断挤入模具中，因此它是挤出和注射相结合的一种方法。

3）共注射成型。采用具有两个或两个以上注射单元的注射机，将不同品种或不同色泽的塑料，同时或先后注入模内。用这种方法能生产多种色彩和多种塑料的复合制品，有代表性的共注射成型是双色注射和多色注射。

4）无流道注射成型。在模具中不设置分流道，而由注射机的延伸式喷嘴直接将熔融料分注到各个型腔中成型。在注射过程中，流道内的塑料保持熔融流动状态，在脱模时不与制品一同脱出，因此制件没有流道残留物。这种成型方法不仅节省原料，降低成本，而且减少了工序，可以达到全自动生产。

5）反应注射成型。其原理是将反应原材料经计量装置计量后泵入混合头，在混合头中碰撞混合，然后高速注射到密闭的模具中，快速固化，脱模，取出制品。它适于加工聚氨酯、环氧树脂、不饱和聚酯树脂、有机硅树脂、醇酸树脂等一些热固性塑料和弹性体，目前主要用于聚氨酯的加工。

6）热固性塑料注射成型。粒状或团状热固性塑料在严格控制温度的料筒内，通过螺杆的作用，塑化成黏塑状态，在较高的注射压力下，物料进入一定温度范围的模具内交联固化。热固性塑料注射成型除有物理状态变化外，还有化学变化。因此，与热塑性塑料注射成型相比，热固性塑料注射成型在成型设备及加工工艺上存在着很大的差别。

1.4　注塑模具的成型工艺参数

正确的注射成型工艺过程可以保证塑料熔体良好塑化，顺利充模、冷却与定型，从而生产出合格的塑料制件，而温度、压力和时间是影响注射成型工艺的重要参数。

1.4.1　温度

在注射成型过程中需要控制的温度有料筒温度、喷嘴温度和模具温度。其中，料筒温度、喷嘴温度主要影响塑料的塑化和流动，模具温度则影响塑料的流动和冷却定型。

1. 料筒温度

料筒温度的选择与塑料的品种、特性有关，其大于塑料的流动温度（熔点），小于塑料的分解温度。料筒温度过高时，塑料易分解，产生气体，以致塑料表面变色，产生气泡、银丝及斑纹；型腔中塑料内外冷却不一致，易产生内应力和凹痕；流动性好，易溢料、溢边等。料筒温度过低时，流动性差，易产生熔接痕、成型不足、波纹等缺陷；塑化不均时，易产生冷块或僵块等；塑料冷却时，易产生内应力，塑料易变形或开裂等。

2. 喷嘴温度

喷嘴温度一般略低于料筒的最高温度。喷嘴温度过高，塑料易发生分解反应。喷嘴温度太低，喷嘴易堵塞，易产生冷块或僵块。

3. 模具温度

模具温度对熔体的充模流动能力、塑料制件的冷却速度和成型后的塑料性能等有直接的影响。模具温度过高，冷却慢，塑料易黏模，脱模时塑料制件易变形等。模具温度低时，熔料的流动性降低，易成型不足和产生熔接痕。熔料冷却时，内外层冷却不一致，易产生内应力等。

1.4.2 压力

1. 锁模力

当塑料熔体注入型腔后，就会产生一个型腔压力，迫使动模、定模产生一个打开的趋势，为了确保动模、定模不被打开，需要一个外力来保持闭合，这就是锁模力。锁模力必须足够，否则会产生溢料、溢边等。

2. 塑化压力

塑化压力又称螺杆背压，是指采用螺杆式注射机注射时，螺杆头部熔料在螺杆转动时所受到的压力。这种压力的大小可以通过液压系统中的溢流阀调整。塑化压力增加会提高熔体的温度，并使熔体的温度均匀、色料混合均匀并排出熔体中的气体，但增加塑化压力会降低塑化速率，延长成型周期，甚至可能导致塑料的降解。

3. 注射压力

注射压力是指柱塞或螺杆轴向移动时其头部对塑料熔体所施加的压力。在注射机上常用压力表指示出注射压力的大小，一般为 $40\sim130$MPa。注射压力的作用是克服塑料熔体从料筒流向型腔的流动阻力，给予熔体一定的充模速率以便充满模具型腔。注射压力太高时，塑料在高压下，强迫冷凝，易产生内应力，有利于提高塑料的流动性，但易产生溢料、溢边，对型腔的残余压力大，塑料易黏模，脱模困难，塑料制件变形，但不产生气泡；注射压力过低时，塑料的流动性下降，成型不足，产生熔接痕，不利于气体从熔料中溢出，易产生气泡，冷却中补缩差，会产生凹痕和波纹等。

4. 保压压力

型腔充满后，继续对模内熔料施加的压力称为保压压力。保压压力的作用是使熔料在压力下固化，并在收缩时进行补缩，从而获得健全的塑料制件。保压压力太高，易产生溢料、溢边，增加内应力等；保压压力太低，则成型不足。

1.4.3　成型周期

完成一次注射成型过程所需的时间称为成型周期。它包括合模时间、注射时间、保压时间、模内冷却时间和其他时间等。

1. 合模时间

合模时间是指注射之前模具闭合的时间。合模时间过长，则模具温度过低，熔料在料筒中停留的时间过长。合模时间过短，则模具温度相对较高。

2. 注射时间

注射时间是指注射开始到充满模具型腔的时间（柱塞或螺杆前进时间）。注射时间缩短，充模速度提高，取向下降。剪切速率增加，绝大多数塑料的表观黏度下降，对剪切速率敏感的塑料尤其如此。剪切速率过大易发生熔体破裂现象。

3. 保压时间

保压时间是指型腔充满后继续施加压力的时间（柱塞或螺杆停留在前进位置的时间）。

4. 模内冷却时间

模内冷却时间是指塑料制件保压结束至开模以前所需的时间（柱塞后撤或螺杆转动后退的时间均在其中）。

5. 其他时间

其他时间是指开模、脱模、喷涂脱模剂、安放嵌件等时间。

1.5　注射成型出现的问题及解决方法

在注射成型过程中，由于塑料物理性质和化学性质变化等原因，会造成最终成型的塑料零件出现凹痕、银丝和气泡等产品缺陷。注射成型问题及解决方法如表 1-1 所示。

表 1-1　注射成型问题及解决方法

分类	解决办法	脱模困难	尺寸稳定性差	凹痕	表面波纹	充模不足	溢边	表面不光滑	翘曲变形	裂纹	熔接痕	银丝及斑纹	气泡	强度下降	脱皮分层	黑点及条纹	冷块及僵块	颜料褪色
											制品缺陷 优先级							
塑料选择及塑料制件设计	检查塑料种类和级别											5				1		
	检查材料是否被污染							2				6		3	2	3		
	选择耐热性高的颜料																	7
	减小壁厚相差悬殊																	
	塑料制件结构是否合理																	
注射机及其工艺参数	注射压力 ↑			4	2	4	2	4			5	4	3	3				
	注射压力 ↓	1					1			5						8	8	
	螺杆背压 ↑			5	11				6				7					
	螺杆背压 ↓					7					6				6		4	5
	注射时间 ↑			3	3	3	10						4					
	注射时间 ↓		2						7	8								
	注射速度 ↑				6	5					4	3						
	注射速度 ↓			10			3		4				6	9	6	2		1
	螺杆转速													5		3		4
	物料温度 ↑			2	5	3		3			3	2				5	1	
	物料温度 ↓			1	4		4		2				2	2		1		2
	检查喷嘴加热圈																	6
	预干燥塑料							1				2	1	1	4			
	嵌件预热																	
	调节供料量		9	1	1	1												
	调换容量适当的注射机																2	
	回料比例 ↓			10														
	检查喷嘴是否堵塞					11												
	采用大孔喷嘴										5					10		
	喷嘴重新对准机床																	
	检查模板平直度						9											
	增大合模力						2											
模具及其工艺参数	模具分型面是否有异动						10											
	重新校准分型面						6											
	检查制件投影面积						8											
	抛光模具表面	5						6										
	增加模具斜度	6																

续表

解决办法		制品缺陷																
		脱模困难	尺寸稳定性差	凹痕	表面波纹	充模不足	溢边	表面不光滑	翘曲变形	裂纹	熔接痕	银丝及斑纹	气泡	强度下降	脱皮分层	黑点及条纹	冷块及僵块	颜料褪色
		优先级																
模具及其工艺参数	镶件处缝隙↓	7																
	流道浇口尺寸↑			7	7	7		7		7	6	4						8
	流道长度↓			8		9									7			9
	改变浇口位置			9										8	9	9		
	抛光浇道衬套																	
	减少浇口个数										8							
	检查模具有无冷料穴																4	
	增加排气孔			6		6					5			7		6		
	模具温度↑		6		2	4		5		1	1		5	4	3			3
	模具温度↓	4	7	5			5		1									
	冷却时间↑	3				8			3									
	冷却时间↓									2								
	改变冷却水通道	8																
	改进顶出装置	8							8									
	脱模剂用量减少										7							

【提示】

表 1-1 中数字为解决方法优先级序号，序号越小，则优先级越高。除了列出的解决方法外，还有其他方法，可根据具体情况进行分析。

本章小结

模具是工业生产的主要工艺装备，用模具生产制品所表现的高精度、高一致性、高生产效率和低消耗，是其他加工制造方法所无法比拟的。通过本章内容的学习，简单了解模具行业现今的发展状况和趋势，熟悉注射模具的基本组成结构，理解注射模具成型工艺中的参数含义，培养通过试模等方式对出现的问题提出解决方法的能力。

思考与练习

1. 根据塑料制件成型的方式不同，塑料模具可以分为哪几类？
2. 注塑模具按其各零部件所起的作用，其结构一般由哪几部分组成？
3. 试简述温度、压力和时间对注塑模具在充模过程中的影响。

第2章

模具设计应用体验

内容提要 ☞

　　熟悉利用 UG NX MoldWizard 模块创建模具时所调用的装配文件结构，了解利用 UG NX MoldWizard 模块创建模具的一般原理，并且通过一个简单的入门实例，熟悉利用 UG NX MoldWizard 模块创建模具的一般过程及用到的一些命令。

学习重点 ☞

1. 装配文件的组成结构。
2. 注塑模向导界面。
3. 利用 UG NX MoldWizard 模块创建模具的一般过程。

思政目标 ☞

1. 树立正确的学习观、价值观，自觉践行行业道德规范。
2. 牢固树立质量第一、信誉第一的强烈意识。
3. 遵规守纪，安全生产，爱护设备，钻研技术。

2.1　UG NX 模具设计概述

2.1.1　什么是 MoldWizard

MoldWizard 是 UG 软件中设计注塑模具的专业模块，可以提供快速的、全相关的、三维实体的解决方案。MoldWizard 为模具设计的型芯、型腔、滑块、推杆、镶件等提供了进一步的建模工具，使模具设计变得更加简捷、容易，它的最终结果是创建出与产品参数相关的三维模具，并能用于加工。

MoldWizard 的模架库及其标准件库包含参数化的模架装配结构和模具标准件，模具标准件中还包括滑块（slides）、内滑块（lifters），并通过 Standard Parts 功能用参数控制所选用的标准件在模具中的位置。用户还可根据需要自定义和扩展 MoldWizard 的库，而并不需要编程的基础知识。

要有效地使用注塑模向导，必须熟悉模具的设计，并且掌握以下 UG 模块与工具等应用知识。

1）特征建模（feature modeling）。

2）自由曲面造型（free form modeling）。

3）曲线（curves）。

4）层（layers）。

5）装配及装配导航器（assemblies and the assembly navigator）。

6）改变显示部件和工作部件（changing the display and work part）。

7）加入和新建装配部件（adding and creating components）。

8）链接几何体（wave geometry link）。

2.1.2　注塑模向导的结构组成

MoldWizard 创建的文件是一个装配文件，这个自动产生的装配结构是复制了一个隐藏在 MoldWizard 内部的种子装配，该种子装配是用 UG 的高级装配和 Wave 链接器所提供的部件间参数关联的功能建立的，专门用于复杂模具装配的管理。其结构如图 2-1 所示。

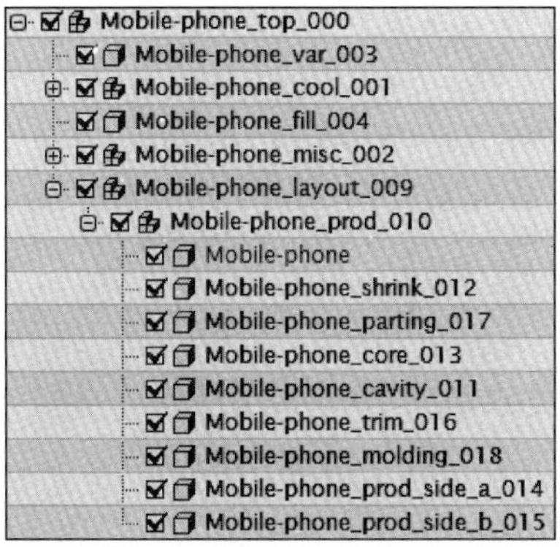

图2-1　结构树

图 2-1 所示的装配结构中"Mobile-phone"是产品模型的文件名；其余特定文件的命名形式为"Mobile-phone_部件或节点名称"。例如，"Mobile-phone_top_000"是整个装配文件的顶层文件，包含完整模具所需的全部文件。各部件或节点的含义如表 2-1 所示。

表 2-1　各部件或节点的含义

部件/节点名称	描述
layout	layout（布局）节点用于排列 prod 节点的位置，prod 节点包含型腔、型芯在模架中的位置。多腔模的 layout 节点有多个分支来安排每一个 prod 节点
misc	misc（杂项）节点用于安排没有定义到单独部件的标准件。misc 节点下的组件为模架上的组件，如定位环、锁模块和支撑柱。 misc 节点分为两部分：side_a 对应的是模具定模（a-side）侧的组件；side_b 对应的是动模（b-side）侧的组件。这样可以同时让两个设计者在同一个工程上设计
fill	fill（填充）节点用于创建浇道和浇口的实体。这些实体用于在模架板、型腔、型芯上用创建腔体（create pockets）功能来生成腔体
cool	cool（冷却）节点用于创建冷却管道的实体。这些实体用于在模架板和型腔、型芯上用创建腔体（create pockets）功能来生成腔体。冷却管道的标准件也会默认使用该节点。 cool 节点分为两部分：side_a 对应的是模具定模（a-side）侧的组件；side_b 对应的是动模（b-side）侧的组件。这样可以同时让两个设计者在同一个工程上设计
prod	prod（product，产品）节点将单独的特定部件文件集合成一个装配的子组件。特定部件文件包括收缩件、型腔、型芯及顶针节点。多腔模可以使用 prod 节点的阵列，再利用所有 prod 节点下已经做好的子组件。prod 节点也可以放置与塑胶产品部件相关的特定部件的标准件组件，如顶针、镶针、滑块及斜顶等。 prod 节点分为两部分：side_a 对应的是模具定模（a-side）侧的组件；side_b 对应的是动模（b-side）侧的组件。这样可以同时让两个设计者在同一个工程上设计
产品模型	注塑模向导使用一个全相关的几何链接复制装配，能保持产品模型的原始定位
molding 部件	molding（建模）部件包含一个产品模型的几何链接的复制件。模具特征（如脱模斜度、分型面、边倒圆等）都会添加到该组件中，使产品模型具有成型性能。如果有新版本的产品交换进来，甚至产品模型由其他的 CAD 系统转入，这些模具特征不会受到如收缩率改变的影响并保持完全相关性
shrink 部件	shrink（收缩）部件包含一个产品模型的几何链接复制件。通过比例功能给链接体加入一个收缩系数。可以在任何时候修改该收缩系数
parting 部件	parting（分型）部件包含一个收缩体的几何链接复制件，以及一个用于创建型腔、型芯块的工件（work piece）。分型面将在该部件中生成
cavity 部件	cavity（型腔）部件是收缩部件的几何链接的一部分
core 部件	core（型芯）部件是收缩部件的几何链接的一部分
trim 部件	trim（裁减）部件包含用模具修剪（mold trim）功能得到的几何体。在裁减部件中的型腔、型芯的链接区域，用于裁减电极、镶块和滑块面等
var 部件	var（变量）部件包含模架和标准件中用到的表达式。标准件中用到的标准数值（如螺纹孔径）会存储在该部件中

2.1.3　UG NX 注塑模具设计解决方案

只使用建模模块下的工具命令创建模具分型面的方式称为手动分模；运用注塑模向导进行的分模操作称为自动分模。在实际生产过程中，往往单独运用一种方式来进行分模是不合实际的，因此一般是手动分模和自动分模相结合。图 2-2 所示的是用 MoldWizard

创建模具与用建模模块创建模具这两种方式之间的关联，以便读者能够更好地理解 MoldWizard 创建模具的方式。

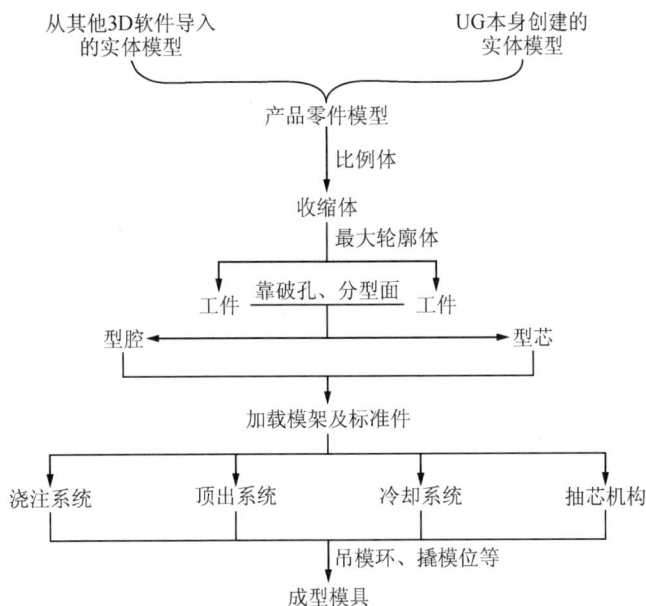

图2-2 模具设计流程

2.1.4 MoldWizard 的安装说明

UG MoldWizard 模块的安装步骤如下：

1）当完成 UG NX 主程序的安装后，先双击 UG NX 图标，确保能够顺利打开主程序。

2）由于在安装主程序时，注塑模向导模块的文件并没有被安装，因此在调用模架等标准件时会出现无法加载标准件的提示。

3）从 UG 安装光盘中找到 MoldWizard 的压缩包，用 WinRAR 软件把安装文件从压缩包中解压出来，如图 2-3 所示。

图2-3 解压 MoldWizard 的压缩包

4）复制解压出来的文件夹，并粘贴到主程序安装目录的 NX 目录下，覆盖原有的 MoldWizard 文件夹，如图 2-4 所示。至此，注塑模向导模块安装完成，重新打开主程序，单击图 2-5（a）所示的【注塑模向导】工具条中的【模架库】按钮，即可弹出图 2-5（b）所示的【模架设计】对话框。

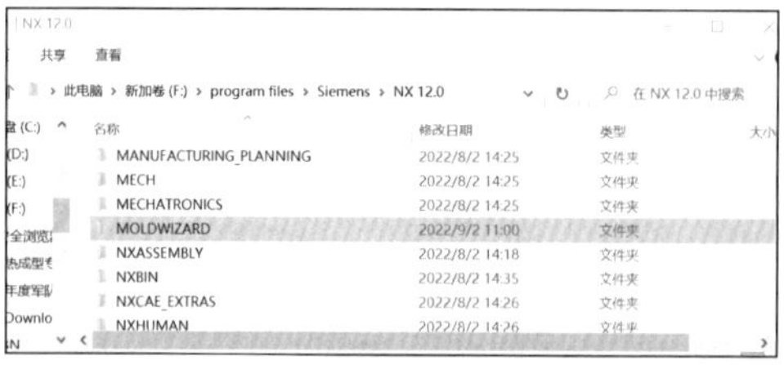

图2-4　NX 目录

（a）【注塑模向导】工具条

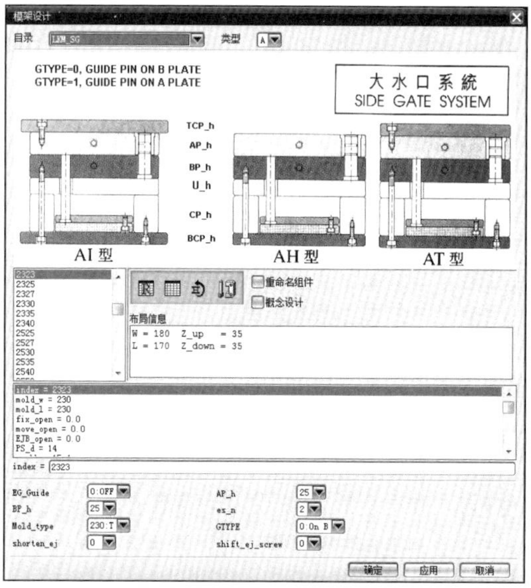

（b）【模架设计】对话框

图2-5　【注塑模向导】工具条和【模架设计】对话框

2.1.5　UG NX 系统配置

1. 硬件配置

要流畅地运行 UG NX，计算机硬件最低配置如表 2-2 所示。

表 2-2　计算机硬件最低配置

硬件	规格
CPU	P4 2.4GHz 以上
内存	512MB 以上
显卡	显存 128MB 以上
硬盘	5GB 以上

2. 注塑模向导配置

1）为了以后在创建模具时减少每次设置的麻烦，可以在用户默认设置中先行设置。双击 UG 图标，打开 UG 主程序，选择【文件】|【实用工具】|【用户默认设置】命令，弹出【用户默认设置】对话框，如图2-6 所示。

图2-6　【用户默认设置】对话框

2）拖动【用户默认设置】对话框的滚动条，在左侧一栏中找到【注塑模向导】并单击，则对话框右侧显示模具向导的有关选项，如图 2-7 所示。

图2-7　注塑模向导设置

3）点选【常规】|【项目设置】|【项目单位】中的【与产品模型相同】单选按钮，【单位制】为【公制】，如图2-8所示。

图2-8　项目单位设置

4）选择【注塑模工具】|【常规】命令，为了顺利创建型芯和型腔，修改【公差】值，具体修改内容如图2-9所示。

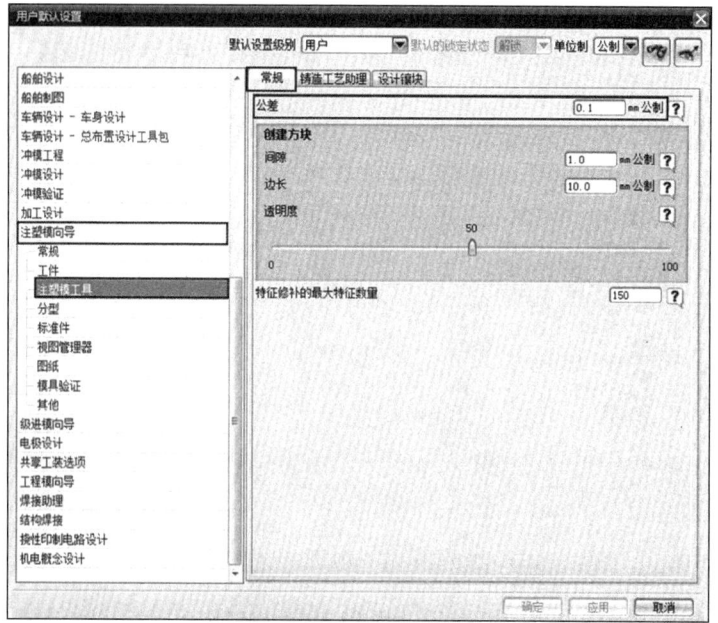

图2-9　注塑模工具常规设置

5）分别选择【其他】｜【电极】命令，把设计方法改为【从对话框中选择】，如图 2-10 所示。

图2-10　电极设计方法设置

【提示】

完成对【用户默认设置】对话框的设置后，单击【确定】按钮，以往进行的设置不会立刻生效，只有重启 UG NX 后才会生效。

2.1.6　UG NX 注塑模向导工作界面

1）双击 UG 图标，启动 UG 主程序，如图 2-11 所示，选择【新建】或【打开】命令，进入 Modeling 模块。

2）选择【开始】｜【所有应用模块】｜【注塑模向导】命令，打开【注塑模向导】工具条，进入注塑模向导模块，如图 2-12 所示。

3）注塑模向导是和建模模块共存的，因此进入注塑模向导模块后，除了多个【注塑模向导】工具条外，其余的界面就是建模模块的界面，当然，装配模块也可以与建模模块和注塑模向导模块共存，如图 2-13 所示。

4）注塑模向导模块主要由 4 部分组成：模型准备、模具创建、后处理和视图及文件管理，如图 2-14 所示。

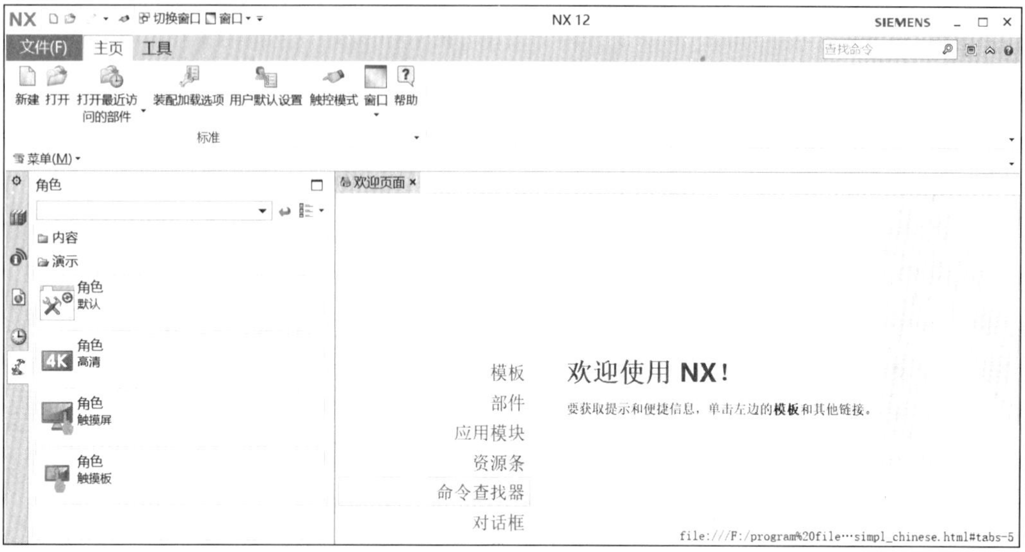

图2-11　UG 界面

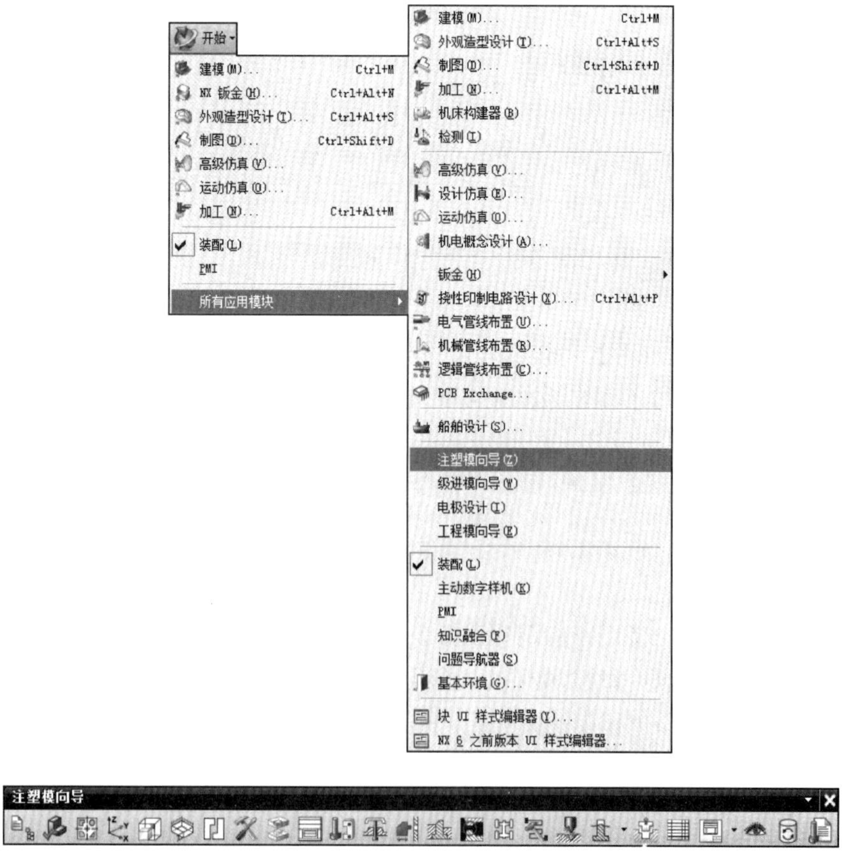

图2-12　进入注塑模向导模块

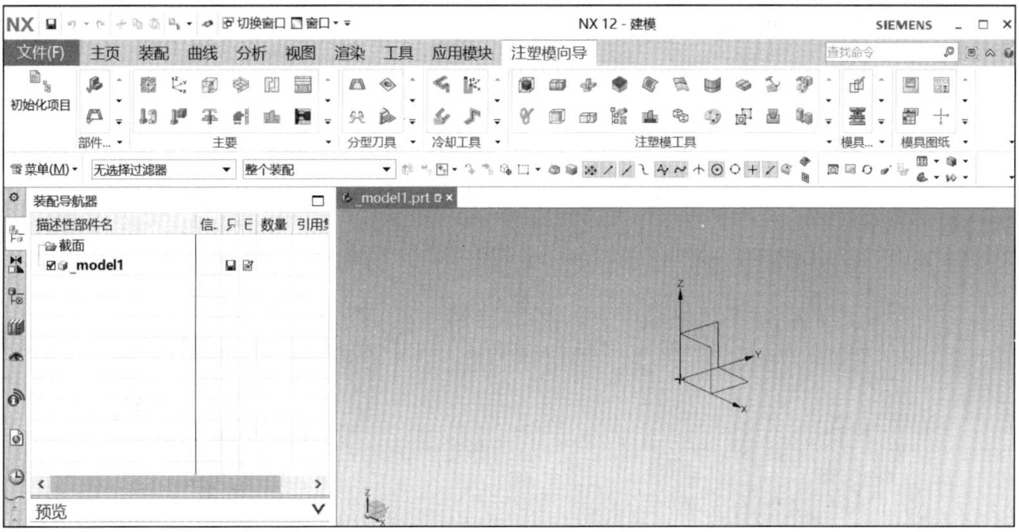

图2-13　注塑模向导界面

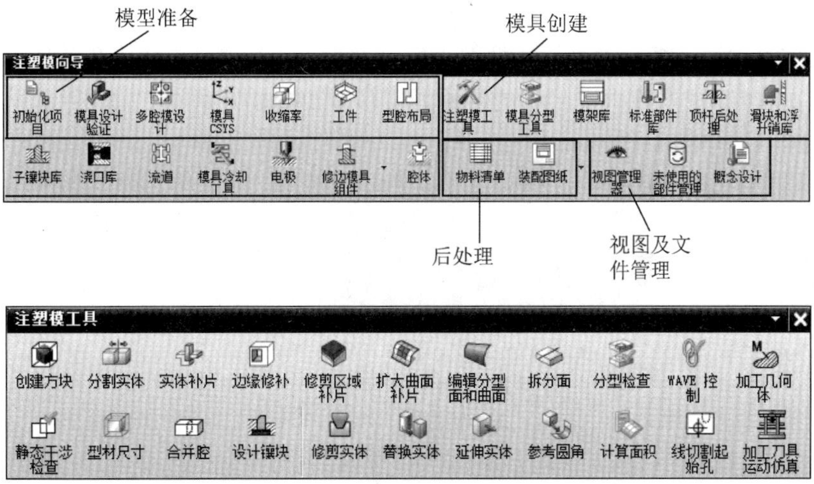

图2-14　【注塑模工具】工具条

5）其他界面形式和建模模块一样，如装配导航器、部件导航器等，这里不再介绍。

2.2　模具设计流程

UG 中设计模具是指在建模模块下，运用 MoldWizard 进行模具设计得到型芯、型腔和模架的过程，在操作过程中涉及很多专业术语。本节将介绍注塑模设计的基本步骤，然后逐一讲解 UG 模具设计的相关术语。

2.2.1　注塑模设计过程

以图 2-15 所示的水杯模型为例，讲解注塑模设计过程。

1）创建一个方块包容整个水杯模型，从中减去模型所在体积，这个方块在模具设计中称为工件，图 2-16 所示为减去水杯模型的工件。

图2-15　水杯模型

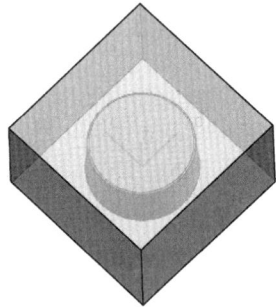

图2-16　减去水杯模型的工件

2）通过分型面，将减去水杯模型的工件一分为二，其中构成水杯外形的块称为型腔（凹模板），另外构成水杯内部形状的块称为型芯（凸模板），如图 2-17 所示。

图2-17　分型

3）根据型芯与型腔零件添加标准模架，图 2-18 所示为动模部分，图 2-19 所示为定模部分。

4）为了注入塑料，通常在凹模板上开设进胶口，为了使模具安装在注塑机上，可以将凹模板及固定板连接在大一点的金属板（面板）上，使其固定于注塑机的定模架。此外，为了方便安装模具，使得注塑机喷嘴与主浇套口对准，在定模板上安装定位环，因为进料道与高温塑料和注塑机反复接触、碰撞，所以用性能较好的材料单独做成一个主浇套，安装在定模板内，图 2-20 所示为定模部分组立图。

5）塑料冷却后会收缩包紧在凸模上，因此在凸模一侧还应该设置顶出机构。为了在合模时顶杆能返回原位，需要设计复位杆。为了将动模固定在注塑机的动模架上，我们将凸模及其固定板和顶出机构连接在大一点的金属板（底板）上，如图 2-21所示。

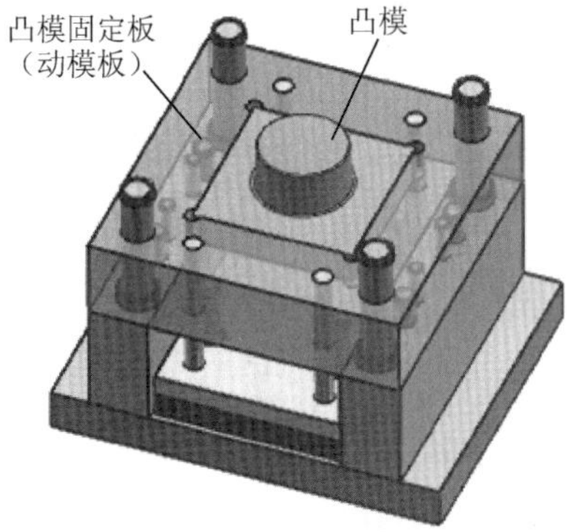

图2-18　动模部分

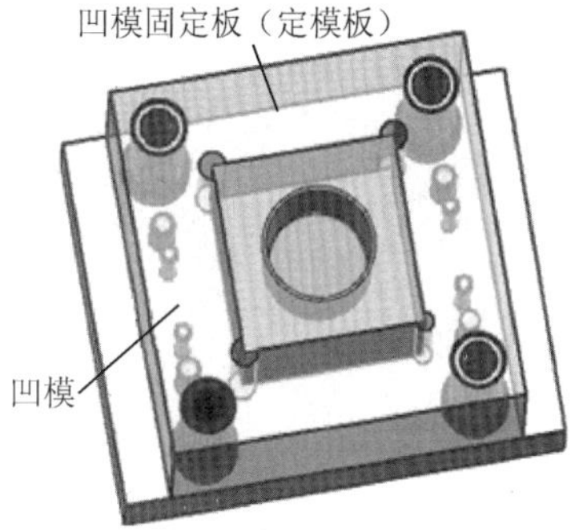

图2-19　定模部分

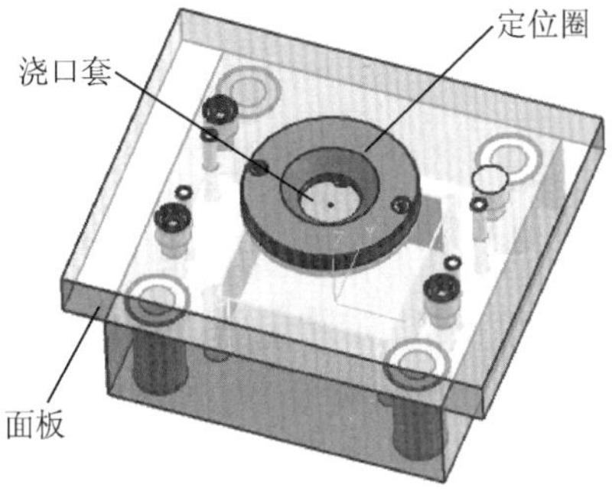

图2-20　定模部分组立图

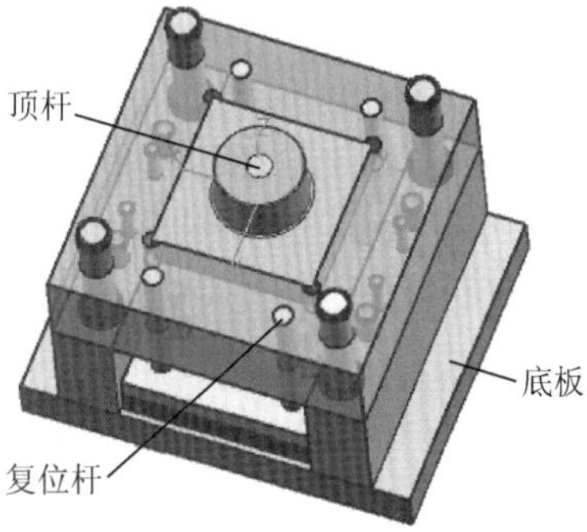

图2-21　动模部分组立图

6）一般情况下，型芯和型腔板是成型零件。成型零件工作时，直接与塑料熔体接触，承受熔体料流的高压冲刷、脱模摩擦等，所以要求材料性能好，因而价格较高。为降低成本，一般采用镶拼形式。

2.2.2　典型 UG 注塑模设计过程

本节主要介绍利用 UG NX 模具向导（MoldWizard）模块设计注塑模的一般流程。

通过单击【模具向导】工具条的各个按钮，进入对应的设计对话框，在对话框中选择设计步骤，设置各零部件的参数，再逐步创建和组装零部件，构成模具结构。UG 模具设计流程如图 2-22 所示。

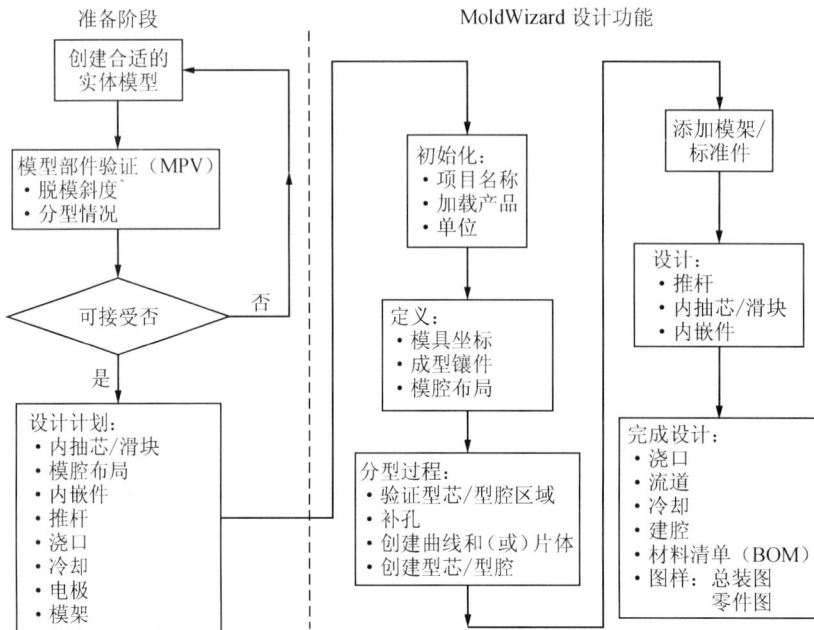

图2-22　UG 模具设计流程

利用 UG MoldWizard 模块设计注塑模的一般步骤:

(1) 产品模型准备

用于模具设计的产品三维模型文件有多种文件格式,UG MoldWizard 模块需要一个 UG 文件格式的三维产品实体模型作为模具设计的原始模型。如果一个模型不是 UG 文件格式的三维实体模型,则需用 UG 软件将文件转换成 UG 软件格式的三维实体模型或重新创建 UG 三维实体模型。正确的三维实体模型有利于 UG MoldWizard 模块自动进行模具设计。

(2) 装载产品

装载产品是使用 UG MoldWizard 模块进行模具设计的第一步,产品成功装载后,UG MoldWizard 模块将自动产生一个模具装配结构,该装配结构包括构成模具所必需的标准元素。

(3) 设置模具坐标系

设置模具坐标系是模具设计中相当重要的一步,模具坐标系的原点须设置于模具动模和定模的接触面上,模具坐标系的 XC-YC 平面须定义在动模和定模接触面上,模具坐标系的 ZC 轴正方向指向塑料熔体注入模具主流道的方向上。模具坐标系与产品模型的相对位置决定产品模型在模具中放置的位置,是模具设计成败的关键。

(4) 设置收缩率

塑料熔体在模具内冷却成型为产品后,由于塑料的热胀冷缩大于金属模具的热胀冷缩,所以成型后的产品尺寸将略小于模具型腔的相应尺寸,因此模具设计时模腔的尺寸要求略大于产品的相应尺寸,以补偿金属模具型腔与塑料熔体的热胀冷缩差异。UG MoldWizard 模块处理这种差异的方法是将产品模型按要求放大生成一个名为缩放体（shrink part）的分模实体模型（parting），该实体模型的参数与产品模型参数是全相关的。

（5）设置模具型腔和型芯毛坯尺寸（工件）

模具型腔和型芯毛坯（简称模坯）是外形尺寸大于产品尺寸的用于加工模具型腔和型芯的金属坯料。UG MoldWizard 模块自动识别产品外形尺寸并预定义模具型腔、型芯毛坯的外形尺寸，其默认值在模具坐标系 6 个方向上比产品外形尺寸大 25mm，用户也可以根据实际要求自定义尺寸。UG MoldWizard 模块通过"分模"将模具坯料分割成模具型腔和型芯。

（6）模具型腔布局

模具型腔布局即通常所说的"一模几腔"，它指的是产品模型在模具型腔内的排布数量，用来定义多个成型镶件各自在模具中的位置。UG MoldWizard 模块提供了矩形排列和圆形排列两种模具型腔布局方式。

（7）修补模型破孔

塑料产品由于功能或结构的需要，在产品上常有一些穿透产品孔，即所谓的"破孔"。为将模坯分割成完全分离的两部分——型腔和型芯，UG MoldWizard 模块需要用一组厚度为零的片体将分模实体模型上的这些孔"封闭"起来，这些厚度为零的片体、分模面和分模实体模型表面可将模坯分割成型腔和型芯。UG MoldWizard 模块提供自动补孔功能。

（8）创建模具分型线

UG MoldWizard 模块提供塑模部件验证（mold part validation，MPV）功能，将分模实体模型表面分割成型腔区域和型芯区域两种面，两种面相交产生的一组封闭曲线就是分型线。

（9）创建模具分型面

分型面是由一组分型线向模坯四周按一定方式扫描、延伸和扩展而形成的一组连续封闭的曲面。UG MoldWizard 模块提供自动生成分型面功能。

（10）创建模具型腔和型芯

分模实体模型破孔修补和分型面创建后，即可用 UG Mold Wizard 模块提供的建立模具型腔和型芯功能将毛坯分割成型腔和型芯。

（11）建立模架

模具型腔、型芯建立后，需要提供模架以固定模具型腔和型芯。UG MoldWizard 模块提供了电子表格驱动的模架库和模具标准件库。

（12）加入模具标准部件

模具标准部件是指模具定位环、浇口套、顶杆和滑块等模具配件。UG MoldWizard 模块提供了电子表格驱动的三维实体模具标准件库。

（13）设计浇口和流道系统

塑料模具必须有引导塑料进入模腔的流道系统。流道的设计与产品的形状、尺寸及成型数量密切相关。常用的流道类型是冷流道，冷流道系统由 3 部分组成：主流道、分流道和浇口。

1）主流道是熔料注入模具最先经过的一段流道，常用一个标准的浇口套来成型这一部分。

2）分流道是熔料从主流道进入型腔前的过渡部分，它分布在分型面上型芯和型腔的一侧或双侧。

3）浇口是从分流道到型腔的关键流道。浇口形状的设计要考虑塑料的成型特性和产品的外观要求。

（14）创建腔体

创建腔体是指在型腔、型芯和模板上建立腔或孔等特征，以安装模具型腔、型芯、镶块及各种模具标准件。

（15）列出模具零件材料清单

创建模具二维装配图、零件图。

2.2.3　UG 模具设计术语

UG 模具设计过程中使用很多术语描述设计步骤，这些是模具设计独有的，熟悉并掌握这些术语，对接下来学习 UG 模具设计有很大帮助。下面分别进行介绍。

1）设计模型：模具设计必须有一个设计模型，也就是产品原始数据。设计模型决定模具的型腔形状，成型过程是否要利用镶块、镶针、滑块等模具元件，以及浇注系统、冷却系统的设计布置，如图 2-23 所示。

2）参考模型：设计模型在模具模型的映像。如果更改设计模型，那么包含的模具模型中的参考模型也将发生变化，然而在模具模型中对参考模型进行编辑，修改了其特征，则不会影响设计模型，如图 2-24 所示。

3）工件：表示直接参与熔料模具元件的总体积块，如图 2-25 所示。

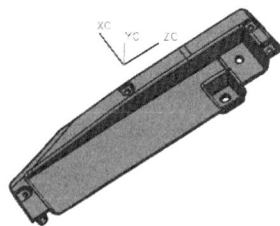

图2-23　设计模型　　　　　图2-24　参考模型　　　　　图2-25　工件

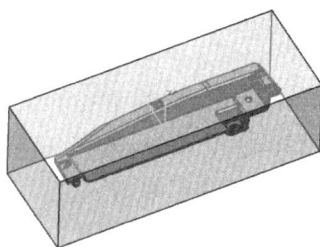

4）分型面：由一个或多个曲面特征组成，如图 2-26 所示。分型面可以分割工件或者已经存在模具的体积块。分型面在模具设计中占据着最重要和最关键的地位，应合理地选择和创建分型面。

5）收缩率：塑料制件从模具中取出冷却至室温后，尺寸发生缩小变化的特征称为收缩性，衡量塑料制件收缩程度大小的参数称为收缩率。对于高精度塑料制件，如车灯等，必须考虑收缩给塑料制件尺寸、形状带来的误差。

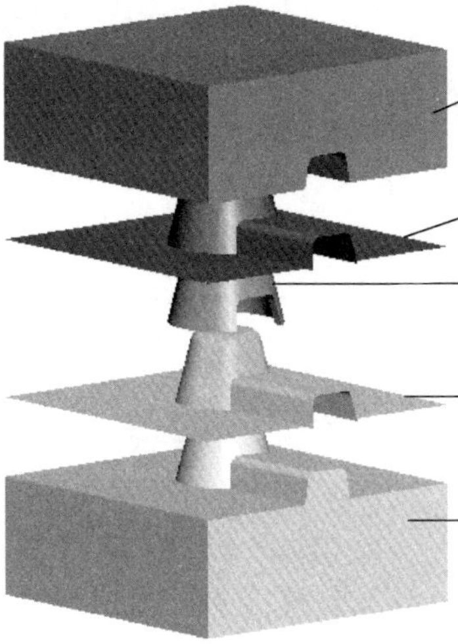

图2-26　分型面

6）脱模斜度：塑料冷却后会产生收缩，使塑料制品紧紧地包裹住模具型芯或型腔突出部分，造成脱模困难，为便于塑料制品从模具取出或是从塑料制品中抽出型芯，防止塑料制品表面被划伤、擦毛等问题的产生，塑料制品的内、外表面沿脱模方向都应该有倾斜的角度，即脱模斜度，对应于 UG NX 中的拔模角。

━━本章小结━━

模具设计应用体验，通过模具设计概述、模具设计流程介绍，使读者能够从本章学习到 UG NX 模具设计的工作原理和顺序，形成一个完整的设计流程，为下一步学习打好基础。

━━思考与练习━━

1．简述 MoldWizard 模块的工作原理。

2．简述利用 MoldWizard 模块设计模具的大致顺序。

3．打开图 2-27 所示的文件，利用 MoldWizard 模块，按照模具设计的一般步骤，熟悉使用 MoldWizard 模块设计模具的流程。

图2-27　cover 产品

	源文件：Model\Chapter 2\cover.prt
	操作结果文件：Results\Chapter 2\cover _top_010.prt

注：此为文件存放路径，下同。

第 *3* 章
模型准备

内容提要 ☞

    通过本章的实例和配套习题，掌握项目初始化、创建工件等内容，理解并熟练应用模具坐标系。掌握塑模部件验证分析命令，理解其选项的含义，灵活运用并分析产品的可行性。

学习重点 ☞

1. 项目初始化加载。
2. 模具坐标系设置。
3. 工件创建（成型镶件）。
4. 型腔布局操作。
5. 塑模部件验证（MPV）使用。

思政目标 ☞

1. 树立正确的学习观、价值观，自觉践行行业道德规范。
2. 牢固树立质量第一、信誉第一的强烈意识。
3. 遵规守纪，安全生产，爱护设备，钻研技术。

3.1　加载产品及项目初始化

单击【注塑模向导】工具条中的【初始化项目】按钮，选取加载的产品模型后会弹出图3-1所示的【初始化项目】对话框。

3.1.1　项目单位

设置所要创建的装配文件各部件或组件的单位，必须与加载产品的原模型单位一致。一般在国内产品和原模型尺寸单位是毫米（mm）。

3.1.2　项目设置

1）路径：设置用来放置模具子目录的文件夹位置。必须事先在硬盘上创建一个文件夹，如图 3-1 中的【base】。

2）Name：用来命名所创建的文件的项目名称。

3）配置：调用不同的装配结构文件。如果选择的配置文件不一样，那么在后面的操作中就会不一样，如定义图 3-1 所示的配置文件。

4）重命名组件：用来对装配文件的各部件或组件重新命名。勾选【重命名组件】复选框，单击【确定】按钮，将弹出图3-2所示的【部件名管理】对话框。

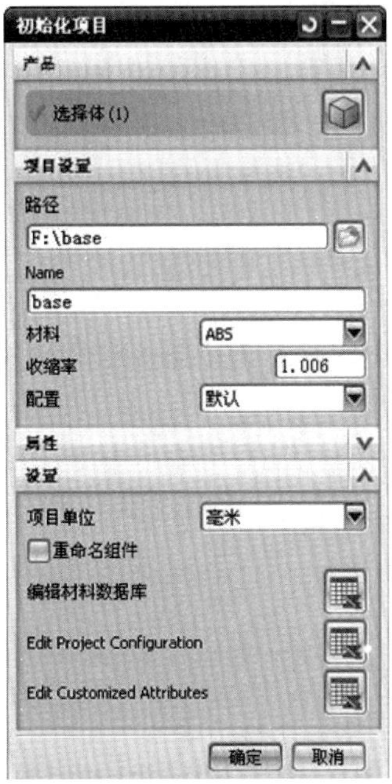

图3-1　【初始化项目】对话框 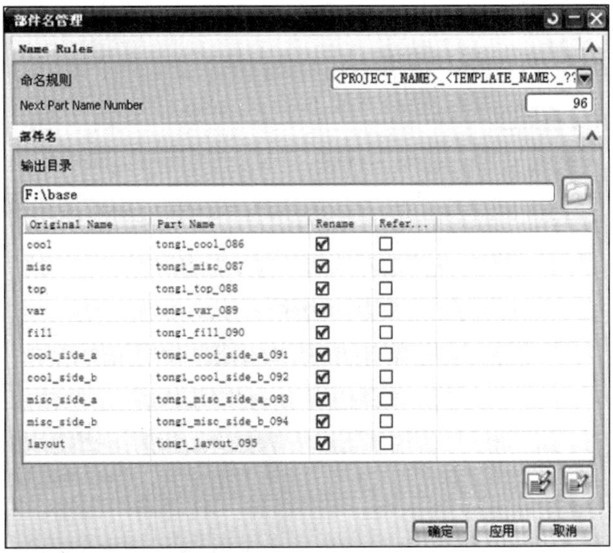　　　　　图3-2　【部件名管理】对话框

3.1.3 材料

设置产品成型所用的塑料材料。当选中一个塑料材料后，就会在【收缩率】文本框中显示对应的收缩率，如图3-1所示。

但有时会遇到【材料】下拉列表框下面只有【NONE】选项，而没有其他塑料的选项，此时，只要在【收缩率】文本框中手动输入产品所使用的塑料的收缩率即可，效果与直接选择对应的塑料是一样的。当然，为了避免以后翻阅塑料手册查找塑料的收缩率，可以单击【编辑材料数据库】按钮，弹出图3-3所示的 Microsoft Excel 表格。利用此表格可以修改原有塑料的收缩率和添加原来没有的塑料的收缩率，最后保存并退出表格，这样以后就不需要输入材料收缩率，直接选用即可。

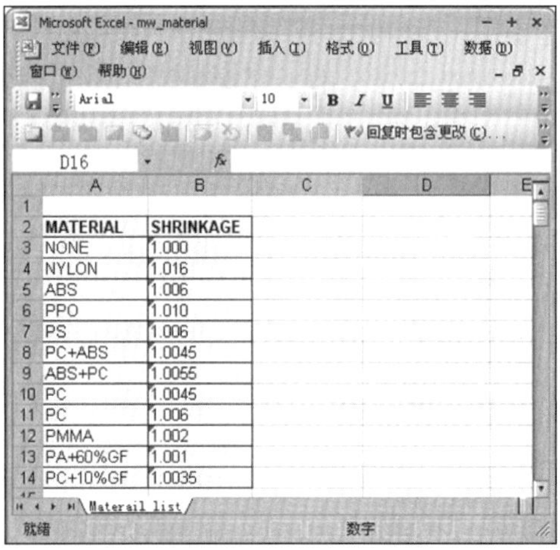

图3-3　编辑材料数据库

【提示】

设置塑料的收缩率主要是由于塑料制件在冷却过程中会冷却收缩，如果按产品原模型去创建型芯和型腔，会造成成型后的零件比客户要求的小，因此需要事先进行比例放大。

操作实例 3-1　初始化项目。

打开图3-4所示的产品模型，利用此模型完成项目初始化操作。

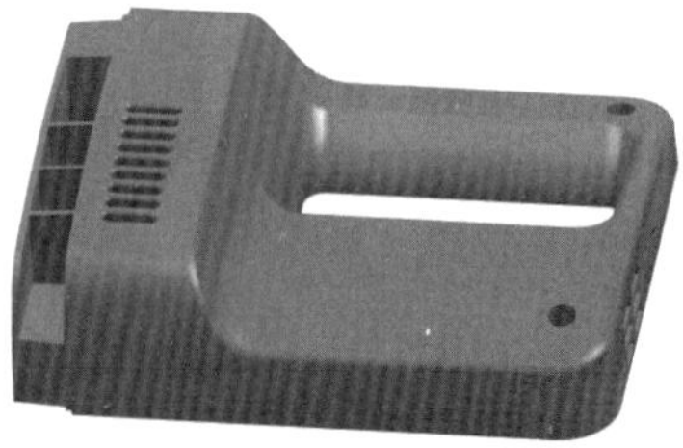

图3-4　cleaner 产品

	源文件：Model\Chapter 3\cleaner.prt
	操作结果文件：Results\Chapter 3\ex 3-1\cleaner_top_010.prt

1）选择【开始】|【所有程序】|【Siemens NX】|【NX】命令，打开 NX 主程序。选择【文件】|【打开】命令，选取文件名为【cleaner.prt】的模型，单击【确定】按钮，打开图3-4 所示的模型。

【提示】

打开文件后，确认 NX 已经进入建模模块。否则，可以选择【开始】|【所有应用模块】|【建模】命令，即可切换到建模环境。

2）选择【开始】|【所有应用模块】|【注塑模向导】命令，进入注塑模向导模块的设计环境，并且调出【注塑模向导】工具条，如图3-5 所示。

图3-5 【注塑模向导】工具条

3）单击【注塑模向导】工具条中的【初始化项目】按钮，弹出图3-6 所示的【初始化项目】对话框，系统会自动选取已经打开的产品模型作为【产品】。【路径】和【Name】可以自行设置，只要不存在中文及其他特殊字符即可。选取产品的【材料】为 PC 时，【收缩率】值自动对应为 1.0045。【配置】和【项目单位】保留默认即可。初始化项目具体参数设置如图3-6 所示。

4）单击【确定】按钮，MoldWizard 模块自动按照所设置的配置方式加载装配所需的组件，创建完成的装配树如图3-7 所示。

图3-6 初始化项目具体参数设置

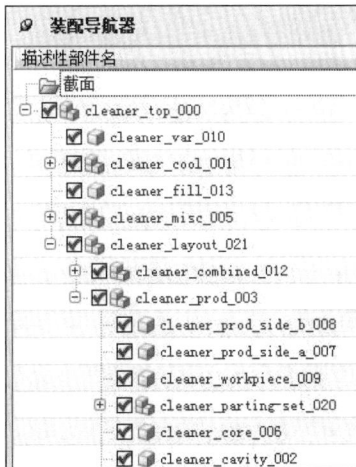

图3-7 创建完成的装配树

【提示】

装配树的结构是按照【配置】文件来装载的，因此只要修改此配置文件就可以定制适合自己或公司的装配树，灵活性很大。

5）选择【文件】|【全部保存】命令，完成装配文件存盘操作。

3.2 模具坐标系

模具坐标系在注塑模向导中的地位非常重要，不仅确定了脱模方向、模架分型面位置，而且是某些标准件加载时的参考坐标系。模具坐标系的原点必须是模架分型面的中心，且+ZC 方向指向喷嘴，如图3-8 所示。

模具坐标系的定义过程，就是将产品子装配从工作坐标系（WCS）移植到模具装配的绝对坐标系（ACS），并以该绝对坐标系作为注塑模向导的模具坐标系（mold CSYS）。

项目初始化后，单击【模具 CSYS】按钮 ，弹出图3-9 所示的【模具 CSYS】对话框。

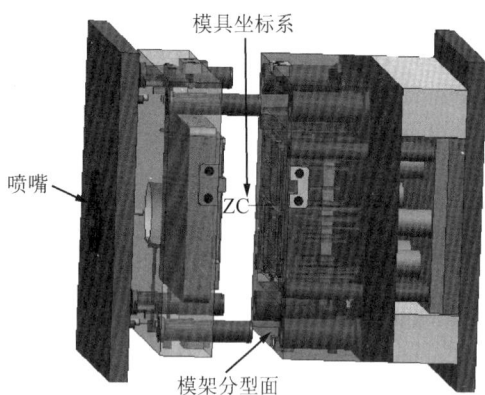

图3-8 模具脱模坐标 图3-9 【模具 CSYS】对话框 1

1）当前 WCS：设置模具坐标系与当前 WCS 相匹配。

2）产品实体中心：设置模具坐标系位于产品实体中心。

3）选定面的中心：设置模具坐标系位于选取面的中心。

4）锁定 XYZ 位置：允许重新放置模具坐标系时，保持被锁定的 3 个坐标平面之一的位置不变。一般情况下勾选【锁定 Z 值】复选框。

【提示】

任何时候都可以通过单击【模具 CSYS】按钮，重新编辑模具坐标系。

定义模具坐标系时，必须打开原产品模型。当重新打开装配文件时，产品模型以空引用集的方式被加载，因此在定义模具坐标系前，必须先打开原模型。

当在一个多腔模中设置模具坐标系时，显示部件和工作部件必须都是 layout。

当使用【产品实体中心】和【选定面的中心】命令时，必须先取消锁定复选框的勾选，然后选取产品模型或边界面，再勾选相应的锁定复选框，否则模具坐标系不会应用到产品体的中心和边界面的中心。

3.3　产品可行性分析

当获得产品模型后，第一步要做的不是拉分型面，而是要对产品出模进行可行性分析，这一步非常重要。产品模型某些部位的不合理性会使模具设计的难度提高，甚至生产出来的产品根本无法满足客户的需求。产品可行性分析所包括的内容相当丰富，在这里只列举主要的几项。

（1）壁厚

产品主体壁厚尽量均匀，不能相差过大；加强筋等结构件的壁厚要小于主体壁厚，防止缩水。

（2）拔模角

分析产品模型有没有倒拔模，查看出现倒拔模的区域是否要做滑块之类的区域，并且拔模角（脱模斜度）的大小尽量大，以满足脱模的要求。

（3）其他

产品模型上尽量避免薄刚、尖角等；分型线要尽量连续。

3.4　塑模部件验证

3.3 节提到了在分型前需要先对产品可行性进行评估，【检查区域】就是常用的分析工具。选择【分析】｜【塑模部件验证】｜【检查区域】命令，弹出图3-10 所示的【检查区域】对话框。

图3-10　【检查区域】对话框 1　　　　　　　微课：塑件分析

3.4.1　检查厚度

【检查壁厚】对话框主要用来检测产品模型各面的壁厚，如图3-11 所示。

（a）【计算】选项卡　　　　（b）【检查】选项卡　　　　（c）【选项】选项卡

图3-11　　【检查壁厚】对话框

只要设置完【采样点设置】、【计算方法】、【显示方法】和【图例控制】后，单击【计算厚度】按钮，即可完成对产品模型厚度的检测，并以图形方式显示各处的厚度，如图3-12 所示。

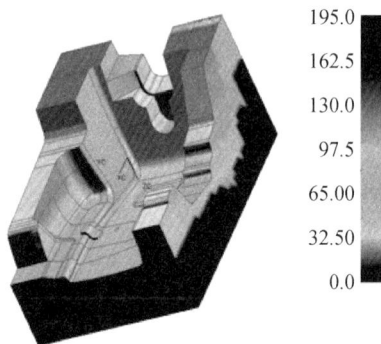

图3-12　厚度结果

3.4.2　面/区域

【面】/【区域】选项卡主要用于脱模、定义型芯/型腔区域、模型属性的分析。设置

完脱模方向、勾选【面】/【区域】选项卡中的复选框后，单击【确定】按钮，如图3-13
所示。

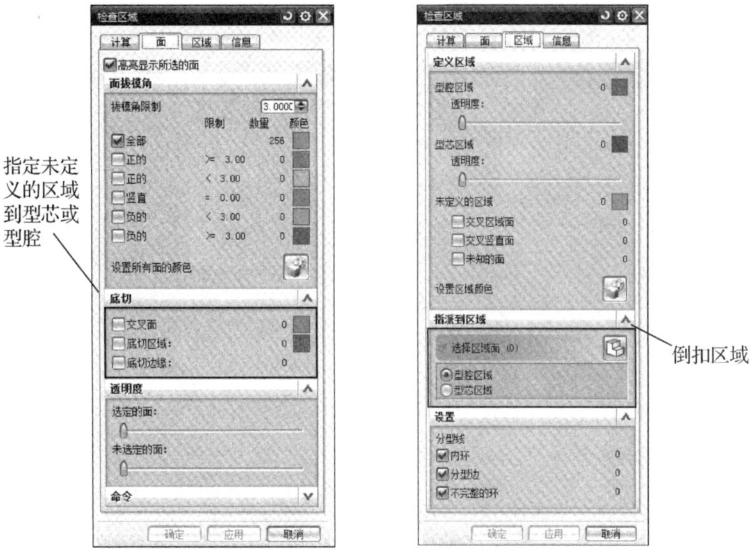

指定未定
义的区域
到型芯或
型腔

倒扣区域

（a）【面】选项卡　　　　　（b）【区域】选项卡

图3-13　检查区域

1. 面

1）面拔模角限制：进行拔模分析时，区分位于正或负角度时的界
限值。

2）设置所有面的颜色：单击此按钮后，模型表面就会被染上与面拔
模角一致的对应颜色。

微课：斜率分析

3）面拆分：实质是面分割，把跨越面分成分别位于型芯和型腔的命令。

4）面拔模分析：将建模下常用的拔模分析工具集成到此命令中。

2. 区域

1）设置区域颜色：对型芯、型腔和底切及未知类型的面着色。

2）用户定义区域：对于没有被定义到型芯或型腔的面，通过手工指定的方式指定到
型芯或型腔区域。

操作实例 3-2　塑模部件验证。

引用操作实例 3-1 中的结果文件，继续使用此产品模型设置模具坐标系并观察模型
的拔模角。

	源文件：Results\Chapter 3\ex 3-1\cleaner_top_010.prt
	操作结果文件：Results\Chapter 3\ex 3-2\cleaner_top_010.prt

打开 UG NX 主程序后，在 Gateway 模块下打开【注塑模向导】工具条，单击【初始化项目】按钮 ，弹出图3-14 所示的【打开】对话框，选择【cleaner_top_010.prt】部件，单击【OK】按钮，系统自动加载装配文件。

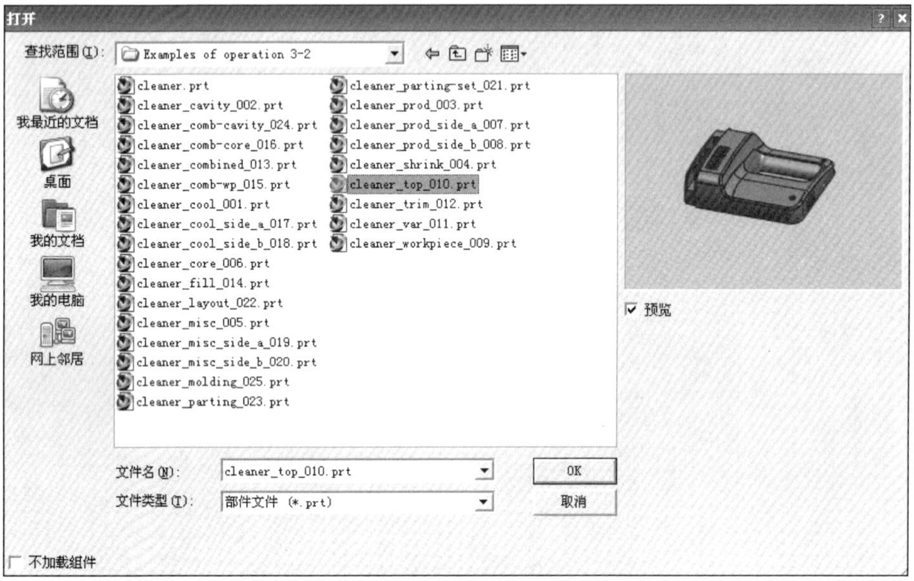

图3-14 【打开】对话框

【提示】

要打开已经完成的或中断过的设计，一般有两种方法：①使用【注塑模向导】工具条中的【初始化项目】按钮，弹出【打开】对话框，选择【×××_top_×××.prt】文件即可；②因为是装配结构的，所以也可以使用【文件】|【打开】命令，弹出【打开】对话框，选择【×××_top_×××.prt】文件即可。但是，用方法②打开后的装配文件，有时会发现有些组件没有完全加载或没有找到，这样还需要手动操作加载，而方法①就解决了这个问题，因此推荐使用方法①打开装配文件。

1. 设置模具坐标系

由于塑模部件验证需要使用到+ZC 作为脱模方向来检验各个面的脱模情况，后面创建工件等也需要模具坐标系，因此事先要确定好模具坐标系。

1）单击【注塑模向导】工具条中的【模具 CSYS】按钮 ，弹出图3-15 所示的【模具 CSYS】对话框。在不退出此对话框的情况下，选择【格式】|【WCS】|【动态】命令，单击位于 WCS 坐标系的 XC-YC 平面上的拖动手柄，旋转−180°，结果如图3-16所示。

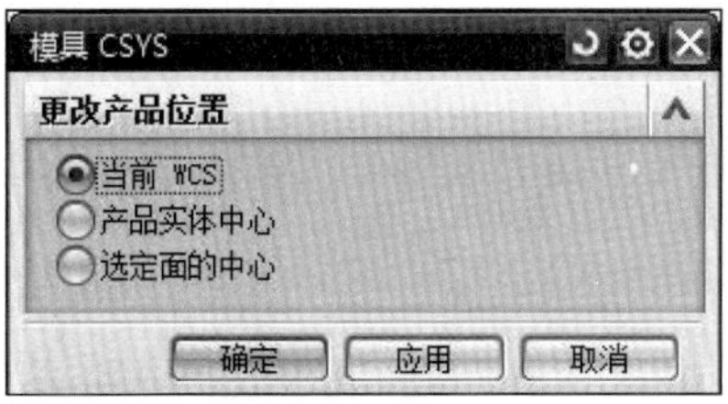

图3-15　【模具 CSYS】对话框 2

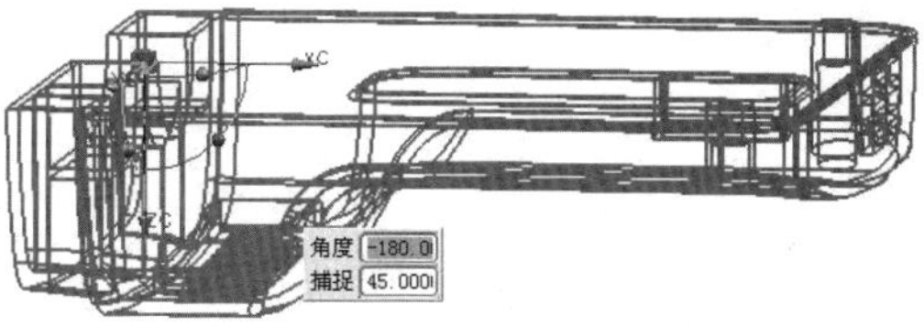

图3-16　调整 WCS

2）旋转完成后，返回【模具 CSYS】对话框，点选【选定面的中心】单选按钮，取消勾选【锁定 Z 位置】复选框，选择产品的底部平面作为选定面。此时，WCS 自动预览在选定面的中心，再重新勾选【锁定 Z 位置】复选框，单击【确定】按钮，完成图3-17所示的模具坐标系。

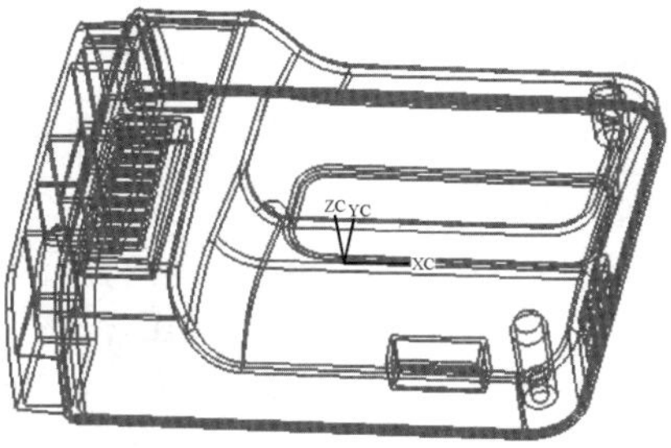

图3-17　设置模具坐标系

2. 塑模部件验证

1）单击【分析】|【塑模部件验证】|【检查区域】按钮，弹出图3-18所示的【检查区域】对话框。选择产品模型作为要被分析的对象，选择＋ZC 作为脱模方向。

图3-18　【检查区域】对话框 2

2）设置以上参数后，单击【计算】按钮，系统自动分析产品设计，弹出图3-19所示的【检查区域】对话框。

3）以默认的3°作为拔模角限制，单击【设置所有面的颜色】按钮，系统自动计算得出结果，并且在模型产品上也自动染上对应的颜色，如图3-20所示。

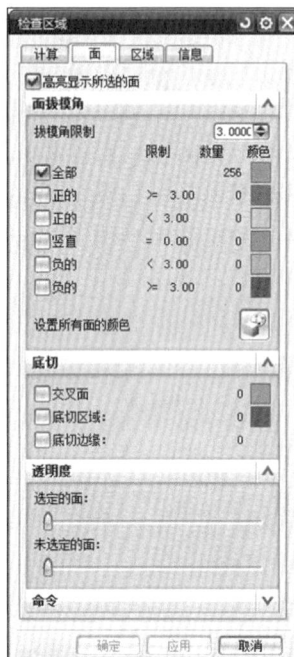

图3-19　【检查区域】对话框3

图3-20　分析面颜色

4）从【检查区域】对话框中可以看到每个拔模角对应的交叉面、底切区域和底切边缘的个数等。当然，可以勾选相应的复选框，高亮显示这些面，如图3-21所示。

图3-21　角度分析

5）通过这种方法检测拔模角比较详细，也可以通过单击【命令】|【拔模分析】按钮，弹出图3-22所示的【拔模分析】对话框。此命令与建模模块下的【分析】|【形状】|【拔模】命令相同，因此不再赘述。

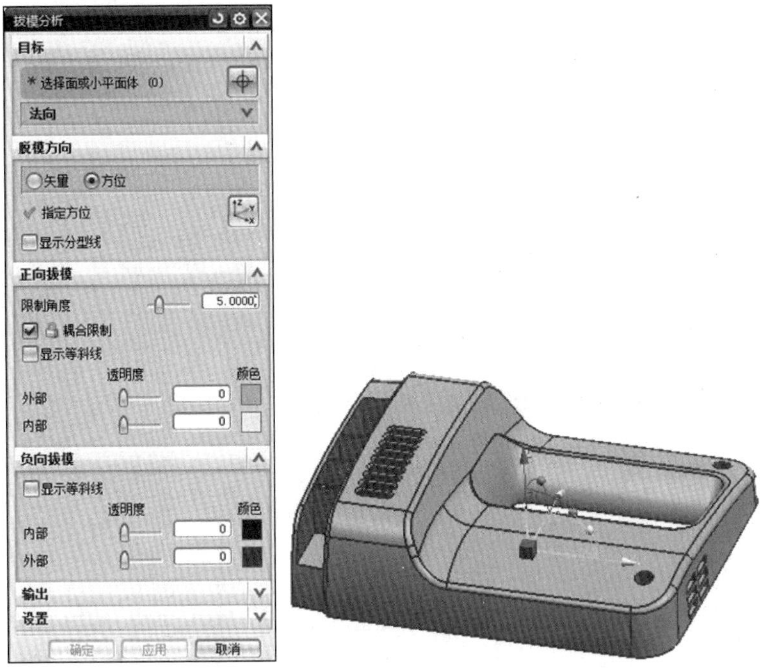

图3-22　拔模分析

微课：塑件尺寸测量

微课：塑件预处理

3.5　收　缩　率

在【初始化项目】对话框中也有设置收缩率的选项，与本节将要讲述的收缩率选项效果是一样的，只不过本节的收缩率可以设置非均匀比例。单击【收缩率】按钮 ，弹出图3-23 所示的【缩放体】对话框，在其中可进行收缩率的设置。

图3-23　【缩放体】对话框

【提示】

在任何时候都可以通过【收缩率】命令来修改产品模型的放大比例。计算收缩率时，要按照材料供应商所提供的收缩率，并结合模具设计经验来确定。

3.6 工　　件

工件功能用于定义型腔和型芯的镶块体。定义标准块或其他工件的方法如下：

1）使用标准块、工件库及型芯和型腔等创建工件；

2）使用在 parting 部件中创建的实体作为工件。

单击【工件】按钮 ⚪，弹出图3-24 所示的【工件】对话框。

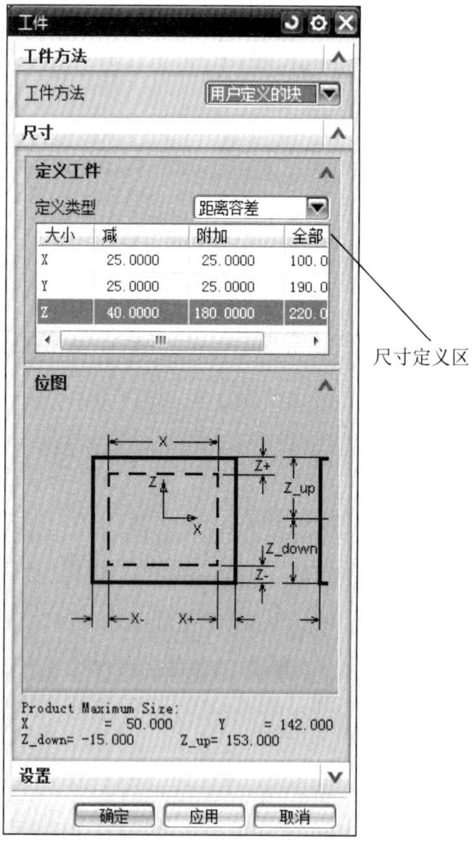

图3-24　【工件】对话框1

3.6.1 标准块

1）用户定义的块：链接经过尺寸定义的种子块（长方体）作为工件，如图 3-25 所示。

2）型腔-型芯、仅型腔-仅型芯：用在 parting 下创建的实体作为工件。当创建的工件只作为型腔使用时，则称为仅型腔；反之，则称为仅型芯。

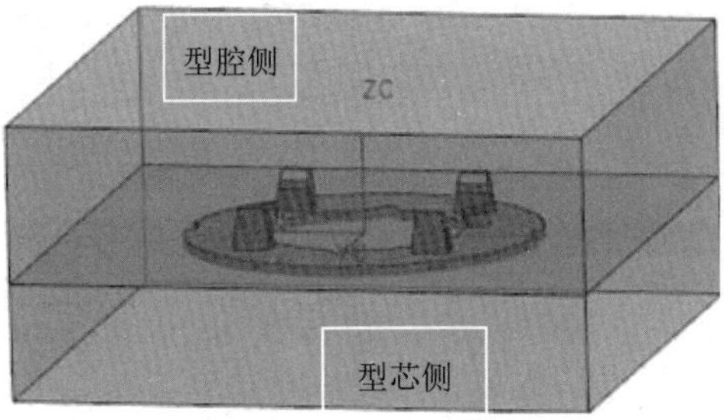

图3-25 标准块

3.6.2 工件库

当工件方法定义为型腔-型芯、仅型腔-仅型芯时，弹出图3-26（a）所示的【工件】对话框。单击【工件库】按钮，弹出图3-26（b）所示的【工件镶块设计】对话框。

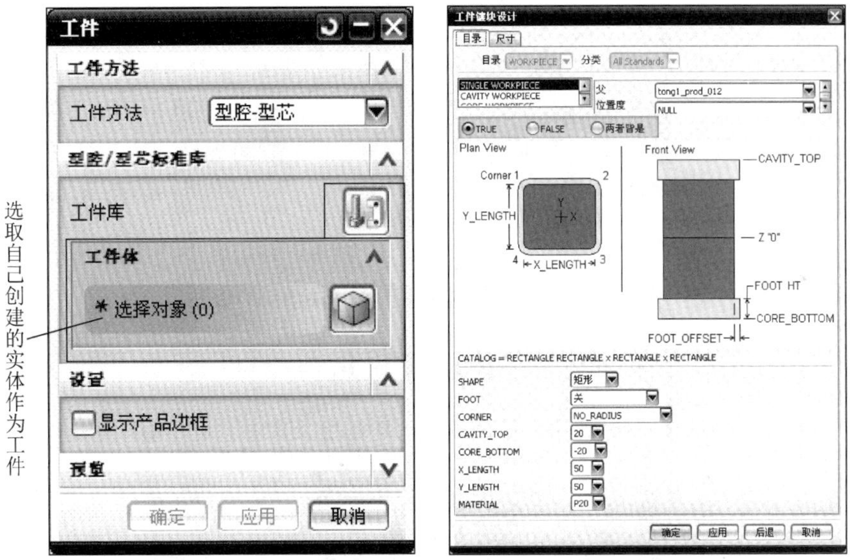

（a）【工件】对话框　　　　　（b）【工件镶块设计】对话框

图3-26 工件库

【工件镶块设计】对话框中提供了一些成型镶件的形状结构选项，如矩形毛坯、圆形毛坯及倒圆角的矩形毛坯。设置该对话框中的FOOT的值，可控制毛坯形状是否带"脚"。

3.6.3 尺寸定义方法

成型镶件尺寸的定义都是通过借助参照物或参照点来进行的，即有距离容差和参考点两种方式。

1）距离容差：以产品的最大轮廓作为参考，然后放出一定的余量，如图3-27所示。

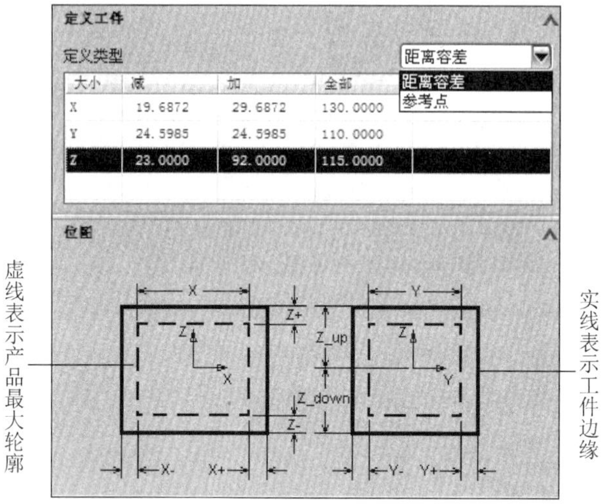

图3-27　距离容差

2）参考点：以一个预定点作为参考，如图3-28 所示。

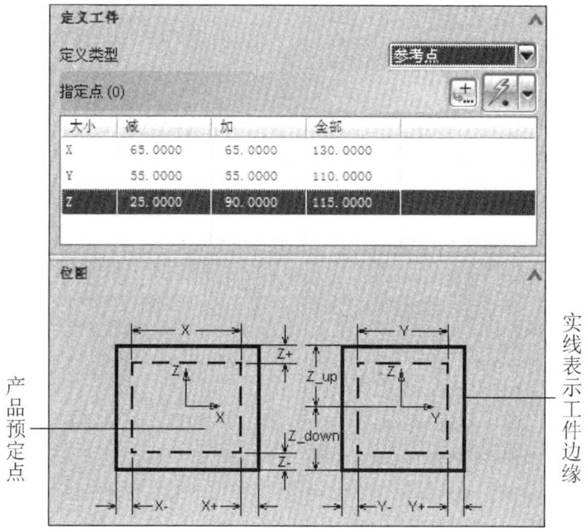

图3-28　参考点

3.6.4　工件尺寸

用于编辑工件尺寸的区域如图3-29 所示。

大小	减	加	全部	
X	44.6872	24.6872	150.0000	
Y	24.5985	24.5985	110.0000	
Z	25.0000	90.0000	115.0000	

图3-29　编辑工件尺寸

注塑模向导在刚使用【工件】按钮时都会使用一个默认的推荐值来产生一个能包容产品的成型工件。

【提示】

在实际生产中，尤其是型芯或型腔做成镶件的情况下，一般采用右侧的 3 个【全部】文本框来确定工件的大小，这样获得的镶件在长、宽、高 3 个方向上的尺寸都是一个常数（精确到小数点后一位）。

在单击【尺寸】对话框中的【应用】或【确定】按钮之前，要先按 Enter 键，以确认修改值的输入。

图 3-29 左侧的 X、Y、Z 的【加】、【减】值用于计算余量值，右侧的 X、Y、Z 的 3 个【全部】值用于精确定义成型镶件的尺寸。

3.7 多腔模设计和型腔布局

多腔模设计用于定义多个塑料制件在一副模具中的位置关系（布局）。可以生成不同设计的多个产品（如电话的上盖和下盖）的模具称为多腔模。多腔模设计应用于多腔模；型腔布局则设置相同产品在模具中的布局。

3.7.1 多腔模设计

对于不同的产品，需要做对应的分型面等操作，因此就必须首先激活对应的节点（_prod_），然后进行相关的操作，这就是【多腔模设计】命令的本质。

1. 加载多腔模产品

多腔模设计加载产品的步骤如下：

1）单击【初始化项目】按钮，加载作为基本部件的第一个产品模型。

2）对于其他的部件，重复【初始化项目】过程，直到所有多腔模部件加载完毕。注塑模向导把这些产品添加到模具装配中，形成一个多腔模结构，每个产品模型在 layout（布局）节点下都有装配结构，如图3-30 所示。

2. 多腔模组件的定位、激活和移除

1）定位：对于添加到注塑模向导的成员，激活它后使用模具坐标系来定位。【多腔模设计】命令本身没有定位或布局功能，也可以使用【型腔布局】|【重定位】命令来实现成员之间的定位关系。

2）激活和移除：使用【多腔模设计】命令来选择每个部件称为激活部件，如图3-31所示。对特定部件的操作只能影响激活部件及其相关文件。例如，要给其中一个部件设置收缩率，只需先激活此部件，再加上收缩率即可。选取想要移除的成员，单击【移除族成员】按钮，即可从装配中移除与此部件相关的全部文件。

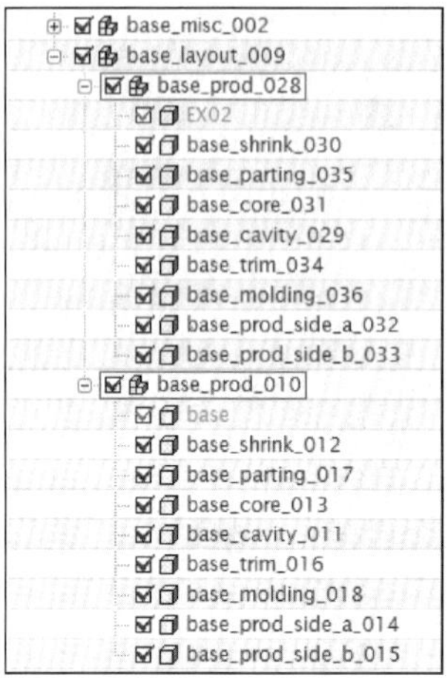

图3-30　装配导航器

图3-31　【多腔模设计】对话框

3.7.2　型腔布局

布局功能是通过添加、移除和重定位模具装配结构中的分型组件。单击【型腔布局】按钮，弹出图3-32所示的【型腔布局】对话框。

图3-32　【型腔布局】对话框1

【提示】

工件应该在使用布局功能之前设计，因为布局的设置需参考工件尺寸。

在布局过程中，产品子装配树的Z平面是不变的。如果要移动Z平面，需要重设模具坐标系。

1. 布局类型

（1）矩形布局

1）平衡：用 X-Y 面上的旋转和转换来定位布局节点的多个阵列。

2）线性：用只在 X-Y 面上的转换（没有旋转）来定位布局节点的多个阵列。

矩形布局示例如图3-33 所示。

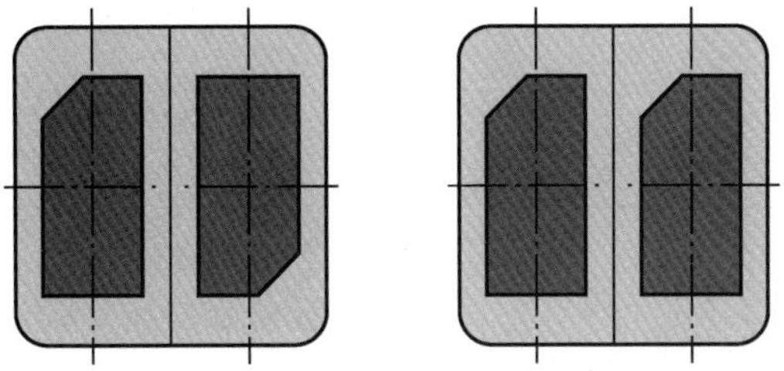

（a）平衡　　　　　　　　　　（b）线性

图3-33　矩形布局示例

矩形布局方式如表3-1 所示。

表3-1　矩形布局方式

平衡		线性	
选项	描述	选项	描述
型腔数	可以选择两个或 4 个型腔	X 向型腔数	X 方向的型腔数目
第一距离	显示两个工件在第一个方向上的距离	X 向距离	X 方向上各型腔之间的距离
第二距离	显示垂直与选择方向上的距离	Y 向型腔数	Y 方向的型腔数目
		Y 向距离	Y 方向上各型腔之间的距离
开始布局	在设置型腔数目和工件之间的距离后，单击【开始布局】按钮生成布局		

（2）圆形布局

1）径向：当各型腔绕绝对坐标系原点旋转的同时，每个型腔也会绕参考点旋转。

2）恒定：型腔在布局过程中并不绕自己的参考点旋转。

圆形布局示例如图3-34 所示。

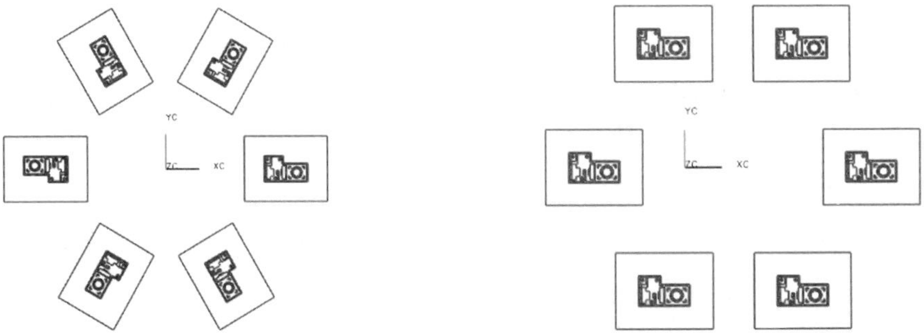

（a）径向　　　　　　　　　　　　　（b）恒定

图3-34　圆形布局示例

圆形径向布局方式如表3-2 所示，恒定布局选项与其相同。

表3-2　圆形径向布局方式

选项	描述
型腔数	在旋转范围内的型腔数目
起始角	第一个型腔参考点的初始角度，以+X 方向作为参考角度
旋转角度	旋转的角度值
半径	角度坐标原点到型腔参考点之间的距离
参考点	参考点是一个在型腔上选择的点，用于决定与绝对坐标系原点之间的距离
开始布局	设置完以上各选项后，单击【开始布局】按钮开始布局

2. 编辑布局

可以使用【变换】和【自动对准中心】命令来重定位高亮的型腔，还可以使用【移除】命令来删除某些型腔，如图 3-35 所示。

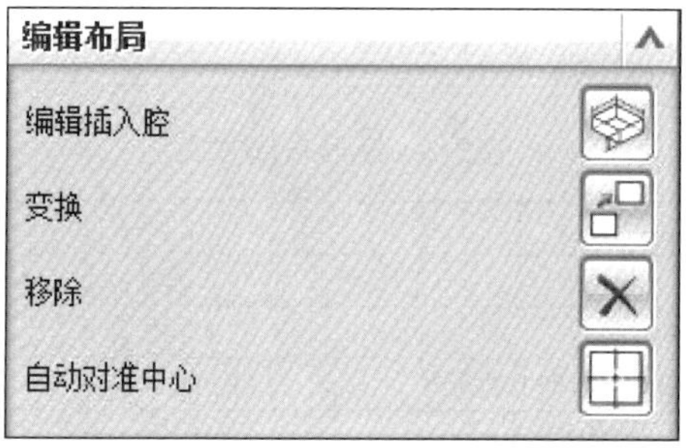

图3-35　【编辑布局】栏

1）变换：变换类型包括旋转、平移和点到点 3 种类型。

① 【旋转】栏主要有移动和复制两个选项，滑块动态控制型腔绕中心点旋转，数值框供输入精确的旋转角度和设置旋转中心。

② 【平移】栏同样有移动和复制两个选项，并有两个滑块动态控制型腔在 X、Y 方向上的位置，还有两个数值框可分别输入 X、Y 方向上精确的移动值。

③ 【点到点】栏与建模模块下的【变换】|【平移】|【至一点】命令的功能是一样的。【变换】对话框如图3-36 所示。

2）移除：从布局中移除选中的型腔，但布局中存在的型腔必须多于一个。

3）自动对准中心：用于布局中所有的型腔，而不仅仅是高亮显示的型腔。它会搜索全部型腔，得到布局的一个中心点，并把该中心点移到绝对坐标系原点。该位置与标准模架中心相适应，即 X-Y 平面为主分型面，+Z 指向喷嘴。

图3-36 【变换】对话框

操作实例 3-3 型腔布局。

继续引用前面操作实例的结果,完成插入工件及型腔布局操作。

	源文件:Results\Chapter 3\ex 3-2\cleaner_top_010.prt
	操作结果文件:Results\Chapter 3\ex 3-3\cleaner_top_010.prt

1. 插入工件

1)单击【注塑模向导】工具条中的【初始化项目】按钮,弹出【打开】对话框,选择【cleaner_top_010.prt】文件,单击【OK】按钮,系统自动加载相关的装配文件。

2)由于模具坐标系和收缩率已经设置过,因此直接进行创建工件。单击【注塑模向导】工具条中的【工件】按钮,弹出图3-37所示的【工件】对话框,系统默认给予一个参考的工件尺寸。

图3-37 【工件】对话框 2

【提示】

不难发现，这里的【工件】对话框与前面讲到的【工件】对话框不同，这是由于【初始化项目】下的配置文件选择的不同所导致，对话框形式与配置文件相对应。如果配置文件为【Mold.V1】，界面就像本操作实例中的形式；如果配置文件为【原先的】，界面则与 UG 旧版本相同。

3）单击【定义工件】选项组中的【截面】按钮，进入系统自动给定的参考截面，如图3-38（a）所示。删除全部的截面曲线，使用草图模块中的命令重新绘制图3-38（b）所示的截面。

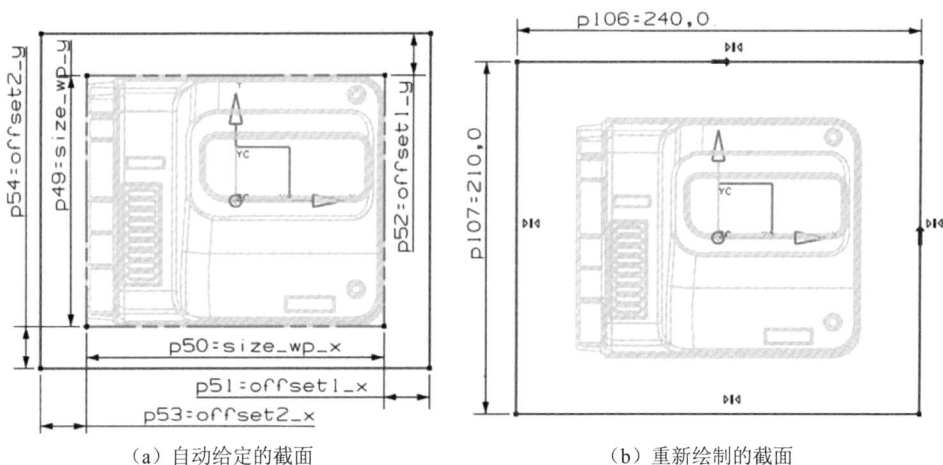

（a）自动给定的截面　　　　　　　　　　　（b）重新绘制的截面

图3-38　绘制截面

4）单击【完成草图】按钮，退出草图环境，返回原来的【工件】对话框，在【极限】选项组中设置【开始】和【结束】值，具体参数及结果如图3-39所示。

图3-39　参数设置及工件示意图

2. 型腔布局

1）单击【注塑模向导】工具条中的【型腔布局】按钮，弹出图 3-40 所示的【型腔布局】对话框。选择【布局类型】为【矩形】，排布方式为【平衡】，切换到【指定矢量】步骤，选取创建工件的一个侧面，出现一个箭头，如图3-41 所示。

图3-40　【型腔布局】对话框 2

图3-41　工件

【提示】

在创建型腔布局前，必须先完成工件的创建，否则就不能进行型腔布局。

2）在【平衡布局设置】选项组中设置【型腔数】为 2，【缝隙距离】为 0mm，单击【开始布局】按钮，完成图 3-42 所示的型腔布局。

3）原来的模具坐标系位于单个产品的中央，但做完型腔布局后，一般把模具坐标系设置到整个布局的中央。因此，单击【编辑布局】选项组中的【自动对准中心】按钮，系统自动把模具坐标系放置于布局的中央，如图3-43 所示。

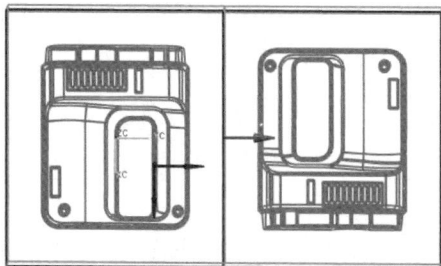

图 3-42　型腔布局结果

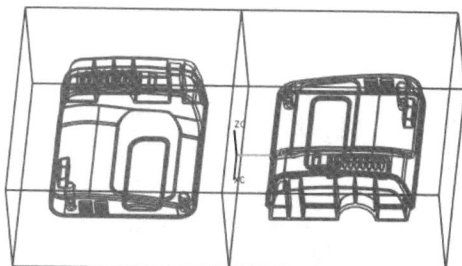

图3-43　工件自动对准中心

4）做完以后，选择【文件】|【全部保存】命令，保存整个装配文件。

3.8 综 合 实 例

打开图3-44所示的产品模型，完成产品的加载、分析、工件定义及型腔布局的创建。

图3-44　mfg 产品

	源文件：Model\Chapter 3\mfg.prt
	操作结果文件：Results\Chapter 3\C-ex\mfg_top_000.prt

3.8.1　项目初始化

1）在 Windows 环境下选择【开始】|【所有程序】|【Siemens NX】|【NX】命令，进入 UG NX 界面，初始化环境。

2）单击【打开】按钮 ，选择打开【mfg.prt】文件。

3）选择【开始】|【所有应用模块】|【注塑模向导】命令，打开【注塑模向导】工具条。

4）单击【初始化项目】按钮 ，弹出图 3-45 所示的【初始化项目】对话框，确认 mfg.prt 文件所在的路径，选择【材料】为【PS】，【收缩率】为 1.006，单击【确定】按钮。导入 mfg 产品后的视图如图 3-46 所示。

图3-45　【初始化项目】对话框

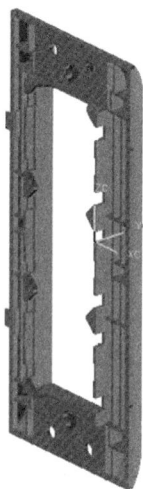

图3-46　导入 mfg 产品后的视图

3.8.2 拔模角分析

1）选择【格式】|【WCS】|【动态】命令，选中 Z 轴和 Y 轴之间的圆点，在弹出的浮动的【角度】文本框中输入【－90】，按 Enter 键，调整该模型的开模方向为 Z 方向，如图3-47 所示。

2）将产品设为工作部件，单击【形状分析】工具条中的【拔模分析】按钮，弹出图 3-48 所示的【拔模分析】对话框，选择产品，调整【透明度】限制为 0。单击【确定】按钮，完成产品拔模分析。

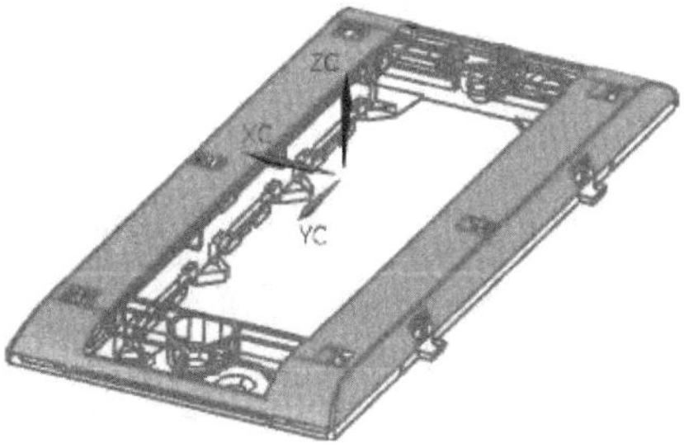

图3-47 调整开模方向

图3-48 【拔模分析】对话框

【提示】

根据产品模型特点，此处形状分析出的分型面并不准确，其最大轮廓线（分型线）所在的面应为图 3-49 所示的平面，因此，需要调整 WCS 至该面。

调整产品视图为侧面视图，按 F8 键，选中 ZC 轴的箭头，向下拖动坐标系，调整 WCS 的 XC-YC 平面与分模面（产品）重合，如图3-50 所示。

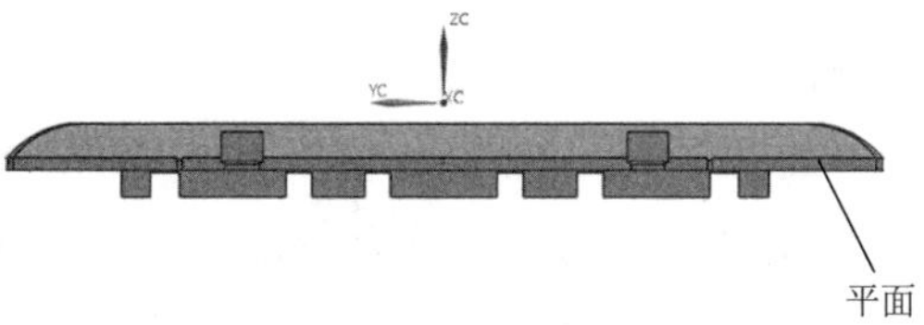

图3-49 最大轮廓线所在的面

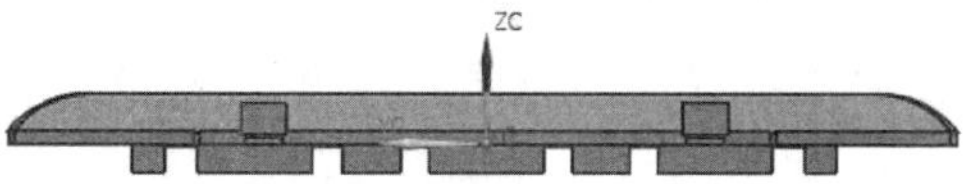

图3-50 调整后的 WCS

3.8.3 模具 CSYS

单击【注塑模向导】工具条中的【模具 CSYS】按钮，弹出【模具 CSYS】对话框，保持默认设置，单击【确定】按钮，如图3-51 所示。

图3-51 【模具 CSYS】对话框设置及结果

3.8.4 插入工件

单击【注塑模向导】工具条中的【工件】按钮，弹出【工件】对话框，设置工件尺寸如图 3-52 所示，单击【确定】按钮，插入工件的结果如图 3-53 所示。

图3-52 设置工件尺寸

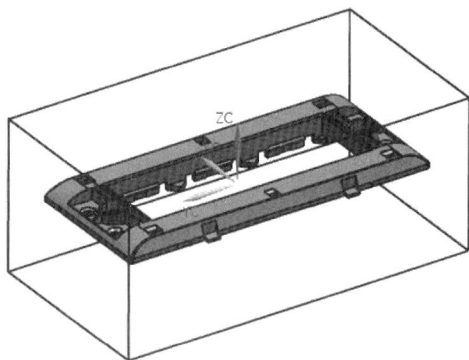

图3-53 插入工件的结果

3.8.5 型腔布局

1）单击【注塑模向导】工具条中的【型腔布局】按钮，弹出【型腔布局】对话框。

2）在【型腔布局】对话框中设置【型腔数】为2，【缝隙距离】为 0mm，如图 3-54 所示，单击【开始布局】按钮，选择图3-55 中所示工件的侧面，系统自动生成另一型腔。型腔设置后，模具的坐标系需要重新定位，单击【自动对准中心】按钮，模具坐标将自动调整至模具的中心位置。型腔布局结果如图 3-56 所示。

图3-54 【型腔布局】对话框

图3-55 选择工件侧面

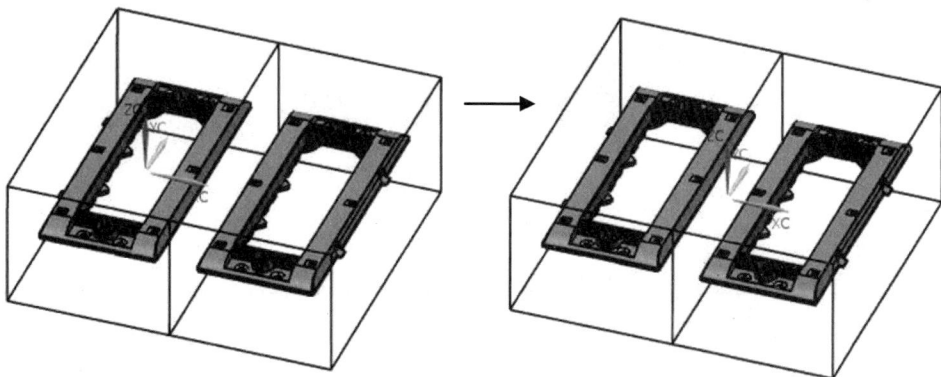

图3-56 型腔布局结果

═══本章小结═══

MoldWizard 中进行模具设计的第一步是建立模具模型并对其初始化，包括产品模型的加载、模具坐标系的设置、模具收缩率的设置、工件设计。通过本章学习，应掌握模具设计准备阶段的各项内容，为下一步模具设计做准备。

思考与练习

1．模具坐标系的创建方式有哪几种？

2．成型镶件（工件）的创建方式有哪几种类型？

3．多腔模设计和型腔布局之间的区别是什么？

4．打开图3-57所示的图形文件，完成项目初始化、设置模具坐标系、插入工件及塑模验证等操作。

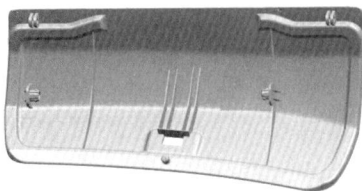

图3-57　base_operation 产品

	源文件：Exercise\Chapter 3\base_operation.prt

5．打开图3-58所示的图形文件，完成型腔布局操作。

图3-58　shell 产品

	源文件：Exercise\Chapter 3\shell.prt

6．打开图3-59所示的产品模型，完成此产品的工件创建、型腔布局操作。

图3-59　chanpin 产品

	源文件：Exercise\Chapter 3\chanpin.prt
	操作结果文件：Results\Chapter 3\pr\chanpin_top_000.prt

第4章
注塑模工具

内容提要 ☞

　　通过本章的对应实例及综合实例，掌握注塑模工具中常用的命令，尤其是补片命令（如实体补片、边缘修补和扩大曲面补片等），并且学会结合建模工具中的命令共同完成补片操作的方法、思路。

学习重点 ☞

1. 片体补片命令（边缘修补、修剪区域补片等）。
2. 实体补片命令（创建方块、实体补片等）。
3. 实用工具命令（拆分面、投影区域等）。

思政目标 ☞

1. 树立正确的学习观、价值观，自觉践行行业道德规范。
2. 牢固树立质量第一、信誉第一的强烈意识。
3. 遵规守纪，安全生产，爱护设备，钻研技术。

4.1　注塑模工具概述

　　【注塑模工具】工具条是一个提供了片体补片、实体补片及一些实用命令的工具条。大多数存在于零件表面上的"孔"应该被做成"封闭"的，而这些地方需要通过修补来完成。在模具厂中，这些需要修补的地方称为靠破孔。片体修补（sheet patch）用于覆盖一个开放的曲面并确定覆盖于零件的哪一侧。实体修补（solid patch）是用一个材料去填补一个空隙，并将该填充的材料加到以后的型腔、型芯或模具的侧型芯来弥补实体修补所移去的面和边。

　　单击【注塑模向导】工具条中的【注塑模工具】按钮![icon]，打开图4-1所示的【注塑模工具】工具条。

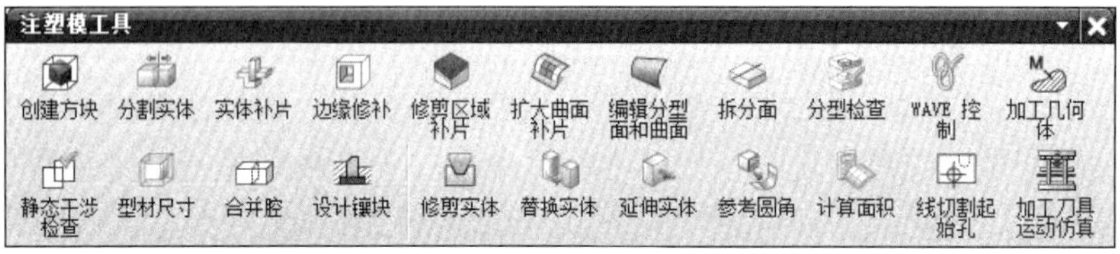

图4-1　【注塑模工具】工具条

　　该工具条集成了许多命令，包括补片、分析、修剪等。本章主要讲解 MoldWizard 中的几个重要命令。

4.2　注塑模工具常用命令

　　在实际应用中，常用的命令大致有【创建方块】、【实体补片】、【边缘修补等】、【拆分面】等。接下来按照【注塑模工具】工具条中命令的排列顺序，针对重要的命令进行详细讲解。

4.2.1　创建方块

　　单击【注塑模工具】工具条中的【创建方块】按钮![icon]，弹出图4-2所示的【创建方块】对话框。

图4-2　【创建方块】对话框

【创建方块】命令包含两种方式：包容块和一般方块。不管用哪种方式创建，最终得到的都是一个长方体实体，并且此长方体的长、宽、高都与 WCS 的 3 个轴保持一致。唯一不同的是，包容块直接选择单个面或多个面进行创建，而一般方块先选取长方体的中心点，然后直接输入长、宽、高。创建方块方式两种类型的区别如图4-3 所示。

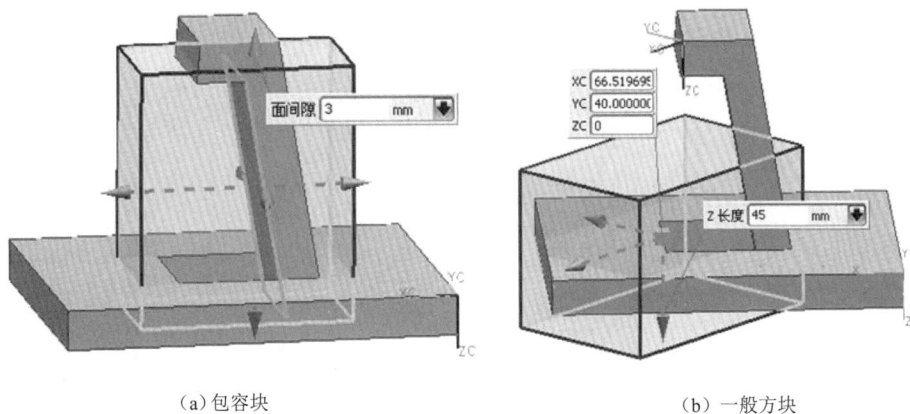

（a）包容块　　　　　　　　　　　　（b）一般方块

图4-3　创建方块方式两种类型的区别

【创建方块】命令包含两个重要选项，具体含义如下。

1）间隙：此选项是针对【包容块】类型的，其作用是当选取单个面或多个面后，UG NX 系统会自动计算出最小包络体（长方体），但由于在【间隙】数值框中输入某个数值后，最终形成的长方体比最小包络体要大一个【间隙】值。

2）参考 CSYS：使用此选项可以在创建方块时定义 CSYS，用定义完成的坐标系作为参考，决定创建方块的长、宽、高的方向。

4.2.2　分割实体

【分割实体】命令允许对目标体（实体或片体）进行修剪或拆分，与建模模块下的【修剪体】、【拆分体】类似，常用于从型腔或型芯分割出一个镶件或滑块。

单击【注塑模工具】工具条中的【分割实体】按钮，弹出图 4-4 所示的【分割实体】对话框。

目标（被分割对象）可以选择实体或片体，对于工具体，【分割实体】命令定义了 3 种分割方式。

1）按面拆分：只能使用实体的表面作为工具体，并且由选择的面生成一个扩大面，由这个扩大面对目标体进行分割。

2）由实体、片体、基准平面分割：选取实体、片体、基准平面作为工具体分割或修剪目标体。

图4-4　【分割实体】对话框

3）X-Y 平面、Y-Z 平面、Z-X 平面、用户定义的平面：使用用户坐标系的 3 个平面或通过平面构造器构造的平面来分割或修剪目标体。使用此方式时必须先勾选【允许非关联性】复选框，这样才能激活此方式。非相关方式的优势在于减少磁盘占用和对内存的要求，但会牺牲更新时的相关性。

图 4-5 所示为使用【由实体、片体、基准平面分割】方式操作的一个结果。

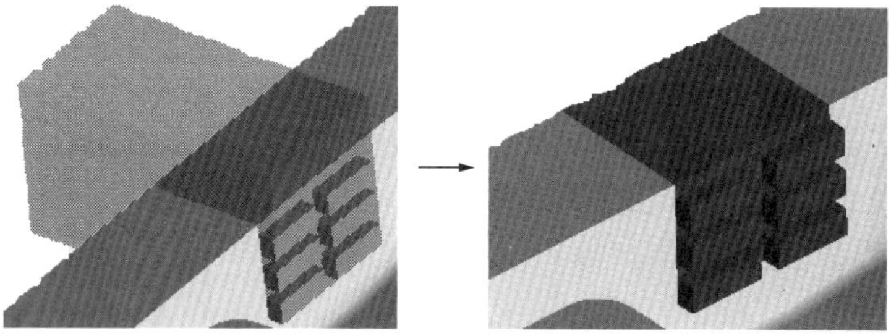

（a）滑块体作为工具体　　　　　　　（b）型腔或型芯作为目标体

图4-5　使用【由实体、片体、基准平面分割】方式操作的一个结果

4.2.3　实体补片

实体补片是一种在 parting 部件上构造实体来填补开口区域的方法。在大多数情况下，实体补片比构造曲面进行补片更有用，对于大的、复杂的缺口更能体现实体补片的方便性。

使用实体补片的过程是在 parting 部件上创建一个实体模型来适合开口的形状，实体的面也需要有正确的斜度。使用此功能后会将这些封闭的实体模型合并到 parting 部件模型上，并复制封闭模型至 25 层，以备后用。

单击【注塑模工具】工具条中的【实体补片】按钮，弹出图4-6 所示的【实体补片】对话框。

【实体补片】命令包含两种类型的操作，即实体补片和链接体。实体补片是将位于 parting 部件下的实体模型作为补片合并到产品模型中去；链接体则是具有【实体补片】特征的实体模型链接到其他模具组件中去。无论进行的是实体补片类型操作还是链接体类型操作，都可以通过【目标组件】选项组中的组件列表来选取组件，从而使封闭模型（实体）被复制到选中的组件中。

操作实例 4-1　实体补片。

打开图 4-7 所示的产品模型装配文件，使用【实体补片】命令完成靠破孔的修补。具体操作步骤如下。

图4-6　【实体补片】对话框 1 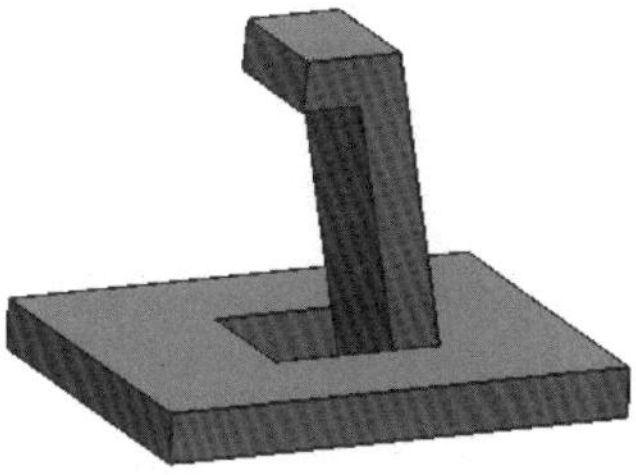　　　　　　　　图4-7　trim 产品模型

	源文件：Example\Chapter 4\ex 4-1\trim_region_patch_top_010.prt
	操作结果文件：Results\Chapter 4\ex 4-2\trim_region_patch_top_010.prt

【提示】

要想使用【实体补片】命令修补靠破孔，必须先创建封闭模型用于填补开口，而这个封闭模型必须位于 parting 部件下，否则就不能使用此实体进行修补。

1）单击【注塑模工具】工具条中的【实体补片】按钮 ，弹出【实体补片】对话框，UG 会自动把当前的显示部件（top 文件）自动切换到 parting 部件作为显示部件，单击【取消】按钮，退出【实体补片】对话框。当然也可以手工操作使 parting 部件成为显示部件。

2）单击【注塑模工具】工具条中的【创建方块】按钮 ，弹出【创建方块】对话框，选取【包容块】作为操作类型，如图 4-8 所示。选取产品模型的两个内表面，创建图 4-9 所示的方块。

3）选择【插入】|【同步建模】|【替换面】命令，弹出【替换面】对话框，分别选取方块的 5 个面（除了底面）作为要替换的面，靠破孔的两个内表面及 3 个侧面作为替换面，单击【确定】按钮，完成图 4-10 所示的方块的修剪。

图4-8　【创建方块】对话框设置

图4-9　创建方块结果

图4-10　方块的修剪结果

【提示】

方块底部的位置只要不低于产品底座的上表面即可。即使方块底部没有超过底座的下表面也没有关系，因为在后续的分模操作后，在型芯侧会自动产生一个对应的实体来填补这个缺口。

4）单击【注塑模工具】工具条中的【实体补片】按钮 ，弹出图4-11所示的【实体补片】对话框，选择【实体补片】类型，选取产品模型作为产品实体，修剪的方块作为补片体，在【目标组件】列表中选择【×××_core_×××】选项，单击【应用】按钮，方块自动合并到产品模型上，并且复制一个至25层，链接一个至×××_core_×××组件的25层，结果如图4-12所示。

图4-11　【实体补片】对话框2

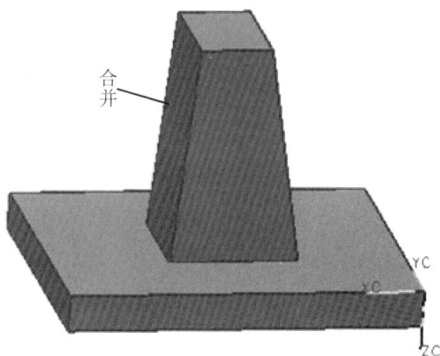

图4-12　实体补片结果

【提示】

在使用【实体补片】命令合并实体到产品体时，有可能会操作失败，这与使用【求和】命令进行操作是一样的原理，因此可以检查实体之间是否存在微小的间隙。

当使用【实体补片】命令时，注意不要创建中空的实体。

4.2.4　边缘修补

边缘修补是通过选择一个闭合的曲线/边界环来修补一个开口区域。在选择完成之后，注塑模向导会自动创建一个片体来修补开口区域。

单击【注塑模工具】工具条中的【边缘修补】按钮，弹出图4-13所示的【边缘修补】对话框，NX 提示【选择边/曲线】，在选取边界之前，应取消勾选【按面的颜色遍历】复选框，再单击【选择边/曲线】按钮，激活图 4-14 所示的选择边/曲线模块。

一旦选取了第一条边界，MoldWizard 会以红色高亮显示出当前路径，并以逻辑定义的路径做引导，而用户只需要在选择边/曲线模块中对当前路径做出响应。

图4-13　【边缘修补】对话框　　　　图4-14　选择边/曲线模块

1. 上一个分段

当路径位于分支处时，单击【上一个分段】按钮可交替提示可能的路径走向。

2. 接受

单击【接受】按钮，表示接受当前提示的路径（高亮显示），但需清楚的是，【接受】与【确定】不一样，【接受】仅仅是确认了当前路径中的曲线，并让 NX 继续查找下一条路径。

3. 循环候选项

单击【循环候选项】按钮，可回退和纠正前一分支的选择。

4. 关闭环

单击【关闭环】按钮，将在所选的第一条边的起始点与当前路径的边/曲线的终点之间创建一条曲线。

5. 退出环

单击【退出环】按钮，说明已经完成了路径的选择，于是 MoldWizard 开始产生一个基于几何体的补片。

在实际设计时，肯定会遇到需要创建补片的边界位于两个实体上或是它们之间存在间隙，这时就会弹出图4-15 所示的【桥接缝隙】对话框。如果点选【是】单选按钮，MoldWizard 就会自动使用一条曲线桥接该缝隙。

图4-15 【桥接缝隙】对话框

操作实例 4-2 边缘修补。

打开图4-16 所示的装配文件，使用【边缘修补】命令完成靠破孔的修补。具体步骤如下。

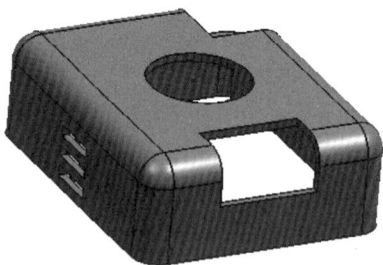

图4-16 Edge_Patch 产品

📺	源文件：Example\Chapter 4\ex 4-2\Edge_Patch_top_010.prt
📺	操作结果文件：Results\Chapter 4\ex 4-2\Edge_Patch_top_010.prt

1）单击【注塑模工具】工具条中的【边缘修补】按钮 ⬛，弹出【边缘修补】对话框，MoldWizard 自动把当前的显示部件切换到 parting 部件，使其成为显示部件。

2）选取开口的其中一条边后，选取边，系统自动判断的下一条路径被高亮显示，如图4-17 所示。

3）如果系统提示的路径与所需的路径一致，则单击【接受】按钮，反之单击【上一个分段】按钮切换到合适的路径后再单击【接受】按钮，依次操作下去，直至找到全部的路径。找到的路径如图4-18所示。

图4-17 高亮显示下一条路径

图4-18 找到的路径

4）找到全部的路径后，单击【关闭环】按钮，展开【环列表】选项组，可以移除环，如图4-19所示，并且高亮显示要被修补开口的面，如图4-20所示。

图4-19 【环列表】选项组

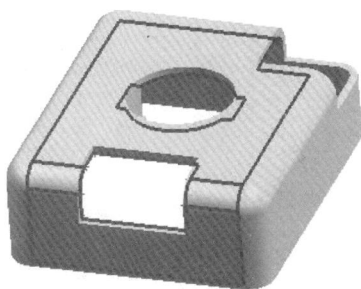

图4-20 高亮显示要被修补开口的面

5）单击【确定】按钮，创建图4-21所示的补片。如果对这个补片不满意，可以通过单击图4-19所示的【环列表】选项组中的【选择环】按钮求另解，单击【确定】按钮，创建图4-22所示的补片。

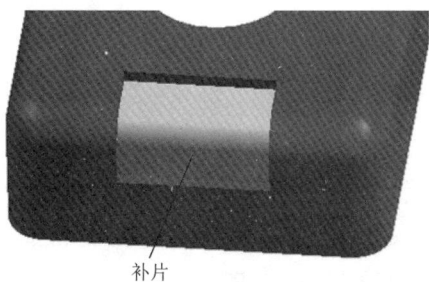

图4-21 创建补片

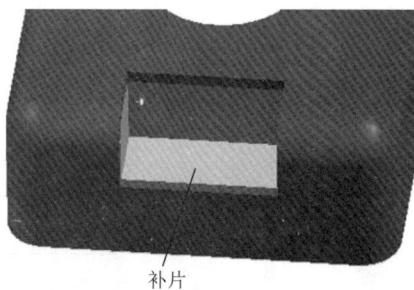

图4-22 边缘修补结果

4.2.5 修剪区域补片

修剪区域补片通过构造封闭面来封闭产品模型的开口区域。在开始创建修剪区域补片之前，必须先要创建一个能够吻合开口区域的实体。

单击【注塑模工具】工具条中的【修剪区域补片】图标，弹出图4-23所示的【修剪区域补片】对话框。在选取一个实体后，弹出图4-24所示的【遍历环】选项组，单击【选择边/曲线】按钮，根据提示选取开口的边缘即可。

图4-23　【修剪区域补片】对话框 　　图4-24　【遍历环】栏

操作实例4-3　修建区域补片。

打开图4-25所示的产品模型装配文件，选择【修剪区域补片】命令，完成此模型开口的修补。

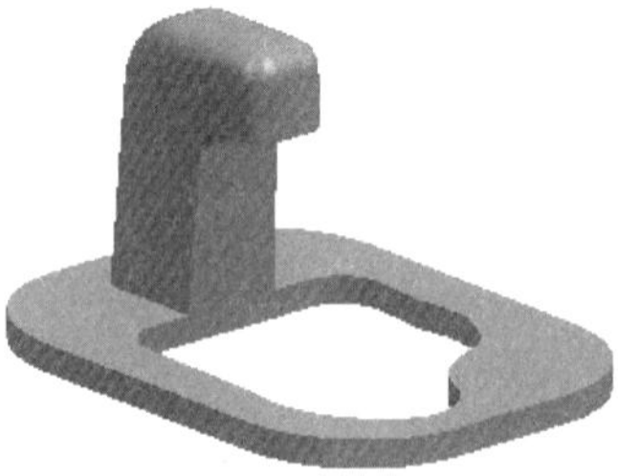

图4-25　trim_region_patch产品模型

	源文件：Example\Chapter 4\ex 4-3\trim_region_patch_top_035.prt
	操作结果文件：Results\Chapter 4\ex 4-3\trim_region_patch_top_035.prt

1）打开装配文件，选中产品模型并右击，在弹出的快捷菜单中选择【设为显示部件】命令，如图4-26所示，使parting部件成为显示部件。

【提示】

对于后面将用到的补片的对象（包括实体、曲面）等，必须在 parting 部件中创建，否则就不能应用相应的补片命令选取这些对象。

2）选择【插入】|【曲线】|【直线】命令，弹出【直线】对话框，确认【点方法】为【端点】，选取产品开口内侧面的两个端点，绘制图4-27 所示的直线。

图4-26　右键快捷菜单　　　　　　　　　　图4-27　绘制直线

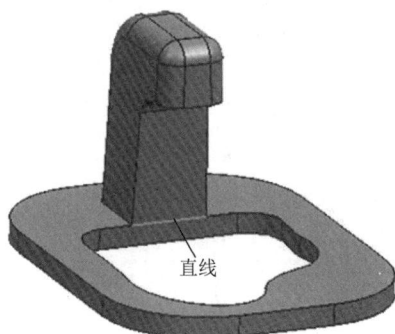

3）选择【插入】|【设计特征】|【拉伸】命令，弹出【拉伸】对话框，选取创建的直线及其相邻的曲线环作为截面线，选取底座平面（其法线方向）作为拉伸方向，在【极限】选项组设置【开始】为【直至延伸部分】，选取位于直线上方的平面作为被延伸到的面，如图4-28 所示，单击【确定】按钮，创建图4-29 所示的实体。

4）选择【插入】|【细节特征】|【拔模】命令，弹出【拔模】对话框，设置【类型】为【从平面】，【脱模方向】保持与步骤 3）中的拉伸方向一致，选取拉伸体的底面作为【固定面】，拉伸体的一圈侧面作为【要拔模的面】，在【角度 1】数值框中输入 2，参数设置如图4-30 所示。单击【确定】按钮，得到图4-31 所示的脱模效果。

图4-28　【拉伸】对话框设置

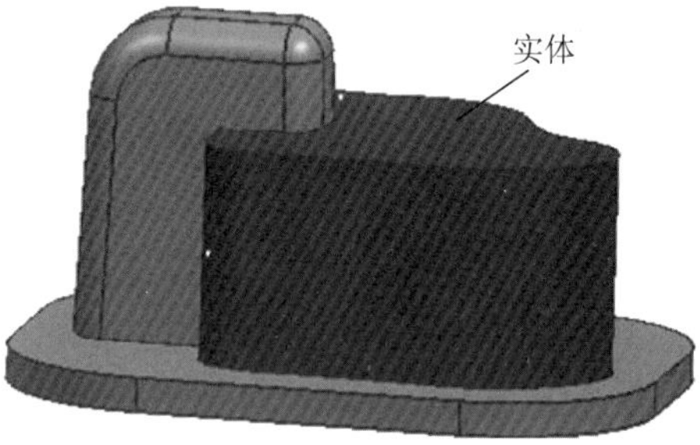

图4-29　创建拉伸实体

图4-30　【拔模】对话框参数设置

图4-31　脱模后的产品效果

【提示】

创建的实体（补片）必须封闭产品的开口，而且也需要正确的脱模关系及合适的拔模角。

5）单击【注塑模工具】工具条中的【参考圆角】按钮，弹出图4-32 所示的【参考圆角】对话框。选取产品开口处的圆角作为【参考面】，拉伸体的一圈上边缘作为【要倒圆的边】，单击【确定】按钮，得到图4-33所示的结果。

图4-32　【参考圆角】对话框

图4-33　参考圆角结果

6）单击【注塑模工具】工具条中的【修剪区域补片】按钮 ，弹出【修剪区域补片】对话框，选取创建完成的实体作为目标实体，单击【确定】按钮，弹出【开始遍历】对话框，选取产品开口区域的边缘作为修剪路径，如图4-34所示。

7）单击【关闭环】按钮，弹出【选择方向】对话框，并且在显示区域中可以预览补片效果。如果不是理想的，可以单击【翻转方向】按钮，切换其他补片方式。最后单击【确定】按钮，完成图4-35所示的补片。

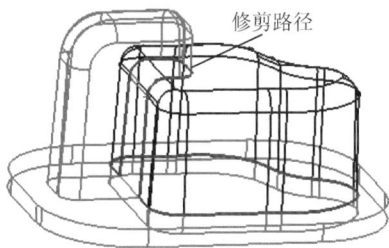

图4-34　选取边缘作为修剪路径

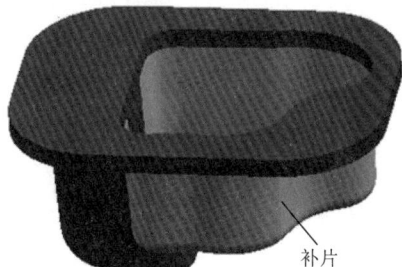

图4-35　修剪区域补片结果

4.2.6　扩大曲面补片

扩大曲面补片功能用于提取体上的面，并通过控制 U 和 V 方向动态调节滑块来扩大曲面。扩大后的曲面可以作为补片复制到型腔和型芯，其功能大致可以分解为扩大、修剪和添加现有曲面 3 个步骤。

单击【注塑模工具】工具条中的【扩大曲面补片】按钮 ，弹出选取一个扩大面的提示框，选取要扩大的面后，弹出图4-36所示的【扩大曲面补片】对话框。

选中要扩大的曲面后，在显示区域便会显示 U、V 坐标系，如图4-37所示。

图4-36 【扩大曲面补片】对话框 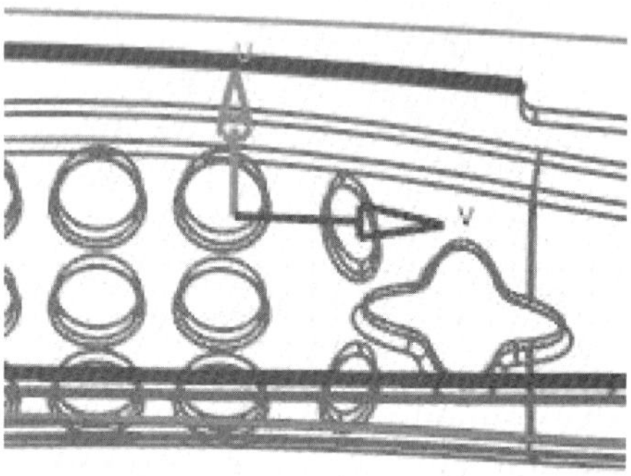   图4-37 显示 U、V 坐标系

1）切到边界：表示可以使用高亮显示的边界对扩大面进行裁剪。如果取消勾选此复选框，扩大面将不会进行修剪，其下面的选项将被关闭。

2）作为曲面补片：勾选此复选框后，扩大的面会被复制到型腔和型芯，用于后面的补片。

操作实例 4-4　扩大曲面补片。

打开图4-38 所示的产品模型装配文件，对产品的底面进行扩大，使其为分型面做准备。

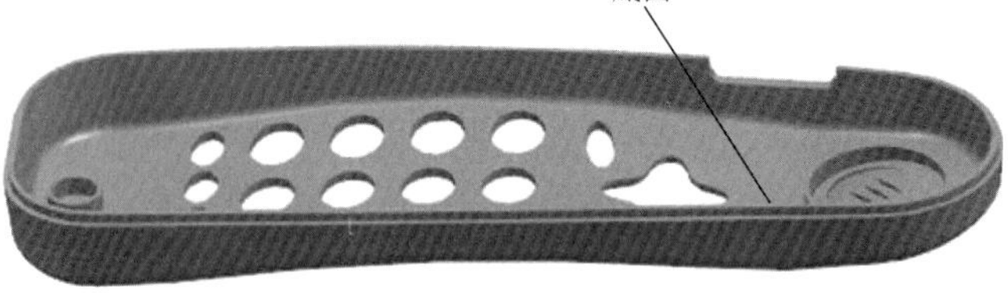

底面

图4-38 Enlarge_Surface 产品模型

📺	源文件：Example\Chapter 4\ex 4-5\Enlarge_Surface_top_035.prt
📺	操作结果文件：Results\Chapter 4\ex 4-5\Enlarge_Surface_top_035.prt

1）单击【注塑模工具】工具条中的【扩大曲面补片】按钮📄，弹出【扩大曲面补片】对话框，MoldWizard 自动把 parting 部件作为显示部件。

2）选择【插入】|【来自曲线集的曲线】|【桥接】命令，弹出图4-39 所示的【桥接曲线】对话框，选取产品缺口的两侧边缘作为桥接对象，单击【确定】按钮，绘制图4-40 所示的桥接曲线。

图4-39 【桥接曲线】对话框

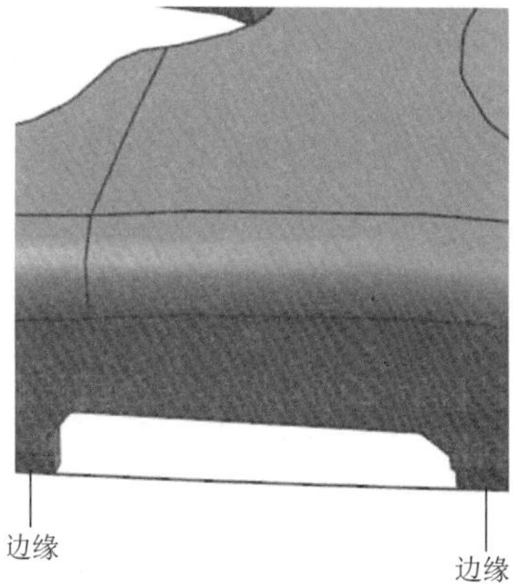

图4-40 绘制桥接曲线

3）重新单击【注塑模工具】工具条中的【扩大曲面补片】按钮，弹出【扩大曲面补片】对话框，选取产品的底面作为要被扩大的对象，并使面足够大（一般在此之前已经创建了工件，只要大于工件即可）。选取创建的桥接曲线作为边界，单击【确定】按钮，完成图4-41 所示的结果。

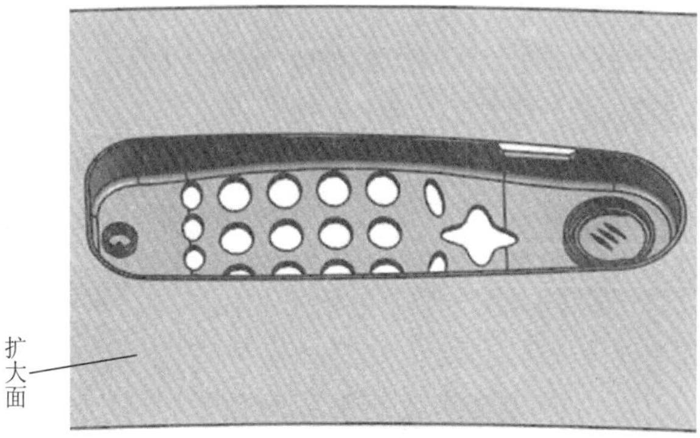

图4-41 扩大曲面补片结果

4.2.7 编辑分型面和曲面补片

单击【注塑模工具】工具条中的【编辑分型面和曲面补片】按钮，弹出图4-42 所示的【编辑分型面和曲面补片】对话框。单击【选择片体】按钮，弹出【选择片体】对话框，当片体被选中时，通过修改设置部分，设置补片颜色，实现对分型面或曲面补片的编辑。

图4-42　【编辑分型面和曲面补片】对话框

4.2.8　拆分面

【拆分面】命令与建模模块下的【分割面】命令类似，原理一样，即把一张面分割成两张面。在模具设计中，存在跨越面（一部分属于型腔，一部分属于型芯的单张面），因此需要通过选择【拆分面】命令分割此面，这样才能正确定义型腔和型芯。

单击【注塑模工具】工具条中的【拆分面】按钮 ，弹出图4-43所示的【拆分面】对话框。

【拆分面】命令只需两个步骤即可完成相应的操作：

1）选取需要被分割的跨越面。

2）定义分割工具。

【拆分面】命令提供了3种定义分割工具的方式。

1）等斜度：选择此分割方式，MoldWizard 会自动计算等斜度线，然后运用等斜度线进行分割。等斜度线的计算与 WCS 的＋ZC 方向有关。

2）基准平面：选择此分割方式，弹出图4-44所示的【基准平面】对话框，给出了定义基准平面的方法，根据已知条件选择其中一种即可。

3）曲线/边：选择此分割方式，弹出图4-45所示的【拆分面】对话框，给出了定义曲线的方式来创建分割对象。

图4-43　【拆分面】对话框1 　　图4-44　【基准平面】对话框 　　图4-45　【拆分面】对话框2

4.2.9　分型检查

单击【注塑模工具】工具条中的【分型检查】按钮 ，弹出图4-46 所示的【分型检查】对话框。在【选择步骤】选项组中可以分别选择【收缩部件】和【模具部件】，分别设置【映射颜色和属性】选项。

图4-46　【分型检查】对话框

4.2.10　WAVE 控制

单击【注塑模工具】工具条中的【WAVE 控制】按钮 ，弹出图4-47 所示的【MW WAVE 控制】对话框。可以分别选择【带 WAVE 链接体的冻结部件】和【部件间链接】，并设置【比较公差】选项，从而实现 WAVE 控制。

图4-47　【MW WAVE 控制】对话框

4.2.11 加工几何体

单击【注塑模工具】工具条中的【加工几何体】按钮🐾，弹出图4-48所示的【加工几何体】对话框。在【定义几何体】列表中列出了各个几何体，可查看其数量、抽取状态。通过【选择面】，可以对具体的几何体进行加工。在【属性】选项组中可以设置几何体的颜色、透明度。

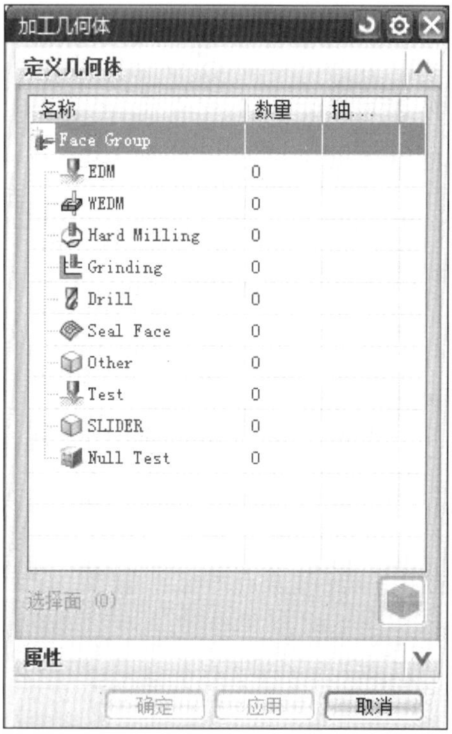

图4-48　【加工几何体】对话框

4.2.12 静态干涉检查

单击【注塑模工具】工具条中的【静态干涉检查】按钮🔲，弹出图4-49所示的【静态干涉检查】对话框。在【用户定义集】选项组中可以选择对象，并选择其作为组件或实体。若选择组件，则在【标准集】列表中列出各种组件；若选择实体，则在【标准集】列表中列出各种实体。对于相应的组件，激活【添加到用户定义集】或【加载标准集文件】按钮；对于实体，只激活【加载标准集文件】按钮。

【设置】选项组如图4-50所示，可以对【分析模式】、【引用集】进行设置。【分析模式】包含【基于实体】和【基于小平面】。【引用集】包含【真体】、【假体】和【整个部件】。此外，可以勾选【包括子装配】、【包括隐藏的体】、【包括紧固件】复选框，并设置【间隙集名称】和【安全区域】选项。

图4-49 【静态干涉检查】对话框

图4-50 【设置】选项组

4.2.13 型材尺寸

单击【注塑模工具】工具条中的【型材尺寸】按钮,弹出图4-51所示的【型材尺寸】对话框。在【体】选项组中可以选择体,并为其指定方位。在【型材尺寸】选项组,先在【类型】下拉列表中选择【长方体】或【圆柱】,【长方体】只需设置【大小】选项,而【圆柱】还需选择是【内接】还是【外接】。在【设置】选项组可以指定【小数位数】及【间隙】,一般默认小数位数为3位。

（a）

（b）

图4-51 【型材尺寸】对话框

4.2.14 合并腔

合并腔功能主要是把两个或多个型腔/型芯合并为整体后放置到一个指定的组件中,

这样对后面的数控编程比较方便。

单击【注塑模工具】工具条中的【合并腔】按钮 ⬚，弹出图4-52所示的【合并腔】对话框，先从【组件】列表中选取合并后的型腔/型芯放置的组件，然后选取需要合并的型腔/型芯，单击【确定】按钮，完成型腔/型芯的合并操作。通过装配导航器使【组件】列表中选择的组件成为显示部件，就可以看到合并后的型腔/型芯。

图4-52　【合并腔】对话框

【设计方法】选项组提供了3个选项，既可以对位于不同组件的两个部件进行合并，又可以同时进行求差，还可以仅进行链接操作。

4.2.15　设计镶块

单击【注塑模工具】工具条中的【设计镶块】按钮 ⬚，弹出图4-53所示的【设计镶块】对话框。

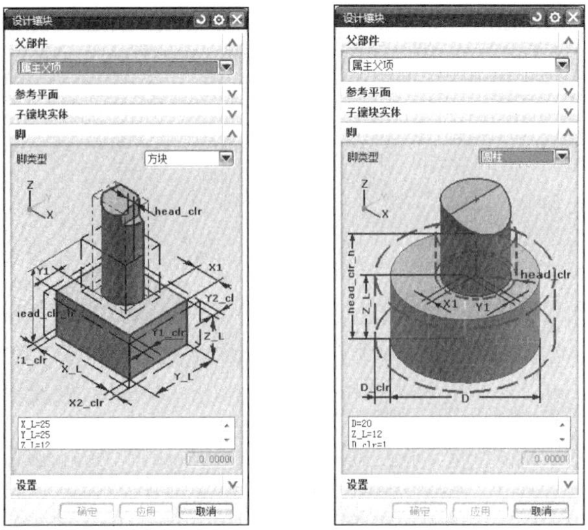

（a）　　　　　　　　　（b）

图4-53　【设计镶块】对话框

在【父部件】下拉列表中可以选择【属主父项】、【PROD】、【属主部件】和【工作部件】选项。【参考平面】选项组用于选择底部面。【子镶块实体】选项组用于选择实体。【脚】选项组可以设置脚的类型，有方块与圆柱两种类型，分别对应于图 4-53（a）和（b）。选择相应的脚后，再对其尺寸进行设置。不同类型的脚对应的尺寸设置不同，如方块需对 X、Y、Z 各方向长度进行设置，而圆柱还需对直径进行设置。【设置】选项组可以对注册文件和数据库进行编辑。

4.2.16 修剪实体

单击【注塑模工具】工具条中的【修剪实体】按钮，弹出图 4-54 所示的【修剪实体】对话框。

在【类型】下拉列表中可以选择【面】、【片体】和【加工区域】选项。在【修剪面】选项组可以选择面，并对其进行反向操作。对于箱体中的面，可以选择【包容块内的面】或【包容块内的面/与包容块交叉的面】。【目标】选项组可以选择体、选择目标组件，并对包容块进行编辑。【设置】选项组如图 4-55 所示，【修剪类型】分为【修剪】、【求差】、【保持区域和包容块】3 种。勾选【移除参数】复选框，可以对实体进行移除参数操作。【包容块间隙】数值框用于定义所需的间隙。

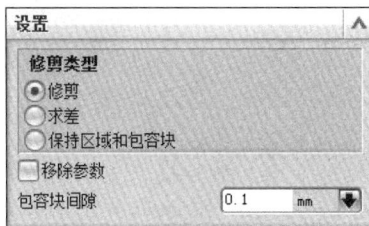

图4-54 【修剪实体】对话框   图4-55 【设置】选项组

4.2.17 替换实体

替换实体功能用于创建一个符合产品开口区域的实体块。此命令相当于集成了【创建方块】和【替换面】两个命令，两者共同作用完成了替换实体功能。

单击【注塑模工具】工具条中的【替换实体】按钮，弹出图 4-56 所示的【替换实体】对话框。

1）创建包容块：使用选取的面创建方块，并使用此面进行修剪。

2）反向：修改替换面时的方向。

图4-56　【替换实体】对话框

4.2.18　延伸实体

【延伸实体】命令用于对实体表面进行偏置和拉伸，与【同步建模】工具条中的【拉出面】和【偏置区域】命令类似。

单击【注塑模工具】工具条中的【延伸实体】按钮 🔲，弹出图4-57所示的【延伸实体】对话框。

图4-57　【延伸实体】对话框

【延伸实体】命令提供了两种延伸方式。

1）偏置：沿着面的法线方向移动面。

2）拉伸：沿着默认的脱模方向扫掠面的边缘。

对于这两种延伸方式，使用上有区别。【偏置】方式可以应用到绝大多数实体表面；而【拉伸】方式只能用于平的实体表面。

当选择一个非平的表面时，【偏置值】选项被激活，可以输入数字确定偏置距离；当选择了一个平的表面时，【拔模值】和【拉伸】选项被激活，可以设置拉伸体侧面的拔模角。

4.2.19　参考圆角

【参考圆角】命令把一个已经存在的圆角或圆柱面的半径链接到选取的边上，即创建同样大小的圆角。

单击【注塑模工具】工具条中的【参考圆角】按钮，弹出图4-58所示的【参考圆角】对话框。

图4-58　【参考圆角】对话框

此命令通过两个步骤即可完成操作，操作示意如图4-59所示。

1）选取已经存在的圆角或圆柱面。

2）选取要进行倒圆角的边缘。

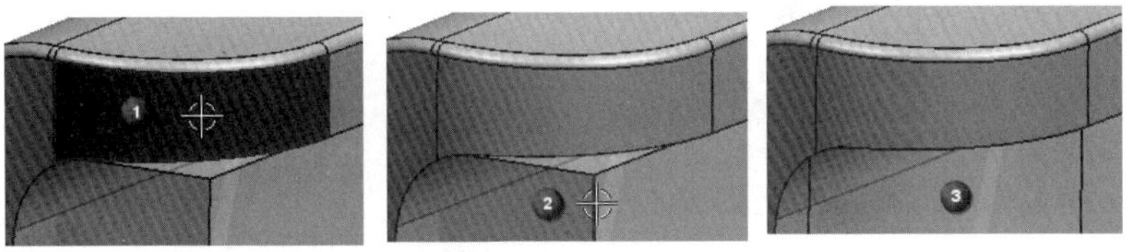

图4-59　参考圆角操作示意

操作实例 4-5　替换实体和参考圆角。

打开图4-60所示的图形文件，利用【替换实体】和【参考圆角】命令完成产品缺口的修补。

缺口

图4-60　replace faces 产品模型

	源文件：Example\Chapter 4\ex 4-6\replace_faces_top_010.prt
	操作结果文件：Results\Chapter 4\ex 4-6\replace_faces_top_010.prt

1）进入注塑模向导模块后，单击【初始化项目】按钮，打开【replace_faces_top_010.prt】文件。打开【装配导航器】界面，选中【replace_faces_parting_023】文件并右击，在弹出的快捷菜单中选择【设为显示部件】命令，如图4-61所示，在新窗口中打开此文件。

图4-61　设置显示部件

2）单击【注塑模工具】工具条中的【替换实体】按钮📳，弹出【替换实体】对话框，选取图4-62所示的产品表面。

图4-62　选取产品表面

3）继续选取产品的表面，创建图4-63所示的方块实体，所创建实体的其中3个侧面与选定的对应产品表面贴合。

4）继续选取产品的外表面，实体方块形成了图4-64所示的形状，显然此形状不是所需要的形状，需要进行修改。

图4-63　创建方块实体

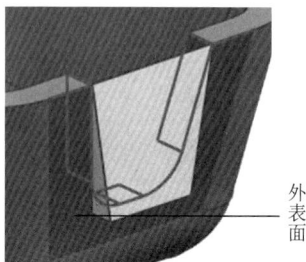

图4-64　选择外表面

5）按住 Shift 键，单击选取的产品外表面，以便取消选择。取消勾选【创建包容块】复选框，重新选取取消选择的产品外表面，形成图4-65 所示的实体形状。

6）继续选取产品的内表面及底面，单击【确定】按钮，创建的方块成为图4-66 所示的形状。

图4-65　反向选择

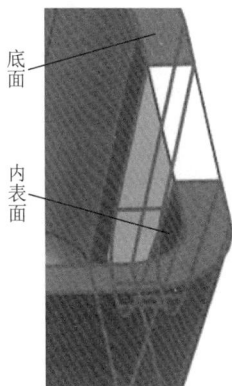

图4-66　创建完成替换实体

不难发现，产品在开口区域有两个圆角，但现在的方块上面是棱角，与产品开口不相符合。因此也需要对棱角倒相同大小的圆角。

7）单击【注塑模工具】工具条中的【参考圆角】按钮，弹出【参考圆角】对话框。选取产品上的倒圆角作为参考圆角，方块的对应边作为要倒圆角的边，如图 4-67 所示，单击【确定】按钮，完成图4-68 所示的倒圆角。

8）用同样的方法完成方块的另一侧圆角，结果如图4-69 所示。完成后，选择【文件】｜【全部保存】命令，把装配文件存盘。

图4-67　【参考圆角】对话框设置

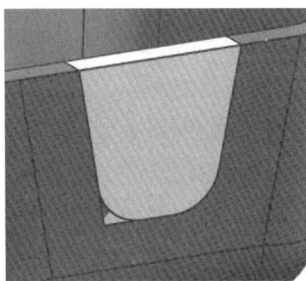

图4-68　倒圆角

图4-69　圆角结果

4.2.20　计算面积

投影区域功能主要用来查询有关产品的一些信息，包括产品的实际面积、体积，方向上的距离。其主要指标是产品在分型面上的投影面积，因为它与模具设计有很大关系，如校核注塑力等。模架一般根据经验，依据投影面积选取。

单击【注塑模工具】工具条中的【计算面积】按钮，弹出图4-70所示的【计算面积】对话框。操作过程比较简单，只需先选取产品，然后选取一个参考平面（此步骤为可选，如果不选择其他面，默认的参考平面为模具坐标系的 XOY），然后单击【确定】按钮，弹出图4-71所示的【信息】窗口。

图4-70　【计算面积】对话框

图4-71　【信息】窗口

下面对【信息】窗口中的信息做如下解释。

1）CSYS 原点、X 方向、Y 方向、Z 方向：模具坐标系的原点坐标及其 3 轴的矢量方向（I，J，K）。

2）所选面的实际面积：被选取产品的面的实际面积。

3）所选体的实际体积：产品的实际体积。

4）所选面的深度（H）：选取的面的深度。

5）将区域投影到 XOY 平面（A）：（选取的对象）在 XOY 平面上的投影距离。

6）X 向的长度：（选取的对象）在 X 方向上的距离。

7）Y 向的长度：（选取的对象）在 Y 方向上的距离。

4.2.21　线切割起始孔

单击【注塑模工具】工具条中的【线切割起始孔】按钮，弹出图 4-72 所示的【线切割起始孔】对话框。

【参考】选项组用于选择草图平面，并指定草图参考，设定参考草图的方向。【参数】选项组用于对孔径、孔深进行参数设置。【位置】选项组用于指定参考点的位置。

图4-72 【线切割起始孔】对话框

4.2.22 加工刀具运动仿真

单击【注塑模工具】工具条中的【加工刀具运动仿真】按钮，弹出图 4-73 所示的【加工刀具运动仿真】对话框。

图4-73 【加工刀具运动仿真】对话框

【类型】选项组可以选择【添加运动学模型】、【安装组件】、【定义斜楔】和【运行仿真】。图 4-73 是【定义斜楔】的界面，选择不同的类型后会显示相应的界面。

4.3 综合实例

打开图4-74 所示的产品模型装配文件，使用【注塑模工具】工具条中的命令并结合建模工具创建产品的补片。

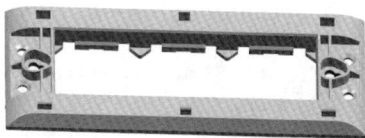

图4-74 mfg 产品模型

	源文件：Results\Chapter 3\C-ex\mfg_top_000.prt
	操作结果文件：Results\Chapter 4\C-ex\mfg_top_000.prt

1）单击【注塑模工具】工具条中的【边缘修补】按钮 ，弹出【边缘修补】对话框，在【环选择】选项组中选择【体】类型，如图4-75所示，在视图中选择产品，系统自动搜索产品模型中的孔、洞边界，【信息】窗口中显示【找到 13 个补片环】。

查看自动搜索出的补片环，由于大部分补片环不规则而相对复杂，需要手工修补。

2）按住 Shift 键，取消选择除模型中花瓣孔之外的所有补片环，如图4-76所示。

图4-75　环选择

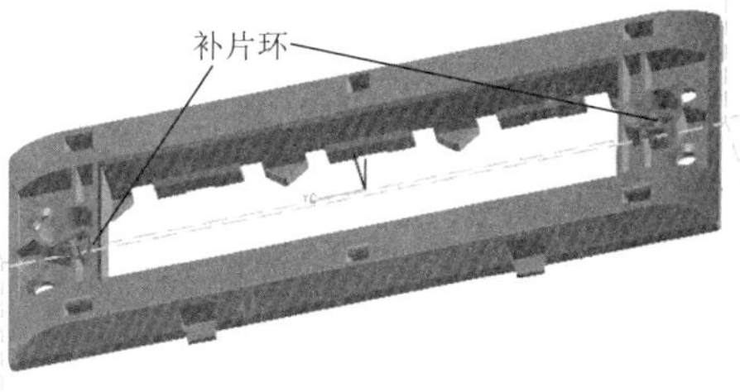

图4-76　选择补片环

3）单击【应用】按钮，系统自动完成花瓣孔的补片，自动返回【边缘修补】对话框，如图 4-77 所示。

图4-77　返回【边缘修补】对话框

4）修改【环选择】类型为【面】，在视图中选择模型底面，如图4-78 所示。

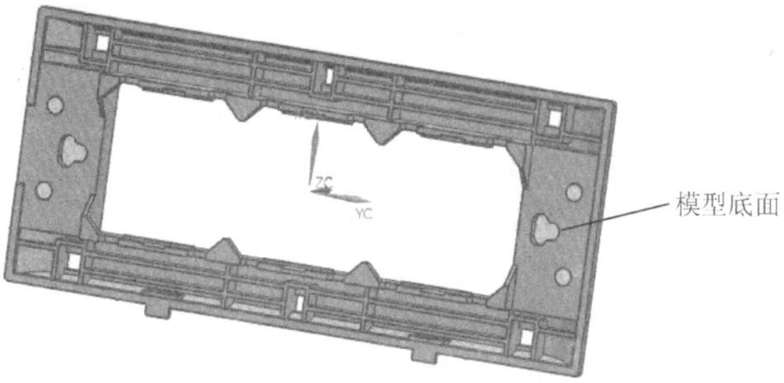

图4-78　选择模型底面

5）系统自动搜索出 15 个补片环，按住 Shift 键，取消选择除边缘圆孔外的补片环，如图4-79 所示。

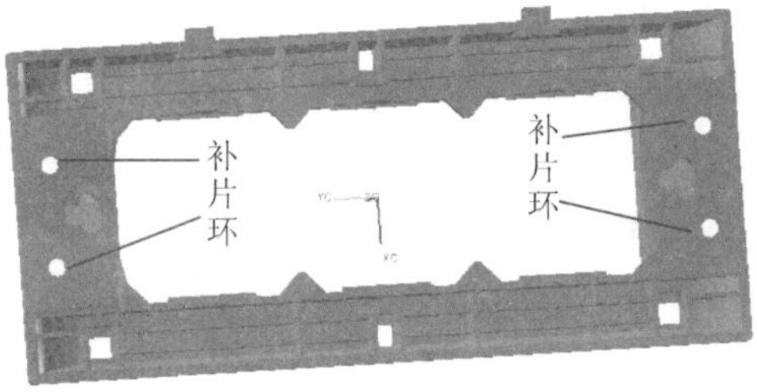

图4-79　选择补片环

6）单击【应用】按钮，系统自动对保留的 4 个圆孔环进行补片。

7）单击【取消】按钮，对图4-80 所示的 6 个孔进行补片。

8）单击【注塑模工具】工具条中的【边缘修补】按钮，弹出【边缘修补】对话框，取消勾选【按面的颜色遍历】复选框，如图 4-81 所示。

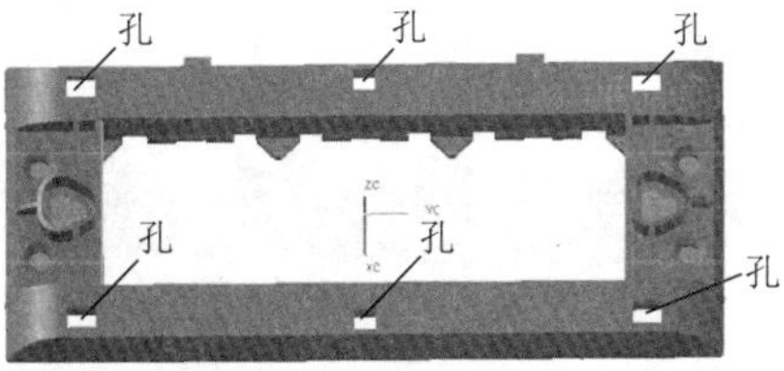

图4-80　产品破孔

图4-81　取消勾选【按面的颜色遍历】复选框

9）选择模型边缘 6 个方形孔中的一个，局部放大，操作过程如图4-82 所示。选择第 1 条边，出现【选择边/曲线】界面，在视图中选择第 2 条边，弹出【桥接缝隙】对话框，单击【确定】按钮，再次出现【选择边/曲线】界面，单击【关闭环】按钮，系统自动进行补片。

图4-82　边缘补片操作步骤

10）重复上述操作过程，对其余 5 个方形孔分别补片，补片结果如图4-83 所示。

【提示】

产品中部孔洞区域有很多台阶特征，如图 4-84 所示。在有台阶处分模，如果与分型边界离得太近，会对产品的表面质量造成影响，因此分型边界应该离开台阶一段距离。

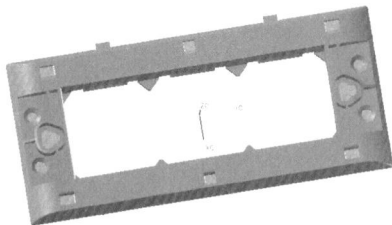

图4-83　补片结果

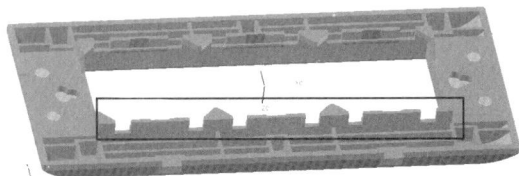

图4-84　产品中部的台阶特征

11）选择【开始】｜【所有应用模块】｜【建模】命令，激活 UG 的建模模块。

12）单击【直线和圆弧】工具条中的【直线（点-平行）】按钮 ，在视图中选择图4-85 所示的端点，再选择产品边界直线为【平行直线】，如图4-86 所示，在浮动的【长度】文本框中输入 1.5，按 Enter 键。创建直线即为分型边界之一，结果如图4-87 所示。

端点

图4-85　选择端点

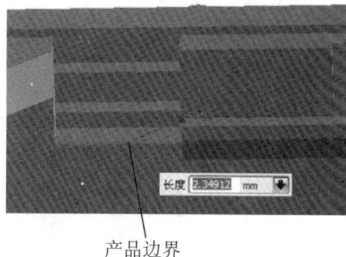

产品边界

图4-86　选择直线

直线

图4-87　创建直线

13）重复上述操作，视直线方向不同输入 1.5 或－1.5，依次创建产品两侧的其余分型边界线，共 12 条，如图4-88 所示。

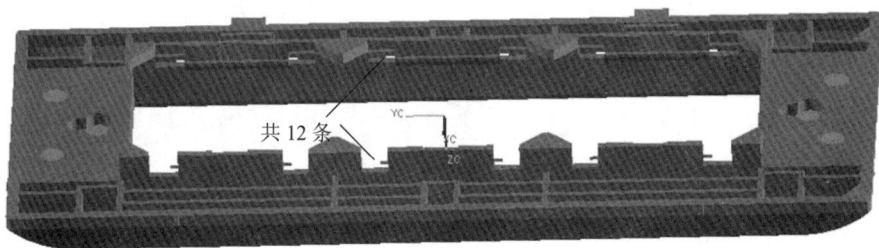

共 12 条

图4-88　创建 12 条分型边界线

14）单击【注塑模工具】工具条中的【边缘修补】按钮 ，弹出【边缘修补】对话框。单击【选择边/曲线】按钮 ，如图4-89 所示，选择图4-90 所示的产品边界为第 1 条边，系统自动搜索出下一条边，并在视图中高亮显示系统自动搜索出的【下一路径】，且【信息】窗口显示【找到了 2 路径，请选择一个路径】。检查高亮显示直线是否正确，如图 4-90 中所示的第 2 条边，则单击【接受】按钮 ；系统继续自动搜寻下一路径，观察高亮显示路径是否为图4-91 所示的第 3 条边，如果是则单击【接受】按钮；系统自动继续搜寻下一路径，通过单击【下一个路径】按钮 调整高亮显示为第 4 条边，单击【接受】按钮。

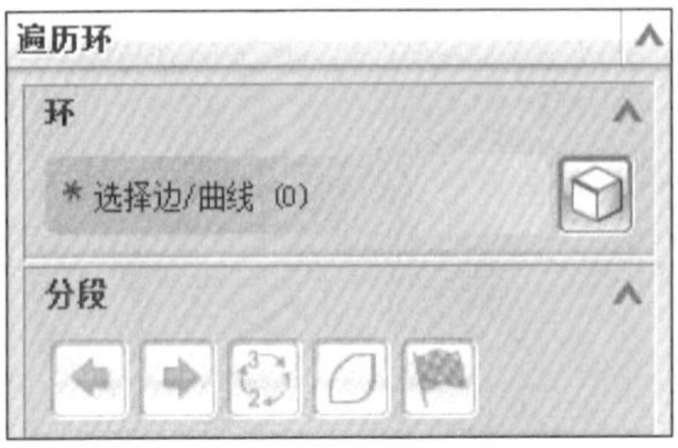

图4-89 单击【选择边/曲线】按钮

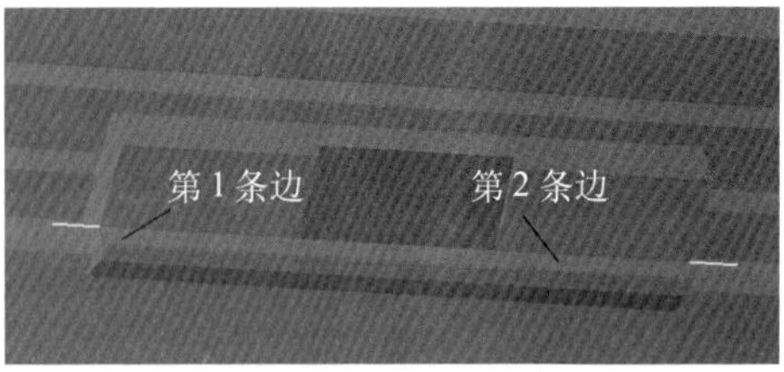

图4-90 选择第1条边

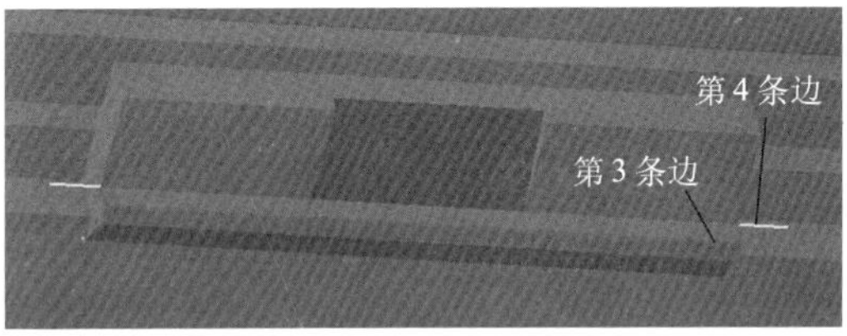

图4-91 第3条边和第4条边

15) 完成上述操作后【边缘修补】对话框中选项变为图4-92所示，在产品的对称处选择第5条边，如图4-93所示，弹出图4-94所示的【桥接缝隙】对话框，单击【确定】按钮，返回【边缘修补】对话框，选择图4-93所示的第6条边，系统自动继续搜索，查看第7条边是否正确，单击【接受】按钮。继续接受第8条边，单击【下一个路径】按钮，接受第9条边，如图4-95所示。

图4-92 选择4条边后

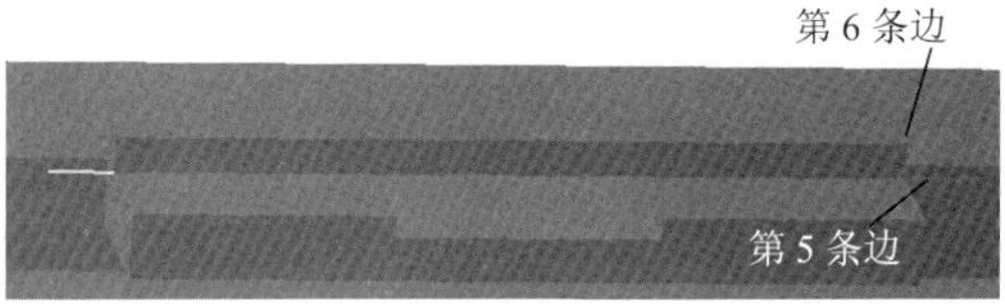

图4-93 选择第5条边

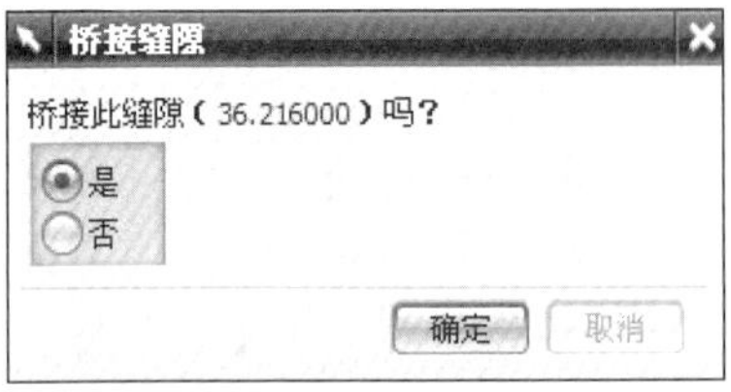

图4-94 【桥接缝隙】对话框

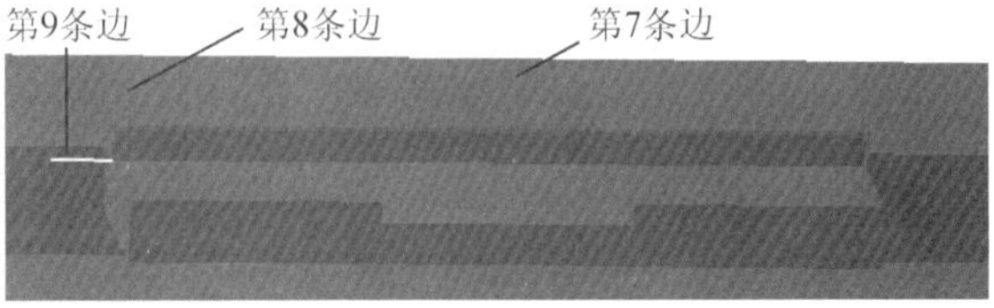

图4-95 接受第9条边

16) 选择开始侧的分型边界线，如图4-96所示，弹出图4-94所示的【桥接缝隙】对话框，单击【确定】按钮，系统自动完成第一张补片，结果如图4-97所示。

图4-96　第 10 条边

图4-97　完成第一张补片结果

17）重复上述步骤，完成另外两处相同的补片，完成后的补片如图4-98 所示。

18）单击【特征】工具条中的【拉伸】按钮，弹出【拉伸】对话框，选择产品模型中图4-99 所示的边界线，依次选择产品的其他相似位置边缘线，拉伸长度设置足够长，使之超过产品边界，如图4-100 所示。单击【确定】按钮，完成拉伸，效果如图4-101 所示。

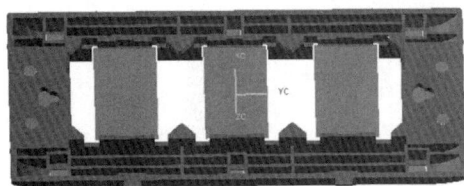

图4-98　完成后的补片

图4-99　拉伸边界线

图4-100　拉伸长度设置

图4-101　拉伸结果

19）单击【直线和圆弧】工具条中的【直线（点-点）】按钮 ⁄ ，选择拉伸平面上产品两端点创建直线，如图4-102 所示。继续创建其他拉伸平面处的直线，如图4-103 所示。

图4-102　创建两点直线

图4-103　继续创建两点直线

20）单击【直线和圆弧】工具条中的【直线（点-垂直）】按钮 ⁄ ，选择拉伸平面上分型边界线的端点，如图4-104 所示；选择步骤19）中创建的直线为【垂直直线】，如图4-105 所示；设置直线的长度超过【垂直直线】，即在超过【垂直直线】处单击完成直线的创建，如图4-106 所示。

图4-104　直线端点

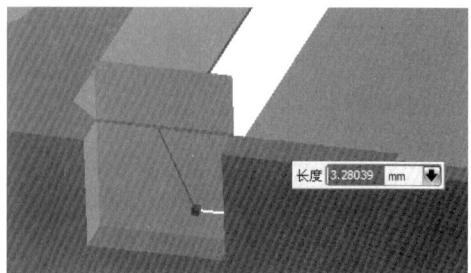

图4-105　垂直直线

图4-106　创建垂直直线结果

21）重复上述操作，在其他拉伸面处创建垂直直线，如图4-107 所示。

22）单击【编辑曲线】工具条中的【修剪拐角】按钮，在拉伸平面内修剪垂直直线和两点直线的夹角，在直线的修剪端选择直线，光标球内必须包含两条直线，如图4-108 所示。

观察光标选择方式

图4-107　继续创建垂直直线

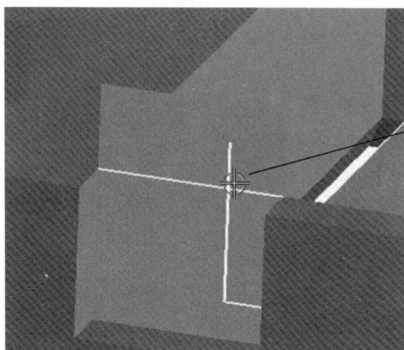

图4-108　修剪角

23）弹出图4-109 所示的【修剪拐角】提示框，单击【是】按钮，直线被修剪，结果如图4-110 所示。

修剪拐角

高亮显示曲线的创建参数将被移除。要继续吗？

[是(Y)]　　[否(N)]

图4-109　【修剪拐角】提示框

图4-110　修剪结果

24）重复上述操作，完成其他拉伸面的修剪角操作。关闭【修剪角】提示框。

【提示】

修剪过程中，一定要注意光标的选择方式，除保证选中一条直线的修剪端外，还要保证光标球包含另一条要修剪的直线。

25）选择【插入】|【修剪】|【修剪片体】命令，弹出图4-111所示的【修剪片体】对话框，在视图中选择拉伸平面为【目标】，如图4-112所示，注意图中光标选择位置。选择【边界对象】为修剪角后的两条直线和分型边界线，如图4-113所示。单击【确定】按钮，完成片体修剪，结果如图4-114所示。

图4-111 【修剪片体】对话框

图4-112 目标体　　　　　图4-113 选择边界对象　　　　　图4-114 片体修剪结果

26）重复上述操作，对其余的拉伸面进行修剪操作，完成所有拉伸面的修剪，如图4-115所示。

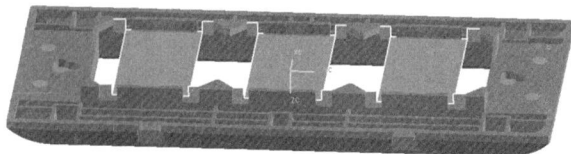

图4-115 拉伸面修剪结果

【提示】

修剪片体时，注意对话框中【选择区域】的设置，根据该设置用鼠标选择片体时选中相应的区域。

27）单击【注塑模工具】工具条中的【边缘修补】按钮 ，参照前面补片操作步骤依次选择产品端部内侧边缘线，如图4-116 所示，单击【关闭环】按钮，生成补片，结果如图4-117 所示。

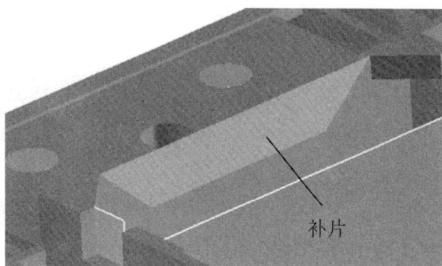

图4-116　边缘补片

图4-117　生成补片

28）重复上述步骤，完成另一端相同位置处的补片操作。

29）同样，依据引导搜索步骤选择图4-118 所示的边界，完成补片，如图4-119 所示。

图4-118　选择边界

图4-119　补片结果

【提示】

在完成补片操作时，除了跨越产品两端之间会产生桥接线以外，其他相邻边界之处均不应产生桥接线，如果产生桥接线，可能会造成错误的补片方式，读者在选择直线时应仔细选择，避免出现此种状况。

30）重复上述步骤，依次完成下列补片，如图4-120 所示。

31）重复上述步骤，在产品的对称位置处完成与上面两处地方相同的补片，结果如图4-121 所示。

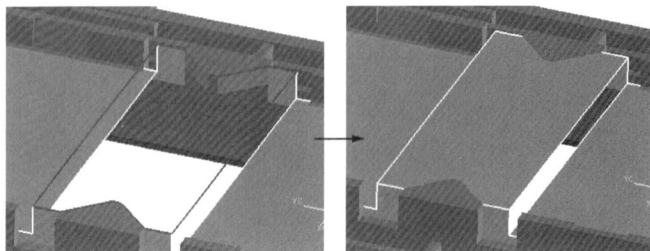

图4-120　依次创建补片

图4-121　创建对称补片

从图4-121 中可以看到，该模型中还要创建一些竖直的补片，使得中间空洞补片封闭。

32）根据引导完成模型中间空洞中竖直面的补片操作，结果如图4-122 所示。

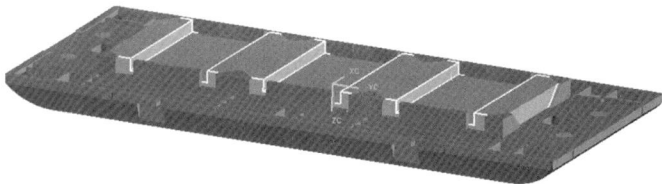

图4-122　创建竖直补片

33）单击【注塑模工具】工具条中的【编辑分型面和曲面补片】按钮，弹出【编辑分型面和曲面补片】对话框，在视图中选择图4-123 所示的目标片体，单击【确定】按钮。

【提示】

【编辑分型面和曲面补片】为补片的操作，必须要做，否则分型时会出现错误。

上面创建的补片都是单个面，需要通过【缝合】操作将这些补片缝合成一张面。

34）选择【插入】|【组合】|【缝合】命令，弹出图 4-124 所示的【缝合】对话框，在视图中选择其中的一片为【目标】片体，选中其他所有片体为【工具】片体。单击【确定】按钮，完成缝合操作。

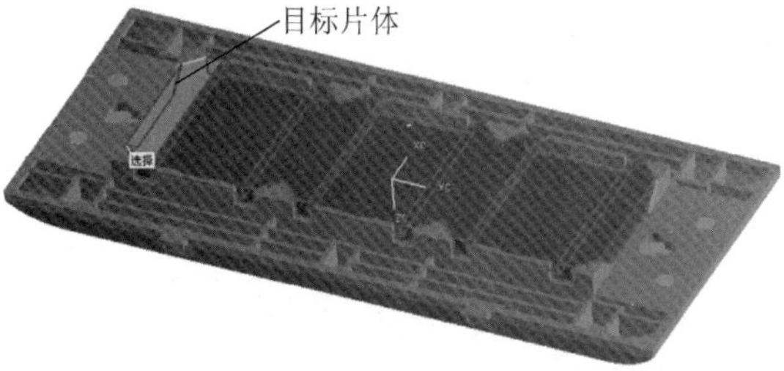

图4-123 目标片体

图4-124 【缝合】对话框

查看模型中间补片，选中整个中间补片，如图4-125 所示。至此，模型的所有补片已经创建完毕。

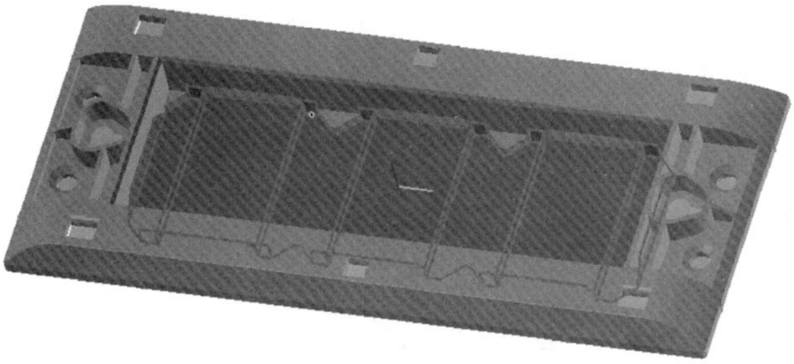

图4-125 最终补片结果

本章小结

【注塑模工具】工具条是一个提供了片体补片、实体补片及一些实用命令的工具条。模具设计过程中，产品模型在脱模方向上可能存在孔洞，分型面不能完全分割模型，需要对破孔进行修补（靠破孔）。通过本章学习，运用注塑模工具对产品模型的内部开口部分进行填充，为模具设计下一步做准备。

思考与练习

1．修剪区域补片和边缘修补的区别是什么？在何种情况下才使用？

2．拆分面有什么作用？其有几种定义分割面的方式？

3．打开图4-126 所示的图形文件，完成此产品的补片操作，补片应该满足加工等要求。

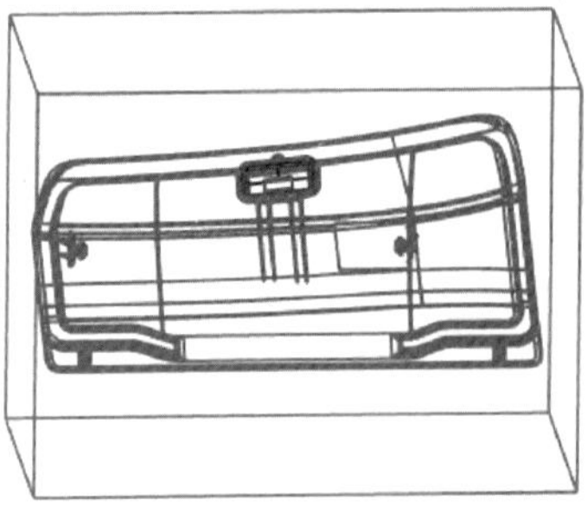

图4-126　chanpin 产品模型

	源文件：Results\Chapter 3\pr\chanpin_top_000.prt
	操作结果文件：Results\Chapter 4\pr\chanpin_top_000.prt

第 5 章
模具分型工具

内容提要 ☞

　　通过结合本章中自带的实例，掌握模具分型工具中各个命令的使用方法，熟悉使用模具分型工具分模的一般步骤，最后通过习题，进一步巩固和掌握模具分型工具中的各个命令的使用。

学习重点 ☞

1. 设计区域（塑模部件验证）。
2. 抽取区域和分型线。
3. 编辑分型线。
4. 创建/编辑分型面。
5. 创建型腔和型芯。
6. 模型交换。

思政目标 ☞

1. 树立正确的学习观、价值观，自觉践行行业道德规范。
2. 牢固树立质量第一、信誉第一的强烈意识。
3. 遵规守纪，安全生产，爱护设备，钻研技术。

5.1 模具分型工具常用命令

模具分型工具将各分型子命令组织成逻辑的连续步骤，并允许不间断、自始至终地使用整个分型功能。每个分型步骤都是独立的，并且可以不按照顺序来操作，这样使操作的灵活性大大增强。模具分型工具最主要的功能是创建分型线、分型面和型芯、型腔及数据变更的处理。模具分型工具主要由两大部分组成，如图 5-1 所示。左侧部分主要集成了用于分模的一系列命令集；右侧部分是用于控制在分型过程中创建的对象的可见性和查看要创建的项目是否被创建的分型导航管理树。

图5-1 模具分型工具

5.1.1 区域分析

【区域分析】命令的作用有两个方面：一是对产品的拔模角进行分析；二是用于识别产品的内外表面中，哪些属于型芯表面，哪些属于型腔表面，并相应地染上颜色以示区别，对于不正确的或未识别的可以通过指定的方式来确定。【区域分析】命令与第 3 章中的【塑模部件验证】、【检查区域】命令一致，具体用法可参考"3.4 塑模部件验证"。

操作实例 5-1 区域分析。

下面以图5-2所示的产品模型装配文件讲解【区域分析】命令的具体操作。

图5-2 Sz_old 产品模型

	源文件：Model\Chapter 5\Sz_old.prt
	操作结果文件：Results\Chapter 5\ex 5-1_5-5\Sz_top_003.prt

1）打开 UG 主程序，选择【文件】|【打开】命令，弹出【打开】对话框，选取【Model\Chapter 5\Sz_old.prt】文件，单击【OK】按钮，打开图5-3 所示的产品模型装配文件。选择【开始】|【所有应用模块】|【注塑模向导】命令，进入注塑模向导模块。

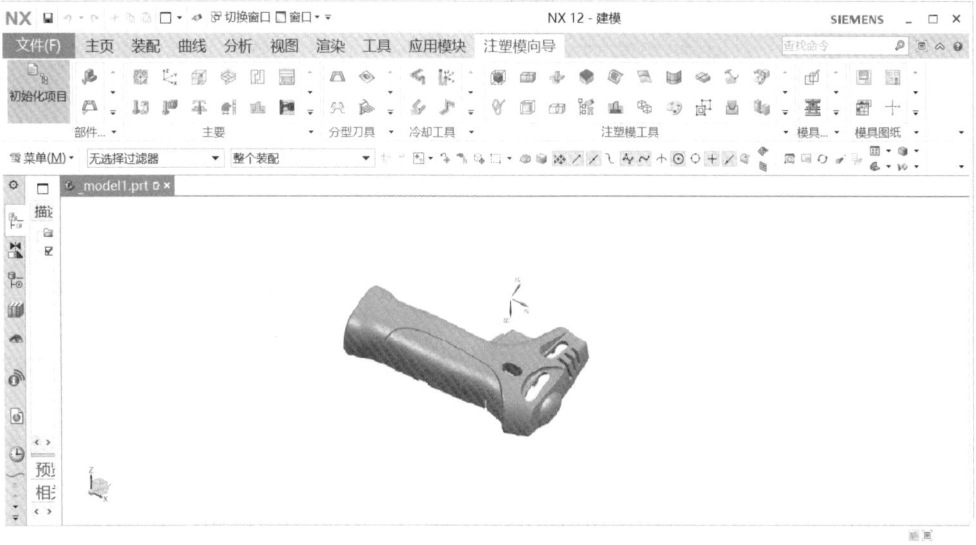

图5-3　注塑模向导模块主界面

2）单击【注塑模向导】工具条中的【模具分型工具】按钮，打开【模具分型工具】工具条，单击【区域分析】按钮，如图 5-4（a）所示，弹出【检查区域】对话框，选择＋ZC 作为脱模方向后，单击【计算】按钮，如图5-4（b）所示。

（a）【模具分型工具】工具条

（b）【检查区域】对话框

图5-4　【模具分型工具】工具条和【检查区域】对话框

3）在【区域】选项卡中单击【设置区域颜色】按钮，产品模型就被染上对应的颜色，以表示型腔区域、型芯区域及未定义的区域，如图5-5所示。

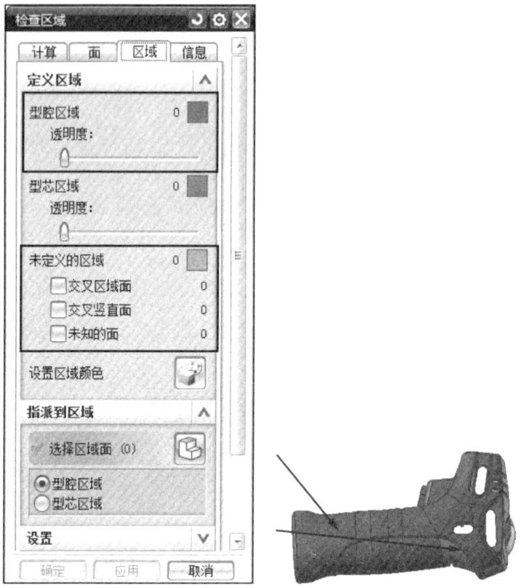

图5-5　设置区域颜色

4）对未定义的或定义错误的区域进行重新指定。勾选【未定义的区域】选项组中的全部复选框，在【指派到区域】选项组中点选【型腔区域】单选按钮，单击【应用】按钮，此前未定义的区域表面的颜色全部变为与型腔区域的颜色一致，结果如图5-6所示。

5）通过对未定义的区域重新指定后，重新检查型芯和型腔表面是否正确，会发现在图5-7所示位置的面应该属于型芯，但其颜色与型芯不一致，因此需要重新指定。

图5-6　定义区域

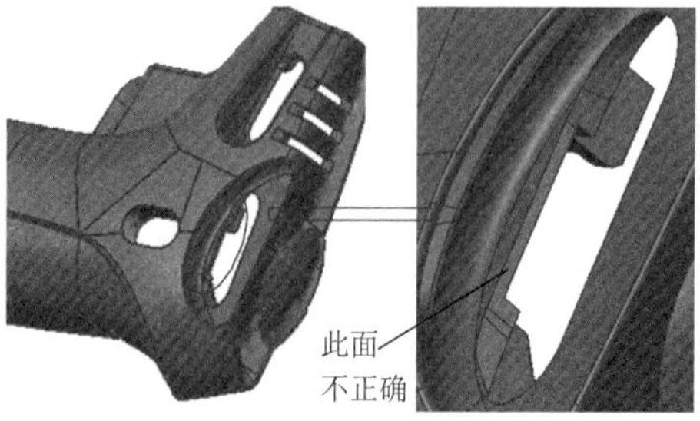

此面
不正确

图5-7　检查区域颜色

6）点选【指派到区域】选项组中的【型芯区域】单选按钮，选取颜色不对的面，再单击【应用】按钮，完成产品型芯和型腔表面的颜色划分，结果如图5-8所示。

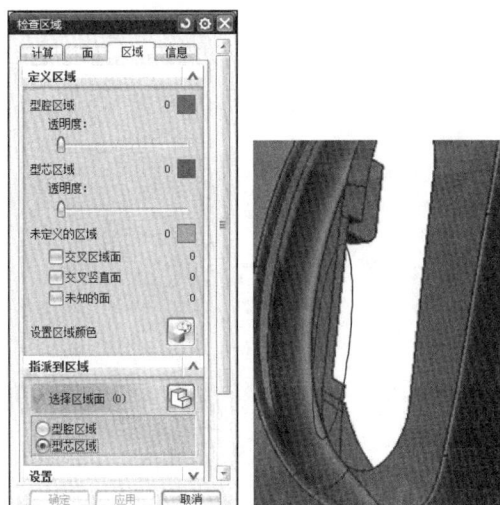

图5-8　完成区域颜色划分

5.1.2　曲面补片

【曲面补片】命令与【注塑模工具】工具条中的【边缘修补】命令一致，具体用法可以参考第 4 章中的【边缘修补】命令。

操作实例 5-2　曲面补片。

1）单击【曲面补片】按钮，弹出【边缘修补】对话框，各个参数按图5-9 所示设置。

图5-9　曲面补片

2）观察产品显示的内部分型环的形状，判别将要创建的补片是否是需要的，如果不需要，则取消当前显示的内部分型环。此例是正确的，创建图5-10所示的补片，但发现有两个孔还是不能修补，并且旁边的孔虽然成功创建了，但效果不是很理想，因此需要手工创建。

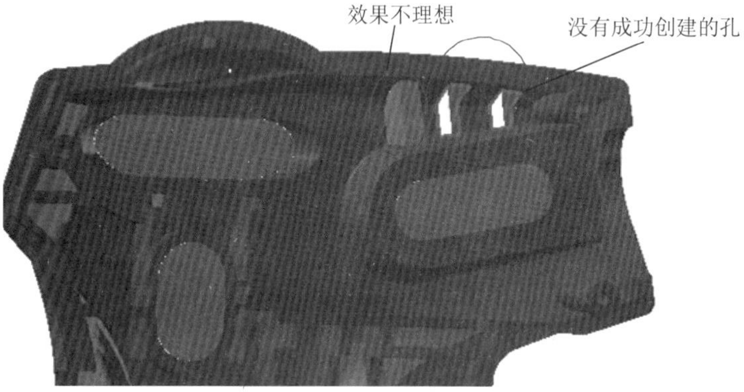

图5-10　曲面补片结果

3）在【环列表】选项组中单击【删除】按钮，选取效果不理想的补片，单击【确定】按钮，完成删除操作，结果如图5-11所示。

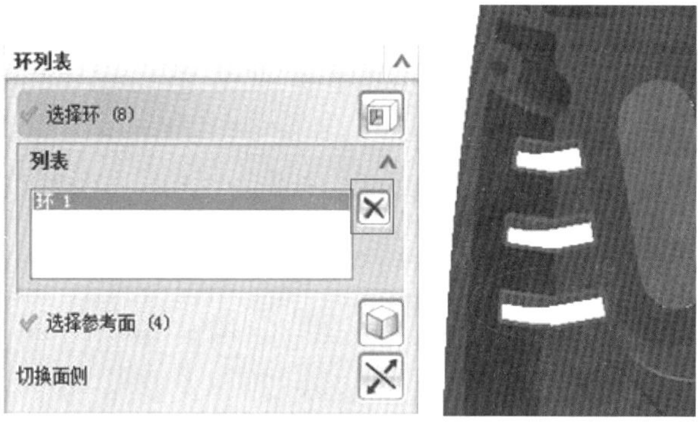

图5-11　删除效果不理想的补片

4）接下来将通过手工创建修补面的方式再创建补片。确保现在的显示部件为【Sz_parting_×××】，在此部件中创建的曲面才能作为补片。曲面的创建就是使用建模模块下的命令，相当于建模。这里使用到了【编辑曲面】工具条中的【扩大】命令、【曲面】工具条中的【修剪片体】命令及【特征操作】工具条中的【面倒圆】命令，最终完成的曲面如图5-12所示。

5）使用步骤4）完成的曲面作为补片。单击【模具分型工具】工具条中的【曲面补片】按钮◈，弹出【边缘修补】对话框，单击【添加现有曲面】按钮，选取新创建的曲面，单击【确定】按钮，完成孔的修补，并且也可以在分型导航器的树列表中查看创建的情况，结果如图5-13所示。

图5-12　最终完成的曲面　　　　　　图5-13　曲面补片及分型导航器

6）在图5-14 所示位置的曲面出现了跨越面，因此需要进行分割，重新指定型芯和型腔。

图5-14　分割面

7）单击【模具分型工具】工具条中的【区域分析】按钮，弹出【检查区域】对话框，在【面】选项卡中单击【面拆分】按钮，弹出【拆分面】对话框，选取要被分割的跨越面和分割线，单击【确定】按钮，完成图5-15 所示的分割。

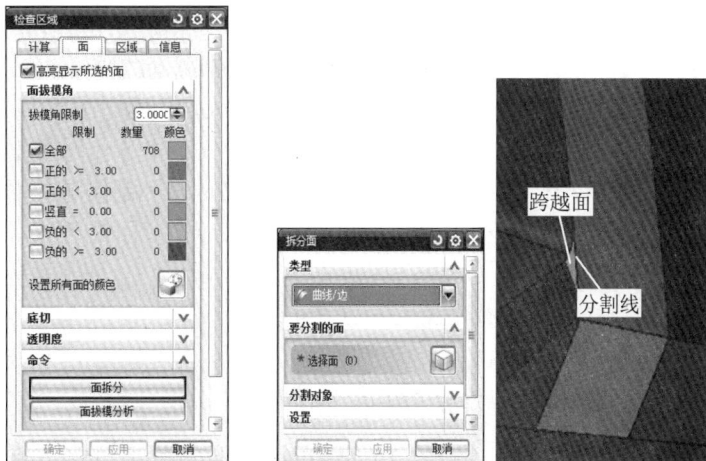

图5-15　拆分面

8）选择【区域】选项卡，选取刚被分割的面，在【指派到区域】选项组中点选【型芯区域】单选按钮,单击【应用】按钮,完成型芯和型腔的最终设置,结果如图5-16所示。

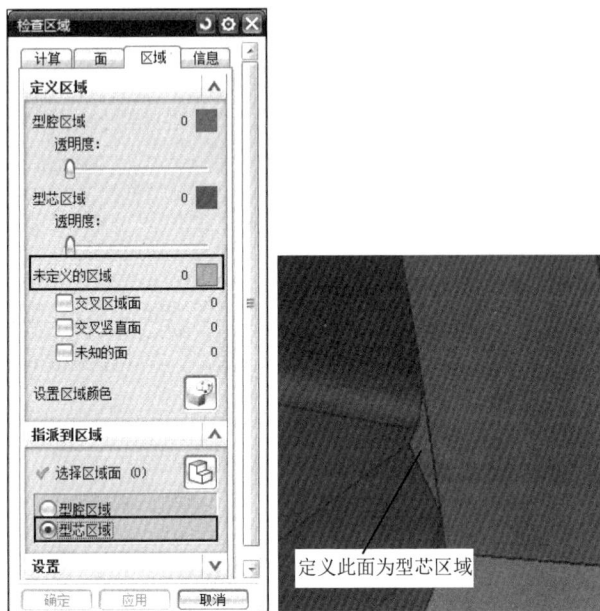

图5-16 设置型腔/型芯面颜色

【提示】

当【未定义的区域】的面的总数为零时,表示对型腔/型芯区域的指定是正确的,否则是不正确的,不能进行正常的分模。

5.1.3 定义区域

【定义区域】命令用来提取型腔/型芯区域的面,也可以自动提取分型线。提取得到的面在分型时与分型面共同作用,对工件进行分割,产生型腔/型芯。

单击【模具分型工具】工具条中的【定义区域】按钮 🔉,弹出图5-17所示的【定义区域】对话框。

列表:显示了所有面、未定义的面、型腔区域、型芯区域和新区域的面的个数,并显示了这些区域的状态(✔表示此区域已经成功创建;❗表示定义了此区域,但没有创建)。

【提示】

要保证各个区域创建成功,必须满足如下要求:

① 未定义的区域面个数应该为零。

② 各定义区域面的个数总和应等于所有面的个数。

【创建新区域】:在列表区域中创建一个空的面区域,然后通过单击【选择区域面】按钮选取要添加的面到创建的新区域中。

【搜索区域】:通过种子面和边界边来选取区域(图5-18),并添加到创建的空的新区域。

【设置】:包含两个复选框,即【创建区域】和【创建分型线】。当定义完型腔/型芯区域后，勾选【创建区域】复选框，单击【应用】按钮，可以创建区域。在创建区域的同时，也可以同时创建分型线。

【面属性】：提供了对选取面的操作，包括赋予选取面一种颜色及设置其透明度两项设置。

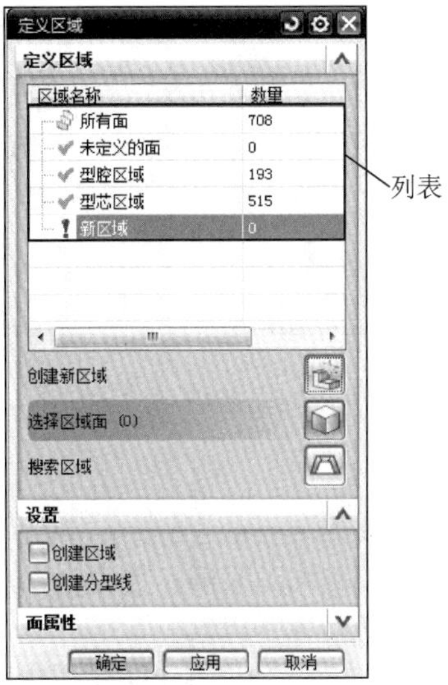

图5-17 【定义区域】对话框

图5-18 【搜索区域】对话框

5.1.4 设计分型面

【设计分型面】命令主要提供了创建分型线、编辑分型线两种形式。单击【模具分型工具】工具条中的【设计分型面】按钮，弹出图5-19所示的【设计分型面】对话框。

1. 公差

公差用于设置分型线之间的位置连续的公差值，一般按照默认值即可，不要过小或过大，否则会影响分模操作。

2. 选择分型线

单击【选择分型线】按钮后，MoldWizard 会自动以＋ZC轴作为脱模方向，自动寻找最大轮廓线来定义产品的分型线。

3. 编辑分型线

对于使用【自动搜索分型线】命令得到的分型线或不合理的分型线，可以通过选择【编辑分型线】命令添加或移除分型线，如图 5-20 所示。

图5-19 【设计分型面】对话框

4. 遍历分型线

【遍历分型线】命令通过遍历搜索的方式手工创建分型线。其搜索方式与【边缘修补】

命令中的搜索方式一样。只要选取第一条边/曲线作为遍历的开始,就会弹出图5-21所示的【遍历分型线】对话框,通过此对话框引导分型线的选取。

图5-20　【编辑分型线】选项组　　　　　图5-21　【遍历分型线】对话框

操作实例 5-3　编辑分型线。

1)单击【模具分型工具】工具条中的【设计分型面】按钮，弹出【设计分型面】对话框,先单击【选择分型线】按钮,提示选择脱模方向,默认即可,搜索出最大轮廓线,并以红色显示,单击【确定】按钮,创建图5-22所示的分型线。

2)产品模型生成的分型线比较凹凸,但产品模型的分型面完全可以做到平面上去,因此需要对分型线进行修改。选择【编辑曲面】工具条中的【扩大】命令,选取分型线所在面,扩大结果如图5-23所示。

图5-22　创建分型线　　　　　　　　图5-23　扩大结果

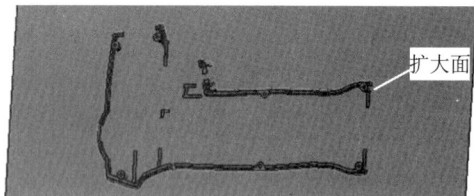

3)求出图5-24所示位置产品侧面与扩大面的交线,最后使其成为分型线。

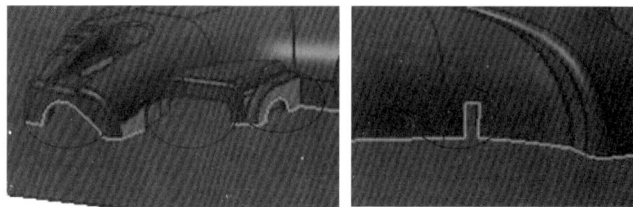

图5-24　分型线交线

4）选择【扩大】、【面倒圆】、【修剪的片体】和【抽取曲线】命令，完成图5-25 所示的结果。

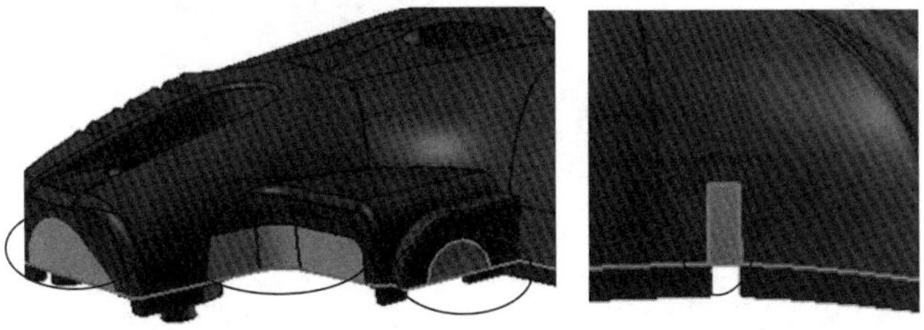

图5-25　创建补片

5）单击【模具分型工具】工具条中的【曲面补片】按钮，弹出【边缘修补】对话框，单击【添加现有曲面】按钮，选取步骤 4）创建的曲面作为补片，单击【确定】、【后退】按钮，返回【模具分型工具】工具条，创建图5-26 所示的补片。

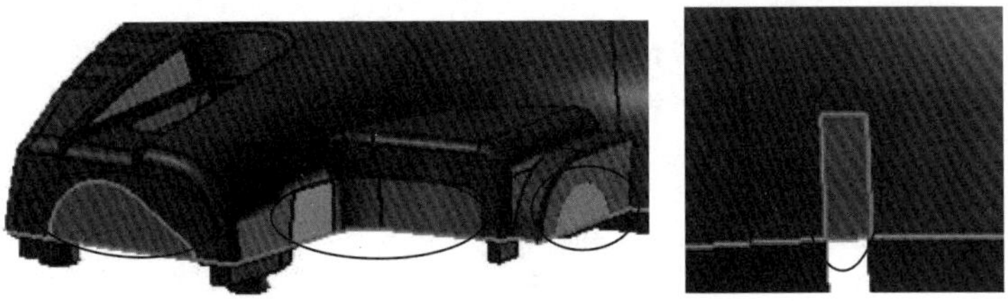

图5-26　创建补片结果

6）打开【编辑分型线】对话框，取消原来定义的不合适的分型线，添加抽取曲线作为分型线，单击【确定】按钮，完成图5-27 所示的分型线的创建。

图5-27　分型线结果

5.1.5　引导线设计

沿着某个方向创建一条直线，这条直线就被称为引导线。创建的引导线有以下几个用途：

1）定义分型面的拉伸方向。

2）对用扫掠创建分型面来讲，引导线可作为轨迹。

3）可以使用引导线修剪其他分型面。

单击【模具分型工具】工具条中的【设计分型面】按钮，弹出【设计分型面】对话框，在【编辑分型段】选项组中单击【编辑引导线】按钮，弹出【引导线】对话框，如图 5-28 所示。

图5-28　【设计分型面】对话框和【引导线】对话框

创建引导线的操作过程也比较简单，首先选取需要创建引导线的分型线，然后设置引导线长度和方向，单击【确定】按钮即可完成操作，如图5-29所示。

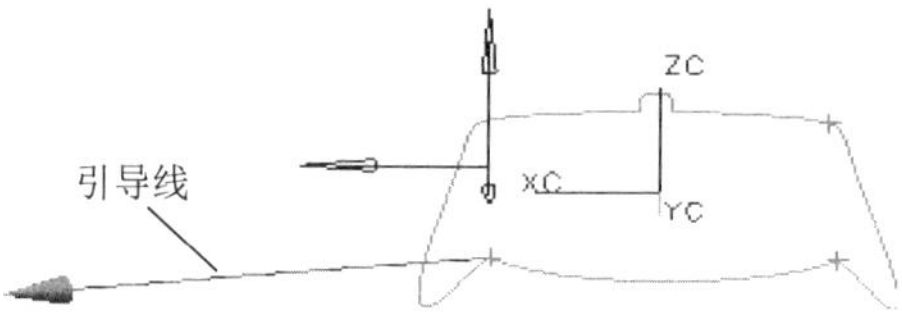

图5-29　引导线结果

设置完长度后需要设置方向,【引导线】设计提供了两种定义方向的方式：一种是【指定矢量】，即通过矢量构造器创建方向；另一种是【方向】，即定义标准的方向，如分型线法向、相切等方向。

【高亮显示分型段】：显示当前产品中的分型段数目，但选中某个分型段后，在此列表中会高亮显示。

【捕捉角限制】：在捕捉到 WCS 坐标系后，定义夹角。捕捉角只能为 0°～60°。

其他几个选项如【删除选定的引导线】、【自动创建引导线】等，由字面意思便一目了然了，这里不再详细阐述，经过上机操作便知。

5.1.6　创建/编辑分型面

创建的分型面尽量简单，便于加工，其具体的选择原则如下：

1）尽量简单。分型面的形态越简单，加工制造越容易。

2）尽可能和产品表面光滑过渡，少弯折。

3）尽量保证结构的强度，不出现孤岛。

4）因为分型面在成型过程中是不断接触/分开的，分型面的设计应使模具在合模的过程中分型面不会相互摩擦，而是在合模的最后一刻才闭合接触。这就需要分型面在合模方向上具有足够的斜度，一方面便于加工，另一方面避免合模过程中擦伤。

5）分型面在注塑过程中要承受锁模力，因而需要有足够的面积，但不是分型面的面积越大越好。这是因为分型面面积过大，导致模具研配费时耗力，增加模具的成本。一般地，分型面的宽度为 30～60mm 就足够了，其余之处避空。

6）分型面之间尽量倒圆角，越大的圆角越利于加工制造。

了解了分型面的创建原则后，就需要使用命令来进行创建。【设计分型面】命令就提供了这样一个工具，不仅仅是创建，也包括对分型面的编辑。单击【模具分型工具】工具条中的【设计分型面】按钮 ，弹出图5-30 所示的【设计分型面】对话框。

下面对各个选项进行介绍，了解这些选项的设置及操作方法。

1．公差和距离

【公差】选项与其他命令中的公差一样，这里所指的公差控制的是创建的分型面之间的距离公差。

【距离】选项用于设置创建的分型面的长度，与引导线的长度在默认情况下保持一致。如果要修改分型面创建时的默认长度，可以通过设置【距离】值达到修改的效果。

2．创建分型面

分型面的创建方式包括多种，下面简单介绍其操作方法。

图5-30　【设计分型面】对话框
（展开分型段）

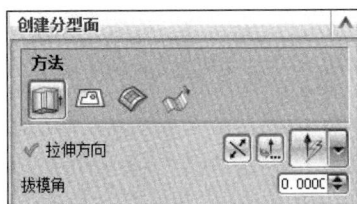

1）拉伸：选取分型线后，通过定义拉伸方向和长度来创建分型面，界面如图5-31 所示。

2）有界平面：当某些分型线位于一个平面上时，此命令就自动激活，如图 5-32 所示。由【第一方向】和【第二方向】定义的两个矢量相当于修剪边界，与分型线共同作用，对有界平面进行修剪。有界平面的大小可以通过拖动 U、V 方向上的百分比滑块来改变。

图5-31　拉伸

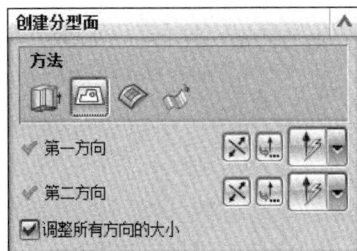

图5-32　有界平面

3）扩大的曲面：其操作与有界平面一样。唯一不同的是，它创建的面不是平面，而是对选中的分型线所在的面进行扩大，如图 5-33 所示。

4）条带曲面：在与选中的分型线相邻的区域，定义延伸面的方向及长度来创建分型面，界面如图5-34所示。

图5-33 扩大的曲面

图5-34 条带曲面

3. 编辑分型面

当需要修改原有的分型面时，可以选择【编辑分型面】命令。选择此命令后，选取要修改的分型面所在的分型线，弹出图5-35所示的【警告】对话框。

当选取还没有创建过分型面的分型线后，将弹出图5-36所示的【编辑分型面和曲面补片】对话框。在这种情况下，利用【编辑分型面】命令可以创建一个新的分型面，而且可以与相邻的分型面相切。

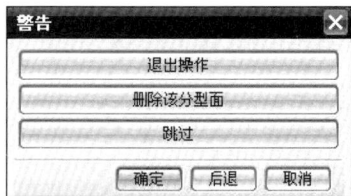

图5-35 警告

图5-36 编辑分型面和曲面补片

【编辑主要边】命令主要用来控制分型线转换点的位置，即控制分型面的边界。有时也可以理解为相切边所在的位置。

4. 添加现有曲面

【添加现有曲面】命令与【注塑模工具】工具条中的【添加现有曲面】命令一样，都是把在 parting 部件中创建的曲面作为分型面，相当实用。

5. 删除分型面

【删除分型面】命令与注塑模工具中的【分型/补片删除】命令一致，专门用于删除分型面。

操作实例 5-4 创建/编辑分型面。

1）选择【插入】|【设计特征】|【拉伸】命令，弹出【拉伸】对话框，选取没有位于同一个平面上的那段曲线，沿着−YC 方向拉伸，创建图5-37所示的拉伸面。

图5-37　拉伸面

2）选择【插入】|【修剪】|【修剪片体】命令，弹出【修剪片体】对话框，选取扩大面上要被裁剪的区域，并选取位于同一平面上的分型线和拉伸面的边缘作为边界，单击【确定】按钮，完成图5-38所示的修剪操作。

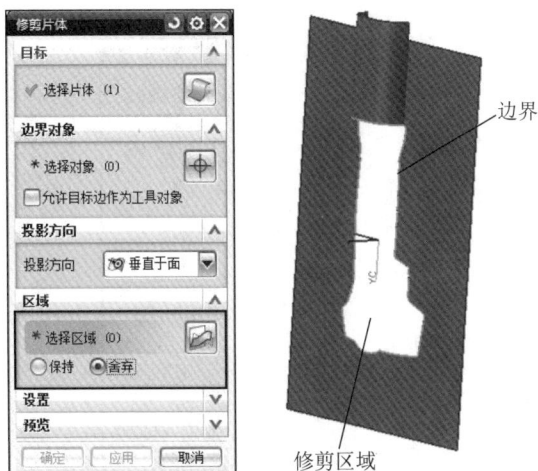

图5-38　修剪片体及修剪区域

3）单击【注塑模工具】工具条中的【编辑分型面和曲面补片】按钮，弹出【编辑分型面和曲面补片】对话框，选取步骤 2）中的拉伸面和修剪后的扩大面，单击【确定】按钮，完成图5-39所示的分型面，并且在分型导航器中也高亮显示。

图5-39　编辑分型面和分型导航器

【提示】

在实际应用中，由于分型线或分型面比较复杂，而且分型面上都不能有棱角，因此一般采用手工创建分型面甚至补片，然后通过添加的方式生成。

5.1.7 定义型腔和型芯

当分型面、补片和抽取区域完成后，就开始创建型腔和型芯了。单击【模具分型工具】工具条中的【定义型腔和型芯】按钮，弹出图5-40所示的【定义型腔和型芯】对话框。

从图 5-40 中可以看到，【区域名称】列表中列出了一些区域面，一般包含【型腔区域】和【型芯区域】，这两个区域主要用来创建型腔/型芯。在【区域名称】列表中也显示了各个区域面的状态：✔ 表示已经创建了型腔/型芯；📋 表示已经定义区域面，但还没有创建型腔/型芯。

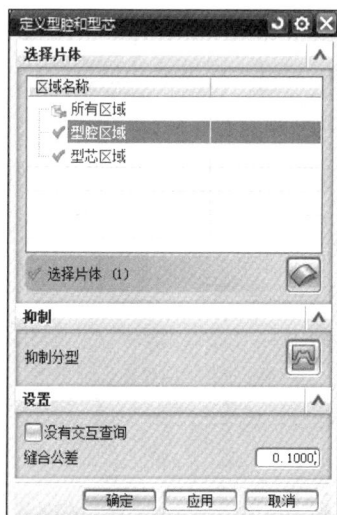

图5-40　【定义型腔和型芯】对话框

【抑制分型】选项用于取消已经创建的型腔/型芯，在进行修改后，重新进行分模。

【没有交互查询】选项提供了对几何体建模数据的逻辑性检查及检查是否有重叠的体对象。

创建型腔和型芯的过程比较简单，首先在【区域名称】列表中单击需要创建的区域（如型腔区域），【选择片体】自动高亮显示，并在括号中显示选中的面的个数，当然也可以直接选取模型的面，最后单击【确定】或【应用】按钮，完成型腔和型芯的创建。

操作实例 5-5　创建型腔和型芯。

1）单击【模具分型工具】工具条中的【定义区域】按钮，弹出【定义区域】对话框，勾选【设置】选项组中的【创建区域】复选框，单击【确定】按钮，完成型腔/型芯区域的抽取，操作前后的变化如图5-41所示。

2）单击【模具分型工具】工具条中的【定义型腔和型芯】按钮，弹出【定义型腔和型芯】对话框，先选取【型腔区域】，单击【应用】按钮，生成型腔；再选取【型芯区域】，单击【确定】按钮，生成型芯，结果如图5-42所示。

图5-41　操作前后的变化 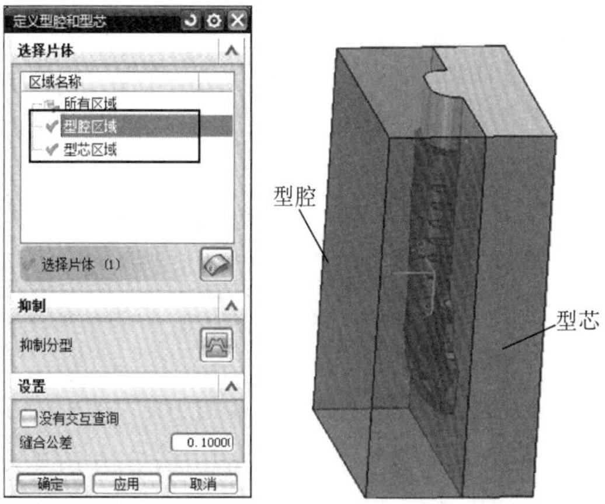　　　　　　　图5-42　定义区域结果

5.1.8　抑制分型

对于已经完成的分型设计，如果要对产品进行变更，就需要先取消分型，才能进行设计变更。

单击【模具分型工具】工具条中的【定义型腔和型芯】按钮，弹出【定义区域】对话框。单击【抑制分型】按钮，如图 5-43 所示。系统经过一段时间的计算，完成抑制分型的操作，这时可以通过检查型腔/型芯所在的部件文件，查看里边的工件已经不再是成型的工件，而只是一个毛坯。

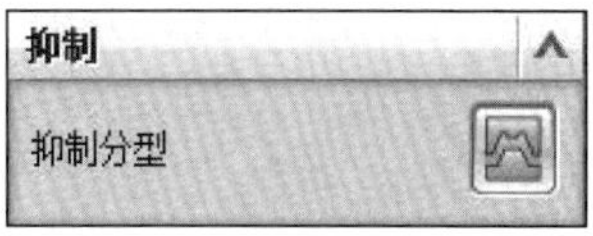

5.1.9　交换模型

在设计模具时，经常会遇到产品要经常修改的情况。尤

图5-43　抑制分型

其当完成了分型操作后，又要更改产品时，就需要对型腔/型芯做相应的修改。在这种情况下，MoldWizard 提供了【交换模型】命令，使用此命令可以自动分析、替换新产品与旧产品之间的差别，大大减少了手动对数据进行分析的麻烦，加快了设计进度。

交换产品模型功能可以用一个新版本的模型来替换模具设计过程中的产品模型，而且能保持模具装配中现有模具设计特征（如拔锥、分割面、分型线、修补面、分型面等）与新产品实体之间的全相关性。该交换功能是相关性的交换，对于产品模型是由其他的 CAD 系统转入的情况非常有用。

单击【模具分型工具】工具条中的【交换模型】按钮，系统自动切换显示部件，把 parting 部件作为显示部件，并且弹出图5-44 所示的【打开】对话框。选取新模型后，单击【OK】按钮，弹出图5-45 所示的【替换设置】对话框，按照默认设置，单击【确定】按钮，弹出图5-46 和图 5-47 所示的【模型比较】对话框。

图5-44　【打开】对话框1

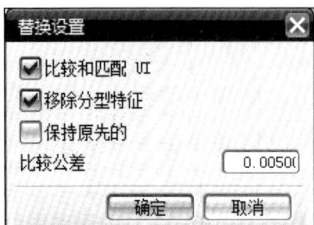

图5-45　【替换设置】对话框

图5-46　【模型比较】对话框-【比较】选项卡

图5-47　【模型比较】对话框-【匹配】选项卡

　　【比较】选项卡主要有通过颜色、透明度来观察原模型与新模型之间差异的设置选项，通过各种设置的组合可以清楚地查看两个模型之间的差异，并且显示了不同面的个数等信息。

　　【匹配】选项卡与【比较】选项卡类似，所不同的是，它利用【面/边缘类型】和【实体类型】过滤器，通过在原模型视图/新模型视图中选取面或边后，自动在原模型视图/

新模型视图中高亮显示，两者一一对应。

在观察比较原模型和新模型之间的区别后，单击【应用】、【后视图】按钮，弹出图5-48所示的【交换产品模型】提示框，提示模型替换成功，并且在【信息】窗口中显示了被抑制的特征的名称，如图 5-49 所示。

特征名	状态
工件(2)	不活动的
UM_INSERT_BOX(3)	不活动的
桥接曲线(5)	不活动的
PATCH_ENLARGE(7)	不活动的
PATCH_TRIMMED_SHEET(8)	不活动的
Patch(11)	不活动的
LINK_CORE_PATCH_SURF(12)	不活动的
LINK_CAVITY_PATCH_SURF(13)	不活动的
patch_set1(14)	不活动的
PARTING_BOUNDED_PLANE(16)	不活动的
扩大(17)	不活动的
扩大曲面(54)	不活动的
扩大曲面(55)	不活动的
扩大曲面(56)	不活动的
扩大曲面(57)	不活动的
修剪片体(58)	不活动的
修剪片体(59)	不活动的

图5-48　【交换产品模型】提示框　　　　图5-49　【信息】窗口

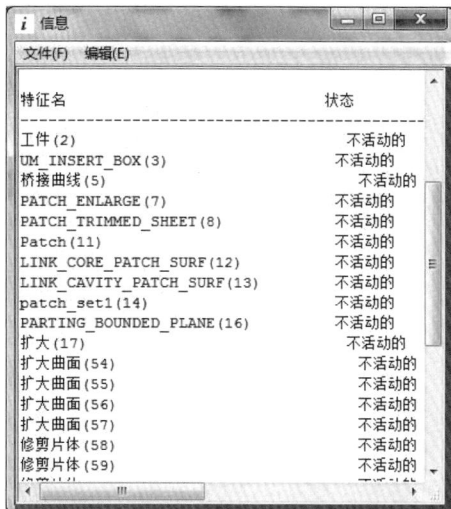

在成功完成交换后，由于原模型仍存在于装配文件中，因此可以删除原模型。进入parting 部件，选中最后一个特征并右击，在弹出的快捷菜单中选择【设为当前特征】命令，有可能出现一些错误或失效的特征，接下来就要修改这些特征等，重新完成分型。

操作实例 5-6　交换模型。

打开已经完成分型操作的图形文件，如图5-50 所示。由于产品做了适当的修改，因此需使用【交换模型】命令替换旧模型。

图5-50　joystick 产品模型

	源文件：Example\Chapter 5\ex 5-6\joystick_top_010.prt
	操作结果文件：Results\Chapter 5\ex 5-6\joystick_top_010.prt

1）打开 NX 主程序，进入注塑模向导模块，选择【初始化项目】命令打开【joystick_top_010.prt】文件。

2）单击【注塑模向导】工具条中的【模具分型工具】按钮，打开图5-51 所示的【模具分型工具】工具条，同时显示分型导航器，如图 5-52 所示。有时打开图形后，图形区域不只显示产品模型，而是其他的型腔/型芯抽取面或分型面都存在，影响观察，此时可以通过【分型对象】列表找到对应的选项，取消勾选该复选框即可，如图5-53 所示。

3）单击【模具分型工具】工具条中的【定义型腔和型芯】按钮，单击【抑制分型】按钮，弹出图 5-54 所示的【抑制分型】提示框，单击【确定】按钮，系统自动更新，分型被抑制，自动返回分型导航器。

图5-51　【模具分型工具】工具条

图5-52　显示分型导航器

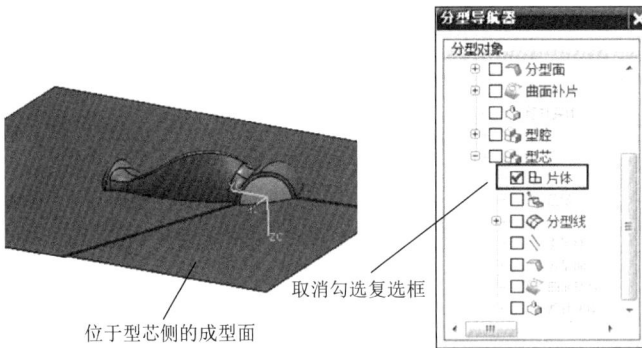

位于型芯侧的成型面

取消勾选复选框

图 5-53　分型导航器

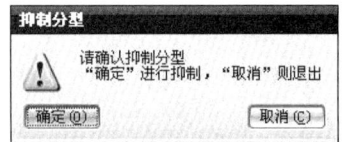

图5-54　【抑制分型】提示框

【提示】

在进行交换模型前，一般需要进行分型抑制，这时就要用到【抑制分型】命令。

4）单击【模具分型工具】工具条中的【交换模型】按钮，弹出图5-55 所示的【打开】对话框，选取位于同装配目录下面的【joystick_new.prt】文件，单击【OK】按钮，弹出图5-45 所示的【替换设置】对话框。

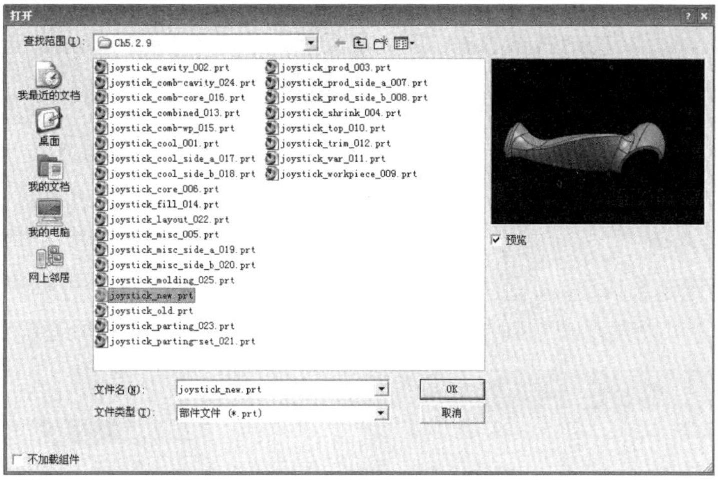

图5-55　【打开】对话框 2

5）【替换设置】对话框中各个选项按照默认即可，单击【确定】按钮，弹出【模型比较】对话框，并且在视图区域显示了 3 幅视图，以做对比，显示出修改过的地方，各个选项按照默认即可，如图5-56 所示。

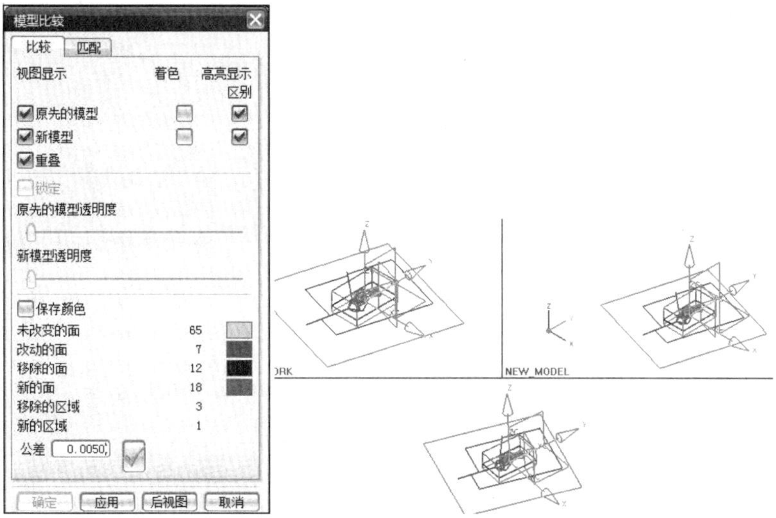

图5-56　【模型比较】对话框与视图显示

6）单击【取消】按钮，弹出图5-57 所示的【交换产品模型】提示框，单击【确定】按钮，继续进行模型交换。

7）系统经过一段时间的计算后，弹出图5-58 所示的【交换产品模型】提示框，表示模型替换成功。同时弹出图 5-59 所示的【信息】窗口，一些特征被抑制了。

图5-57 【交换产品模型】提示框

图5-58 交换产品替换成功

8）单击【确定】按钮，退出模型交换。单击【模具分型工具】工具条中的【分型导航器】按钮，可以发现被抑制的特征，如图5-60所示。

图5-59 交换产品模型信息

图5-60 被抑制的特征

9）选中最后创建的特征并右击，在弹出的快捷菜单中选择【设为当前特征】命令，如图5-61所示，系统自动计算更新。

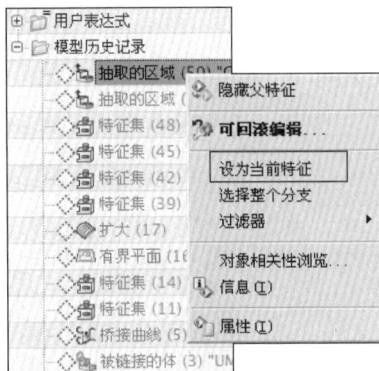

图5-61 选择【设为当前特征】命令

10）由于模型更换了，难免会出现特征上的错误，如图5-62所示。为了能够正常地进行分模，需要对错误的特征进行修改或重新创建。

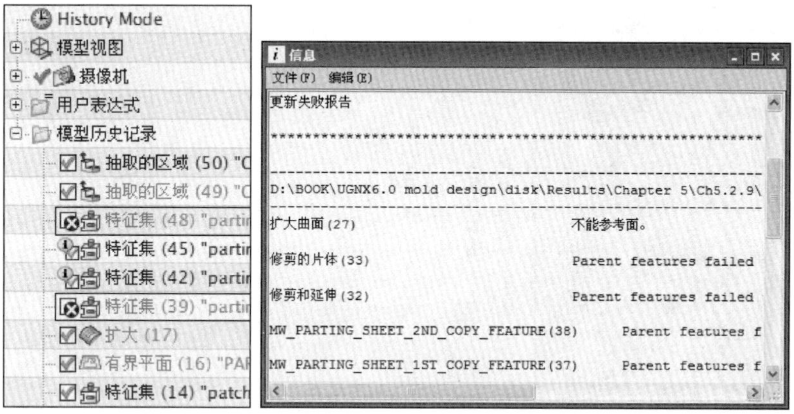

图5-62　错误的特征

11）打开【部件导航器】界面，选中图 5-63 所示的 6 个有问题的特征集并右击，在弹出的快捷菜单中选择【删除】命令，删除有问题的特征。

图5-63　【部件导航器】界面

12）单击【模具分型工具】工具条中的【区域分析】按钮⟁，弹出图5-64 所示的【检查区域】对话框，选择【区域】选项卡，单击【设置区域颜色】按钮，系统自动计算型腔/型芯面（但不一定正确，需修改）。

13）可以从【未定义的区域】中发现其个数为 0，说明没有问题。但【交叉竖直面】的个数为 0，表示当用旧模型时，这个面的配置有问题，进行过手动指定。单击【取消】按钮，返回【部件导航器】界面。

【提示】

在选择【分型】命令时，有可能弹出图 5-65 所示的【设置产品部件】提示框，单击【确定】按钮，激活交换后的产品。

图5-64　【检查区域】对话框　　　　　　　图5-65　【设置产品部件】提示框

14）单击【模具分型工具】工具条中的【定义区域】按钮，弹出图5-66所示的【定义区域】对话框，发现【型腔区域】和【型芯区域】已经创建完成，但要检查这两个区域的面数总和是否等于总面数。由图5-66可知，这里已经相等，不用重新抽取。

15）单击【模具分型工具】工具条中的【设计分型面】按钮，弹出图5-67所示的【设计分型面】对话框，单击【遍历分型线】按钮，弹出【遍历分型线】对话框，选择图5-67所示的产品边，添加为分型线，连续单击两次【确定】按钮，完成分型线的创建，返回【模具分型工具】工具条。

16）使用建模模块下的工具，在这里用到了【扩大】、【修剪的片体】、【缝合】和【倒圆角】4个命令，完成图5-68所示的形状。

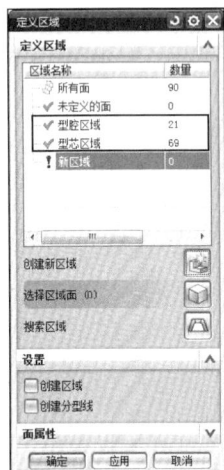

图5-66　【定义区域】对话框

图5-67　遍历分型线

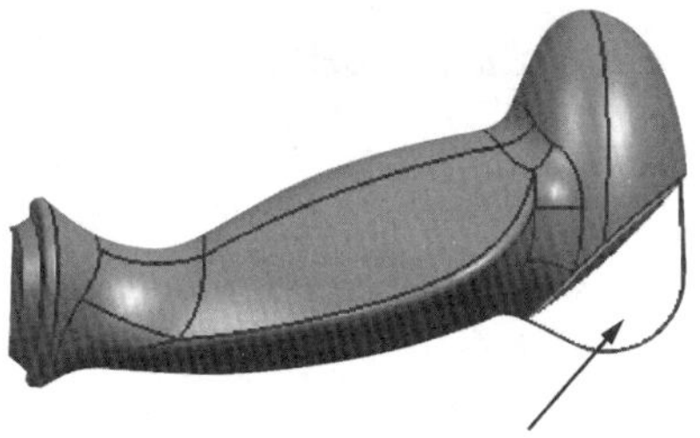

图5-68　分型面形状

17）选择【分型】|【设计分型面】|【添加现有曲面】命令，弹出【创建分型面】对话框，选取手工创建的曲面，单击【确定】按钮，完成手工曲面转为分型面。单击【取消】按钮，退出【创建分型面】对话框。

18）单击【模具分型工具】工具条中的【定义型腔和型芯】按钮 ，弹出图5-40 所示的【定义型腔和型芯】对话框。分别选取【型腔区域】和【型芯区域】后，单击【应用】按钮，完成图5-69 和图 5-70 所示的型腔和型芯的创建。

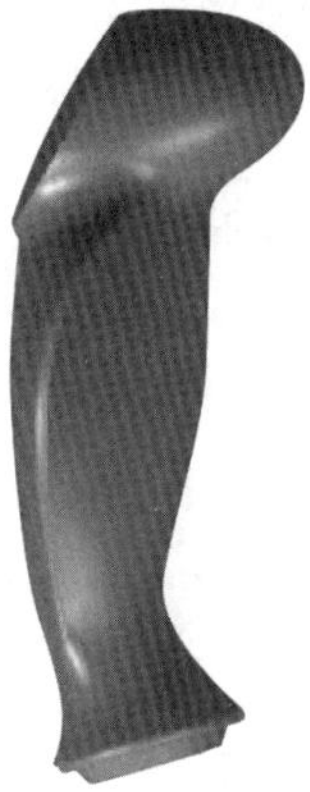

图 5-69　型腔

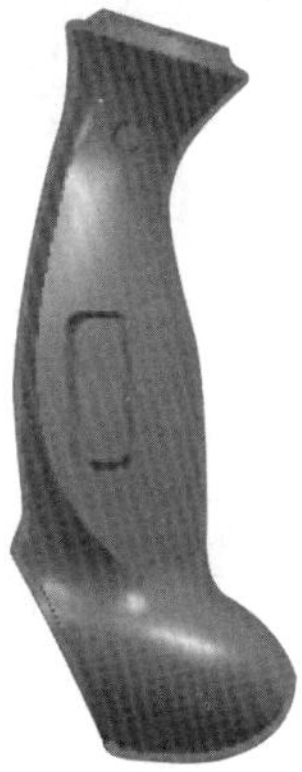

图5-70　型芯

19）选择【文件】|【全部保存】命令，对装配文件进行存盘。

5.1.10　备份分型/补片片体

备份分型/补片片体是在指定层创建一个与 parting 部件没有关联的一个副本。单击【模具分型工具】工具条中的【备份分型/补片片体】按钮 ，弹出图5-71 所示的【备份分型对象】对话框。

【类型】包括 3 种：分型面、曲面补片和两者皆是。该选项相当于一个过滤器，当选取要备份的片体时，过滤哪些可以拾取，哪些不能拾取。

参数选项用于把备份片体分配到指定的层及对其赋予指定的颜色，以示区别。

图5-71 【备份分型对象】对话框

微课：分型面设计 1-1　　微课：分型面设计 1-2　　微课：分型面设计 2-镶块　　微课：分型面设计 3-抽取体

微课：分型面设计 4-外侧设计　　微课：分型面设计 5-检查与修改　　微课：分型面设计 6-移除参数　　微课：分型面设计 7-图层设置

5.2　综合实例

5.2.1　创建分型线

打开图 5-72 所示的文件，利用模具分型工具完成型腔和型芯的创建。

图5-72　mfg 产品模型

	源文件：Results\Chapter 4\C-ex\mfg_top_000.prt
	操作结果文件：Results\Chapter 5\C-ex\mfg_top_000.prt

1）单击【注塑模向导】工具条中的【模具分型工具】按钮，弹出【模具分型工具】工具条。

2）单击【模具分型工具】工具条中的【设计分型面】按钮，弹出【设计分型面】对话框，单击【遍历分型线】按钮，弹出【遍历分型线】对话框，同时视图中依次选择产品分型线，如图5-73 所示，信息框中显示【共找到 36 分型边】，并在视图中高亮显示，查看分型线正确后，单击【确定】按钮，视图中显示搜索出的分型线，如图5-74 所示。

3）单击【设计分型面】对话框中的【取消】按钮，返回分型导航器。

4）选择【文件】｜【全部保存】命令，保存以上操作。

图5-73　选择产品分型线

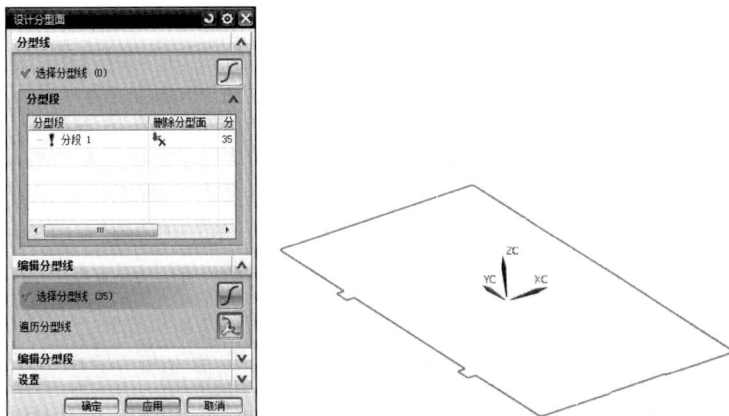

图5-74　搜索出的分型线

5.2.2　创建分型面和型腔/型芯

观察 5.2.1 节中搜索出的分型线,其中一端部并没有在同一平面上,而是一个小的凸起,如图5-75 所示。此处为了方便分型面的创建,需要做一些处理。

微课:型芯型腔设计 1-
初始模块创建

微课:型芯型腔设计 2-
拆分体及去参

微课:型芯型腔设计 3-
求差及尺寸修改

微课:型芯型腔设计 4-
一模两腔设计

微课:虎口设计 1-毛坯设计

微课:虎口设计 2-详细设计

微课:坐标系调整

1)单击【直线和圆弧】工具条中的【直线(点-点)】按钮 ,选择分型线凸起处的两端点创建辅助直线,如图5-76 所示。

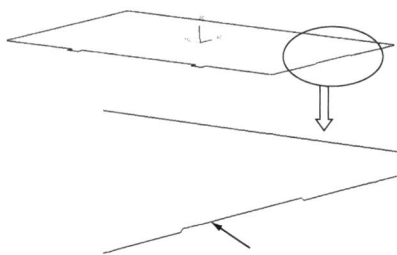

图5-75　有凸起的分型线

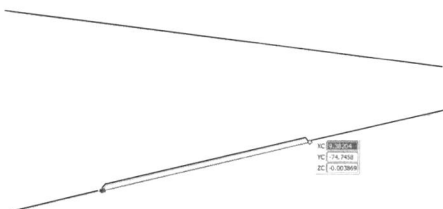

图5-76　凸起处两端点创建直线

2)单击【直线和圆弧】工具条中的【直线(点-XYZ)】按钮 ,在浮动的坐标文本框中确保 X、Z 坐标值均为 0,Y 坐标离开分型线的距离足够远,以确保超过工件长度,这里输入 Y 坐标值为−120,单击,输入长度为 260,单击,创建结果如图 5-77 所示。

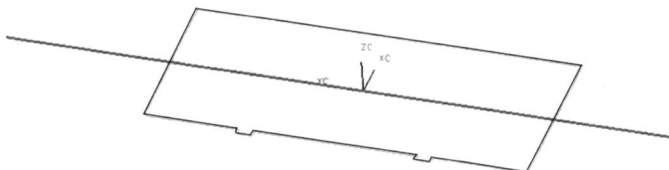

图5-77　创建直线

3）选择【插入】|【设计特征】|【拉伸】命令，弹出【拉伸】对话框，选择步骤 2）中创建的坐标平行线，设置拉伸方向沿 XC 方向，拖动拉伸长度，使之足够长，如图5-78所示。拉伸结果如图5-79 所示。

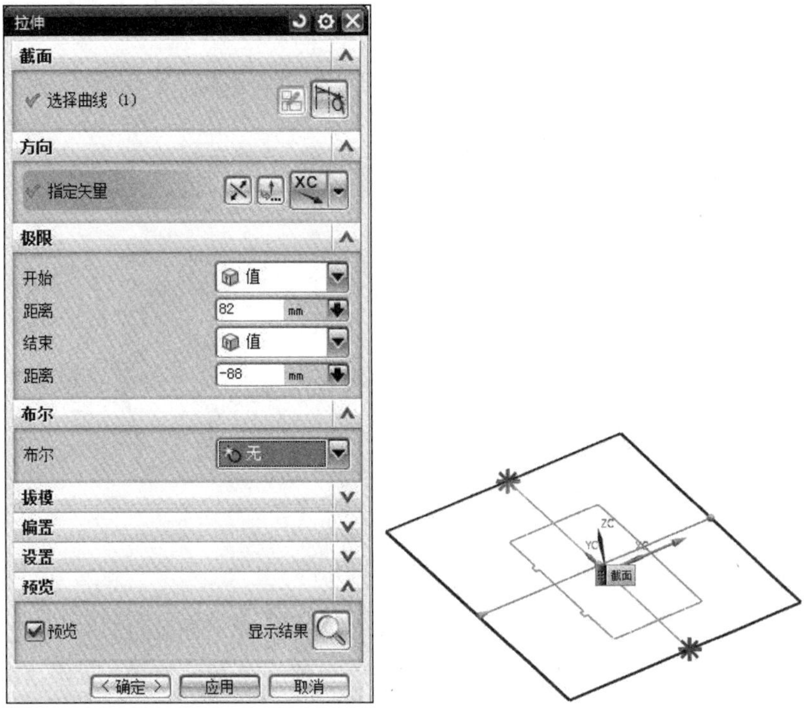

图5-78 拖动拉伸长度使其足够长

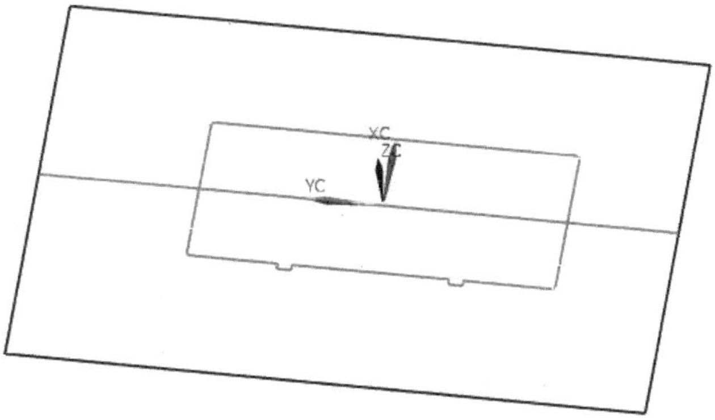

图5-79 拉伸效果

4）选择【插入】|【修剪】|【修剪片体】命令，弹出【修剪片体】对话框，选择拉伸面作为目标片体，选择分型线和创建的辅助直线为工具体，如图5-80 所示。单击【确定】按钮，完成片体修剪，如图 5-81 所示。

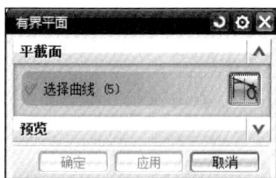

图5-80　修剪片体

图 5-81　片体修剪结果

5）选择【插入】|【曲面】|【有界平面】命令，弹出图5-82 所示的【有界平面】对话框，单击【选择曲线】按钮，依次选择辅助直线处的封闭直线，如图5-83 所示，单击【确定】按钮，返回图5-82 所示对话框，单击【确定】按钮，生成的有界平面如图5-84 所示。

图5-82　【有界平面】　　图5-83　选择辅助直线处的封闭　　图5-84　生成的有界平面
　　　对话框　　　　　　　　　　直线

6）单击【取消】按钮退出【有界平面】对话框。

7）选择【插入】|【组合】|【缝合】命令，弹出【缝合】对话框，选择拉伸的片体为【目标】，选择创建的有界平面为【工具】，单击【确定】按钮，将两片体缝合成一个平面。

8）单击【模具分型工具】工具条中的【编辑分型面和曲面补片】按钮，弹出图5-85 所示的【编辑分型面和曲面补片】对话框，选择步骤7）中缝合好的拉伸平面，如图5-86 所示。单击【应用】按钮，返回图5-85 所示对话框，单击【取消】按钮退出对话框。

图5-85　【编辑分型面和曲面补片】对话框

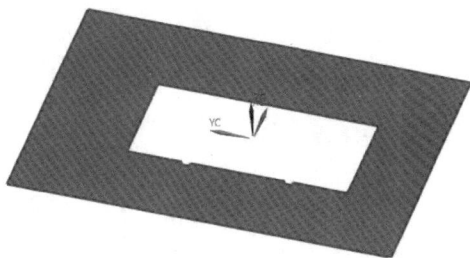

图5-86　缝合好的拉伸平面

9）观察图5-87 所示分型导航器中【分型线】、【分型面】、【曲面补片】的数量，勾选这些选项的复选框，可以在视图中查看。

选中该处复选框可以在视图中查看对应的项

图5-87　分型线、分型面、曲面补片的数量

10）单击【模具分型工具】工具条中的【区域分析】按钮，弹出【检查区域】对话框，点选【保持现有的】单选按钮。选择【区域】选项卡，可以看到存在一些未定义的面，说明分型过程中存在不当的地方。

实体中高亮显示分型轮廓线，如图5-88 所示，观察发现，模型中存在一些交叉竖直面未定义，亦未分割，如图5-89 所示，需要对其进行分割处理。

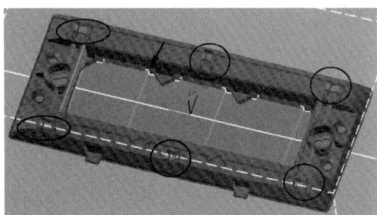

图5-88　分型轮廓线

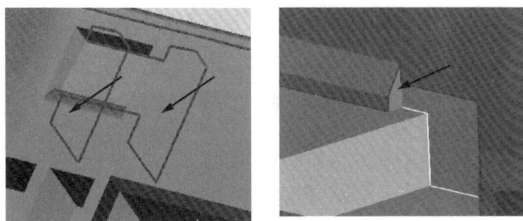

图5-89　交叉竖直面

11）单击【取消】按钮，退出【检查区域】对话框，单击【关闭】按钮，退出分型导航器。

12）单击【注塑模工具】工具条中的【拆分面】按钮 ，弹出图5-90 所示的【拆分面】对话框。单击【选择面】按钮，选择图5-91 中显示的面；单击【选择对象】按钮，选择补片面的边界，如图5-92 所示，单击【应用】按钮，可以通过鼠标检查面是否分割。

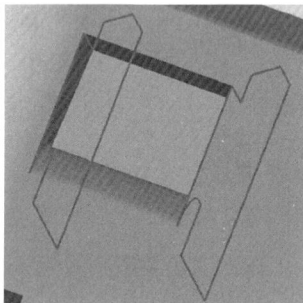

图5-90　【拆分面】对话框　　　　图5-91　选择要分割面　　　　图5-92　选择补片面的边界

13）重复上述步骤，对另外 5 个边缘孔处的两个面进行分割。

14）选择产品中心内侧边的面作为拆分面，如图5-93 所示，单击【选择面】按钮，选择图5-94 所示的线作为拆分线，单击【应用】按钮。

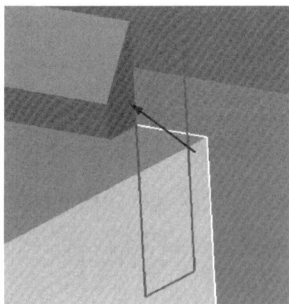

图5-93　选择拆分对象　　　　　　　　图 5-94　选择拆分线

15）重复上述步骤，对产品中心内侧相似位置处的平面进行拆分，共 12 处。拆分完成后，单击【取消】按钮，退出【拆分面】对话框。

16）单击【模具分型工具】工具条中的【区域分析】按钮 ，弹出图5-95 所示的【检查区域】对话框，其中有 98 个未定义的【交叉竖直面】，勾选其复选框，在视图中高亮显示。

17）按住 Shift 键取消选择补片面下方的所有竖直面，即边缘方形孔补片下方和梅花形孔补片下方的面，如图5-96 所示。单击对话框中的【应用】按钮，将选中的面指定为【型腔区域】。可以看到，分型面和补片面上方的竖直面已经着色为型腔区域的颜色。

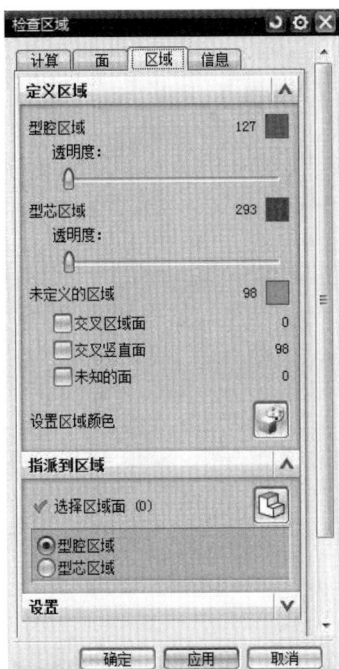

图5-95　98个未定义的
【交叉竖直面】

图5-96　检查区域结果

18）完成上述操作后，【未定义的区域】个数已经从98个降为18个，选择步骤17）中取消选择的面，在【信息】窗口中查看，共18个，点选【型芯区域】单选按钮，单击【确定】按钮。可以看到，【检查区域】对话框中【未定义的区域】为0个，且18个面已经着色为型芯区域的颜色。

19）单击【后退】按钮，返回【检查区域】对话框，单击【取消】按钮，返回分型导航器。

20）单击【模具分型工具】工具条中的【定义区域】按钮，弹出图5-97所示的【定义区域】对话框，勾选【设置】选项组中的【创建区域】和【创建分型线】复选框，单击【确定】按钮，完成区域的抽取和分型线的创建。

21）单击【模具分型工具】工具条中的【定义型芯和型腔】按钮，弹出图5-98所示的【定义型芯和型腔】对话框。在【区域名称】列表中选择【型腔区域】选项，单击【应用】按钮，完成型腔的创建，如图5-99所示。

22）使用同样的方法创建型芯，结果如图5-100所示。

23）返回【模具分型工具】工具条，单击【关闭】按钮。

至此，型腔/型芯创建完毕，整个分型任务完成。

24）选择【文件】|【全部保存】命令，将文件进行保存。

图 5-97　勾选【创建区域】和【创建分型线】复选框　　　　图 5-98　选中【型腔区域】选项

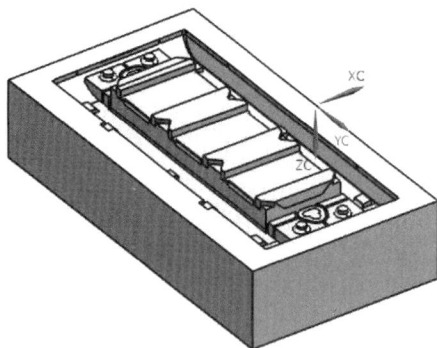

图 5-99　型腔部分　　　　　　　　　　图5-100　型芯部分

本章小结

UG 是基于修剪的型腔和型芯分型方法，分型是一个基于塑胶产品模型的创建型芯、型腔的过程。分型功能可以快速地执行分型操作并保持相关性。通过本章学习，掌握模具分型工具各项内容，为下一步模架设计做准备。

思考与练习

1．试简述使用【模具分型工具】进行分模的过程。

2．分型面创建的方式有几种？它们之间有什么区别？

3．分型面创建的原则是什么？

4．简述【区域分析】和【定义区域】命令在分型过程中的作用。

5．根据本章中操作实例的步骤，通过使用【模具分型工具】完成图5-101 所示产品的分模，熟悉【模具分型工具】工具条中的命令和大致分模步骤。

图5-101　Sz 产品模型

	源文件：Example\Chapter 5\ex 5-1_5-5\Sz_top_003.prt
	操作结果文件：Results\Chapter 5\pr 5.4.2(1)\Sz_top_003.prt

6．打开图5-102 所示的图形文件，完成分型操作。

图5-102　shell 产品模型

	源文件：Exercise\Chapter 5\shell_modify.prt

7．打开图5-103 所示的图形文件，按照分型面的创建原则，创建合理的分型面。

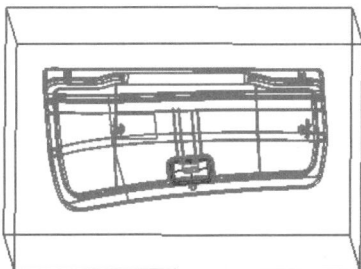

图5-103　chanpin 产品模型

	源文件：Results\Chapter 4\pr\chanpin_top_000.prt
	操作结果文件：Results\Chapter 5\pr 5.4.2(3)\chanpin_top_000.prt

第 **6** 章

模架及标准件

内容提要 ☞

　　通过本章中的实例,熟悉模架加载的方法,通过附录中的模架参数,掌握模架参数的修改;熟悉标准件管理器中的各个标准件的目录名称,掌握常用标准件加载方法、参数设置及自动或手动修剪标准件的方法。

学习重点 ☞

　　1. 模架加载及参数设置。

　　2. 标准件管理和加载。

　　3. 标准件的修剪成型。

思政目标 ☞

　　1. 树立正确的学习观、价值观,自觉践行行业道德规范。

　　2. 牢固树立质量第一、信誉第一的强烈意识。

　　3. 遵规守纪,安全生产,爱护设备,钻研技术。

6.1 模 架 管 理

在完成分型之后，就应该考虑加载模架了。在注塑模向导中，主要包含 HASCO、DME、LKM、FUTABA 4 个大厂的模架目录库。设计者先通过计算产品的投影面积确定模架长宽、AP 板与 BP 板厚度及方铁高度、厚度等参数，然后到目录库中选择厂商及与原来确定的范围内的模架，同时也可以适当修改模架参数，最后加载即可。模架目录如图6-1 所示。

单击【注塑模向导】工具条中的【模架库】按钮，弹出图 6-2 所示的【模架设计】对话框。

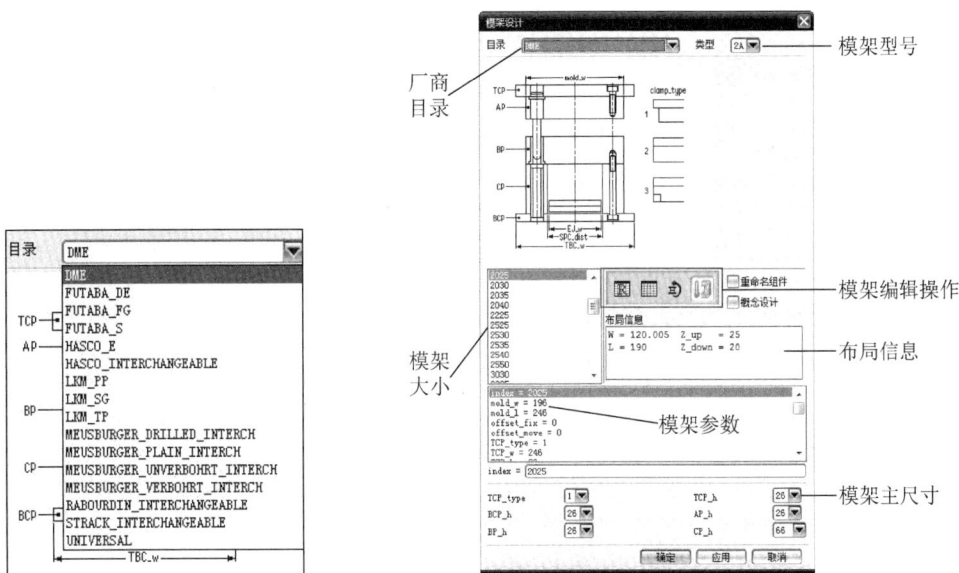

图6-1　模架目录

图6-2　【模架设计】对话框

6.1.1 目录

在【目录】下拉列表中可以选择模架的供应商，其内容由一个电子表格控制，并可用编辑注册文件功能编辑该电子表格。

6.1.2 类型

【类型】下拉列表中列出了指定供应商提供的标准模架类型，如二板模、三板模等，这些信息同样也可以使用编辑注册文件功能来修改。

6.1.3 示意图

示意图表示了模架的类型及一些重要尺寸参数，如图6-3 所示。这些示意图来源于一个位图文件，用户也可以自定义创建模架示意图。

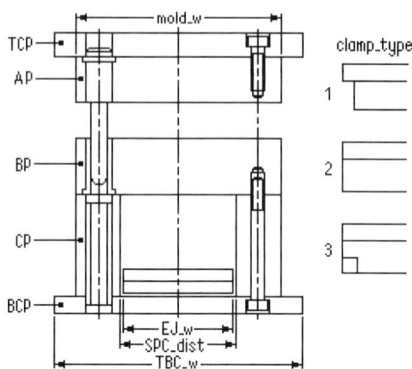

图6-3 模架示意图

6.1.4 模架索引列表

模架索引列表中所示的尺寸是所选的标准模架在 X-Y 平面投影的有效尺寸,系统将根据多腔模布局确定最合适的尺寸作为默认选择,如图6-4 所示。

6.1.5 编辑注册文件

单击【编辑注册文件】按钮🅡,打开所选的 MoldWizard 注册标准模架的电子表格,该功能用于执行编辑菜单选项,定制模架选择菜单。

图6-4 模架尺寸

6.1.6 编辑组件

单击【编辑组件】按钮🅘,弹出图6-5 所示的【编辑模架组件】对话框,用于定义标准模架中各个装配元件。

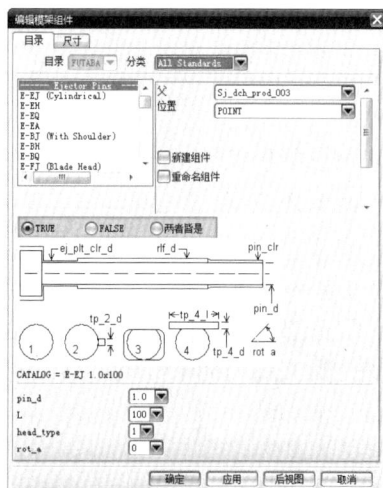

图6-5 【编辑模架组件】对话框

6.1.7 旋转模架

单击【旋转模架】按钮🔄，系统将根据多腔模布局情况将已加入的模架装配件旋转 90°。

6.1.8 布局信息

在【模架设计】对话框中有一个信息框，显示成型镶件布局的综合尺寸，如图6-6所示，这些尺寸信息只有在【多腔模布局】对话框中做过自动对中心后才能显示。W 表示沿 XC 方向的最大宽度，L 表示沿 YC 方向的最大宽度，Z_up 表示型腔块的高度，Z_down 表示型芯块的高度。其中，W 和 L 用于初选模架索引列表中的 X-Y 平面尺寸，Z_up 和 Z_down 则作为选择模板厚度时的参数。

图6-6 布局信息

6.1.9 表达式列表

表达式列表位于【模架设计】对话框的下部，如图6-7所示，包含标准模架中所有可编辑的参数，列表中高亮显示的表达式可直接在【表达式编辑】窗口进行编辑。

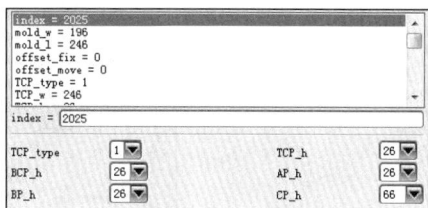

图6-7 表达式列表

6.1.10 标准尺寸列表

【模架设计】对话框底部的下拉列表，是根据所选模架类型列出某些模板厚度的标准值列表，如图6-7所示，这些模板厚度只能取列表中的标准值才有效。

操作实例 6-1 模架管理。

国内的模具公司绝大多数使用 LKM（龙记）模架，因此，打开图6-8所示的装配文件，以龙记模架来讲解模架的加入，具体操作步骤如下。

🖥	源文件：Example\Chapter 6\ex 6-1\Sj_dch_top_010.prt
🖥	操作结果文件：Results\Chapter 6\ex 6-1\Sj_dch_top_010.prt

1）打开文件 Example\Chapter 6\ex 6-1\Sj_dch_top_010.prt 中图6-9所示的装配文件。

2）单击【模架库】按钮，弹出【模架设计】对话框，在【目录】下拉列表中选择【LKM_SG】选项，在【类型】下拉列表中选择【C】选项，如图6-10所示。

3）从模架索引列表中选择【2335】选项，需要进行修改的参数如图6-11所示。对于模架尺寸中的各项尺寸的含义可以参考目录。

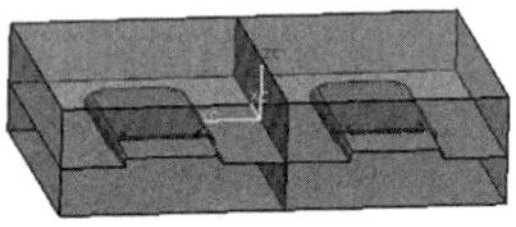

图6-8 Sj 产品模型

图6-9 打开产品

图6-10 【目录】和【类型】的选择

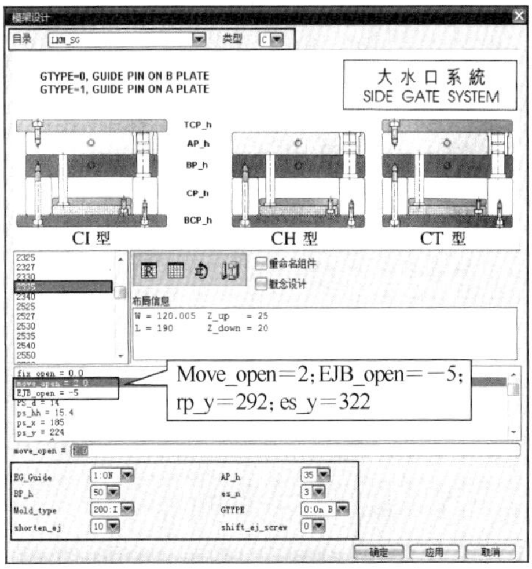

图6-11 模架设计中修改的参数

【提示】

在加载模架的过程中，有可能出现错误提示等警告消息，这主要是由于对模架索引列表中的尺寸修改不当，最有可能的情况是所指定的尺寸在模架库中不存在。对于这种情况，可以单击【确定】按钮，继续加载模架，然后手动对有问题的部件进行修改即可。

4）单击【应用】按钮，注塑模向导开始加载模架。查看模架的摆放位置与型芯、型腔是否一致，如果不一致，可以单击图6-12 所示的按钮，对模架进行旋转。如果没有问题，可以单击【取消】按钮，退出【模架设计】对话框。

完成后的模架如图6-13 所示。

图6-12　模架调整 　　　　　　　　　图6-13　完成后的模架

【提示】

在装载模架时，只要没有退出【模架设计】对话框，就可以随时修改模架的尺寸数据。如果已退出，但想修改，只有重新单击【模架】按钮，弹出【模架设计】对话框后才可以修改。

注塑模向导中的大多数部件有两个引用集：TRUE 和 FALSE。TRUE 集表示的是实际的部件，FALSE 集表示的则是用于开腔的部件，是"虚"的。在装载模架或标准件时，在显示区域有可能含有 FALSE 集的部件。可以通过框选全部的部件，然后单击【装配】工具条中的【替换引用集】按钮，选择【TRUE】选项。

6.2　滑块和斜顶设计

在模具设计中，经常会遇到产品中存在倒扣的现象。对于这种结构，不能采用正常的脱模方式，在实际生产中，滑块和斜顶是常用的处理倒扣的两种方法。本节主要讲解使用 Moldwizard 模块创建滑块和斜顶的方法。

单击【注塑模向导】工具条中的【滑块和浮升销库】按钮，弹出图6-14 所示的【滑块和浮升销设计】对话框，其前半部分的选项与【标准件管理】对话框中的一致，具体可参考 6.3 节。

滑块和斜顶由两个主要组成部分：头和体。滑块和斜顶的头与产品形状有关，滑块和斜顶的体由 MoldWizard 定制的标准件组成。

6.2.1　滑块/斜顶头设计

MoldWizard 提供了两种创建方法：实体头和修剪体。

1. 实体头

实体头方法常用于滑块的设计，用创建一个实体的方法设计滑块头，主要应用于第 4 章介绍的分割实体功能。

大致步骤如下：

1）在型芯或型腔内创建一个头部实体。

图6-14　【滑块和浮升销设计】
对话框

2）加入合适的滑块/斜顶标准体。

3）用 WAVE 链接头部实体到滑块/斜顶体部件。

4）对头和体进行布尔求和。

除了上述的创建流程，也可以先新建一部件，并将头部文件链接到新建的部件中去，然后与滑块/斜顶体装配固定，这种方法更可取，因为可以独立对头进行加工。

2. 修剪体

修剪体方法使用修剪功能，用型腔/型芯的修剪片体修剪所选实体。

6.2.2 滑块/斜顶的方位

在加入滑块/斜顶前必须先定义好坐标系方位,因为滑块/斜顶的放置位置是根据坐标系的原点和坐标轴定义的。

MoldWizard 规定，WCS 的＋YC 方向必须沿着滑块/斜顶的移动方向。从图6-15 中可以看到，每个滑块/斜顶的示意图中都标明了原点、＋YC 方向和分型线，可以按照说明创建坐标系。

滑块/斜顶的各个参数都可进行编辑，参照参数示意图，找到各个参数所表达的含义，在【尺寸】对话框中找到需要修改的参数，修改成自己设计的参数值即可。

操作实例 6-2　滑块和斜顶设计。

斜顶机构的工作原理主要是通过顶板的推出运动，使被限制在沿一个斜运动方向的顶块推出制件。

打开图6-16 所示的装配文件，利用滑块和浮升销库功能完成斜顶机构的设计，操作步骤如下。

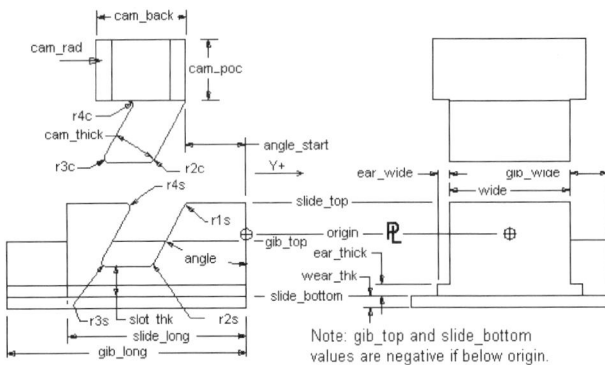

图6-15　滑块设计图

图6-16　Sj 产品模型

		源文件：Results\Chapter 6\ex 6-1\Sj_dch_top_010.prt
		操作结果文件：Results\Chapter 6\ex 6-2\Sj_dch_top_010.prt

1）打开【Results\Chapter\ex 6-1\Sj_dch_top_010.prt】文件。打开【装配导航器】界面，选中组件名称为【Sj_dch_core_006】的组件并右击，在弹出的快捷菜单中选择【设为工作部件】命令，视图区域就会切换到只显示此组件中的模型，如图6-17所示。

图6-17　装配导航器及显示模型

2）放置模具坐标系的原点至产品倒扣的边缘上，选择【格式】|【WCS】|【原点】命令，大致选取产品的倒扣边缘的中点。双击 WCS 坐标系，使其＋YC 方向指向斜顶顶出时的负滑动方向，结果如图6-18所示。

3）单击【注塑模工具】工具条中的【创建方块】按钮，弹出【创建方块】对话框，在【类型】下拉列表中选择【一般方块】选项，捕捉产品倒扣边缘的中点，在【尺寸】选项组中输入对应的长度值，单击【确定】按钮，结果如图6-19所示。

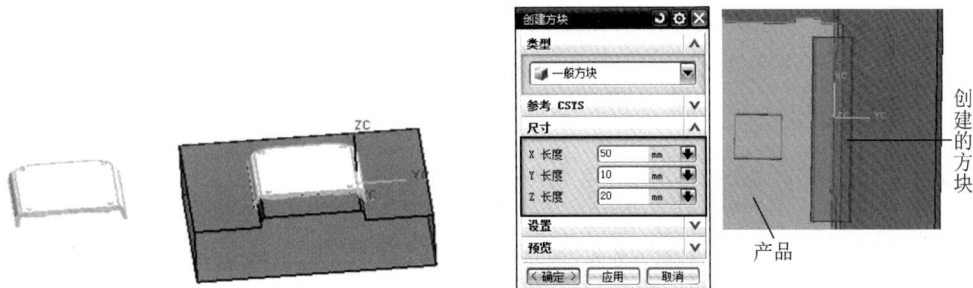

图6-18　设置 WCS 方向

图 6-19　创建方块

4）单击【直接建模】工具条中的【替换面】按钮，把创建的方块的底面和一个侧面替换成一致的，结果如图 6-20 所示。

5）选择【插入】|【组合】|【求交】命令，弹出【求交】对话框，选取新创建的方块为目标体，型芯为工具体，单击【确定】按钮，创建图6-21所示的滑块头。

6）选择【插入】|【组合】|【求差】命令，弹出【求差】对话框，选取型芯为目标体，滑块头为工具体，单击【确定】按钮，在型芯上做出滑块头的空间位置，如图6-22所示。

7）单击【注塑模向导】工具条中的【滑块和浮升销库】按钮🖱，弹出图6-23 所示的【滑块和浮升销设计】对话框。选择【Dowel Lifter】选项，然后在【详细信息】选项组修改斜顶各个参数设置选项，具体参数设置如图6-23 所示。

图6-20 替换面结果

图 6-21 创建滑块头

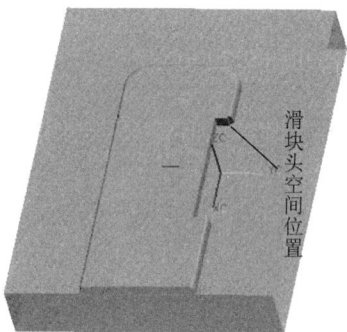

图6-22 求差结果

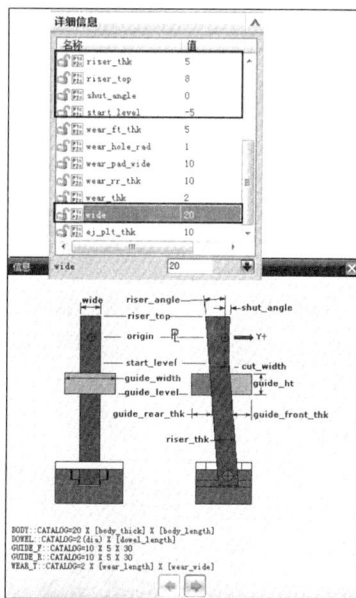

图 6-23 斜顶参数设置

8）设置完各个参数后，单击【应用】按钮，斜顶开始加载，加载完毕后不退出对话框即可查看斜顶是否合适，如果不合适，就直接修改【滑块和浮升销设计】对话框中的参数。如果已经退出对话框，则需修改其尺寸，可以重新单击【滑块和浮升销库】按钮，选取需要修改的斜顶（标准件），即可修改其各个参数值，加载成功的斜顶如图6-24 所示。

【提示】

由于加载后的斜顶和型芯没有位于一个组件下，因此斜顶的成型部分（滑块头）和斜顶未成为一个整体，因此需要使用【WAVE 几何链接器】链接滑块体到斜顶组件。

9）选中加载的斜顶组件并右击，在弹出的快捷菜单中选择【设为工作部件】命令，切换斜顶组件为工作部件。选择【开始】|【装配】命令，单击【插入】|【关联复制】|【WAVE 几何链接器】按钮，弹出【WAVE 几何链接器】对话框，设置【类型】为【体】，选取创建的滑块头作为被链接的对象，单击【确定】按钮，完成滑块头的链接操作，如图 6-25 所示。斜顶等标准件的裁剪可以最后操作。

10）由于两个工件是通过【型腔布局】命令来使用的，因此只要完成一个型腔/型芯侧的斜顶后就可以自动映射。由于此产品在其两侧有对称的倒扣位，因此可以重新做一个或单击【装配工具条】中的【镜像装配】按钮镜像一个，结果如图 6-26 所示。

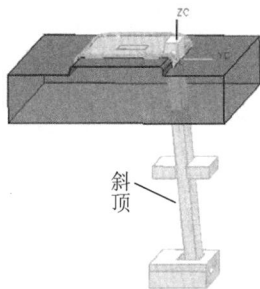

图6-24　加载成功的斜顶结果

图6-25　滑块头的链接操作

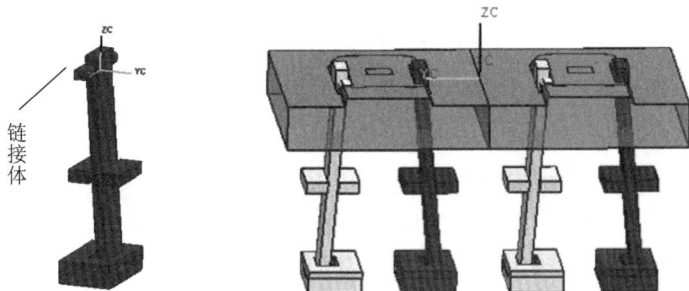

图 6-26　完成的斜顶效果

6.3　标准件管理与顶出机构设计

6.3.1　标准件管理

调完模架，就需要调入标准件了。标准件包括螺钉、导柱导套、弹簧和密封圈等。

单击【注塑模向导】工具条中的【标准部件库】按钮，弹出图 6-27 所示的【标准件管理】对话框。虽然选择的标准件种类不同，但有绝大部分共有的选项。

下面对标准件中共有的选项进行说明。

1）文件夹视图：在该选项组中，包括生产标准件的厂商，有 DME、FUTABA、HASCO、MISUMI 等。在调入标准件时首先选取相应的标准件生产厂商；在标准生产厂商下级目录中对标准件进行分类，便于快速选取所需要的标准件类型。

2）成员视图：在【成员视图】选项组中，针对不同的标准件类型，选择合适的标准件型号。

图6-27　【标准件管理】对话框及【信息】提示框

3）部件：在【部件】选项组中，主要实现对标准件的重定位、翻转和删除等操作，如图 6-28 所示。

4）放置：在【放置】选项组中，主要包含以下内容：

① 父：表示将要加载的标准件在装配树中的位置，即将标准件作为哪个组件的子集。

② 位置：用于设置标准件的定位方式，在注塑模向导中有 8 种定位方式，下面介绍常用的几种。

a．ABSOLUTE：标准件的原点与装配树的绝对原点重合。

b．NULL：将标准件的绝对坐标系定位到与其父组件的绝对坐标系重合。

c．WCS：将标准件的绝对坐标系定位到与显示部件的工作坐标系重合。

d．WCS-XY：将标准件的绝对坐标系定位到与显示部件的 WCS 的 X-Y 平面上。

e．POINT：将标准件的绝对坐标系定位到在显示部件的 X-Y 平面上的任意选择点。

f．PLANE：选择一个模具装配组件上的任意平面，标准件的绝对坐标系的 X-Y 面会自动放置到选择的面上，然后要求在选定的面上选择一个原点。

g．重定位：与标准的 NX 装配的重定位方式相同。

h．MATE：使用普通的 NX 装配约束条件。

5）详细信息：在【详细信息】选项组中，可以修改标准件的具体尺寸，如图 6-29 所示。

6）设置：在【设置】选项组中，使用【几何表达式链接】和【部件表达式链接】命令修改标准件。

图6-28　部件功能

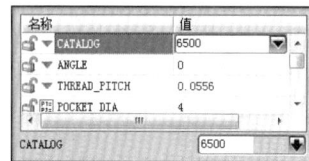

图6-29　详细信息

6.3.2　顶出机构设计

产品完成一个周期后需要开模，而产品一般被附着在模具的一侧，这就需要顶出机构来实现产品的取出操作。顶出机构一般由顶出、复位和顶出导向 3 部分组成。

在注射塑中，为了使顶出能够顺利实现，避免产品的变形、断裂等，顶出机构的设计在模具中有一些通用的原则，在实际应用中圆形顶杆最为常用，且成本低廉。

1）顶出位置应设置在顶出阻力最大处，不可离成型镶件或型芯太近。

2）对于对称的产品（阻力平衡），顶杆应均衡设置，使顶出平衡。

3）对于细而深的加强筋，一般在其底部设置顶杆。

4）避免在有外观要求的产品表面设置顶杆。

5）在产品进胶口处避免设置顶杆，以免破裂。

6）顶杆与顶杆孔配合，一般采用间隙配合，一般配合长度为 10～15mm，其余部分扩孔 0.5～1mm。

7）顶出系统脱模后，在进行下次注塑前，必须先退回原处，主要形式有强制复位、弹簧复位、拉杆复位、油缸复位等。

操作实例 6-3　顶出机构设计。

引用斜顶的实例，由于已经有斜顶的存在，因此在斜顶位置附近可以不用放置顶杆。打开图6-30 所示的图形文件，完成顶杆的创建，操作步骤如下。

1）打开【Results\Chapter 6\ex 6-2\Sj_dch_top_010.prt】文件中图6-31 所示的图形。

2）为了确保加载的顶杆之间及顶杆与模架之间的距离为整数或最小单位为 0.5mm，可以通过对 UG 进行设置再加载顶杆。选择【首选项】|【栅格和工作平面】命令，弹出【栅格和工作平面】对话框，按图6-32 所示设置参数，单击【确定】按钮，完成参数的设置。

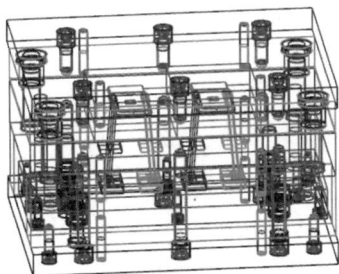

图6-30　模型

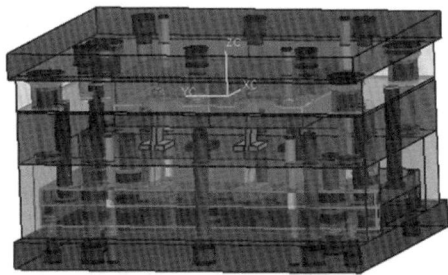

图6-31　打开的模型

	源文件：Results\Chapter 6\ex 6-2\Sj_dch_top_010.prt
	操作结果文件：Results\Chapter 6\ex 6-3\Sj_dch_top_010.prt

3）单击【注塑模向导】工具条中的【标准部件库】按钮，弹出【标准件管理】对话框，在【文件夹视图】选项组中选择生产商为【DME-MM】，并在子选项中选择

【Ejection】选项，再对顶杆直径、固定形式、长度等参数进行设置，具体如图 6-33 所示。

图6-32　【栅格和工作平面】对话框

图6-33　顶出机构参数设置

4）在【详细信息】选项组设置尺寸，如图6-34 所示。

5）选择【视图】|【方位】命令，弹出【视图定向】对话框，单击【确定】按钮，视图以模具坐标系摆正。单击设置完参数的【标准件管理】中的【应用】按钮，弹出【点】对话框，选取捕捉类型为【光标位置】，把视图的显示方式切换为【线框】，然后在大致合适的位置单击，顶杆就被加载到此位置，如图6-35 所示。

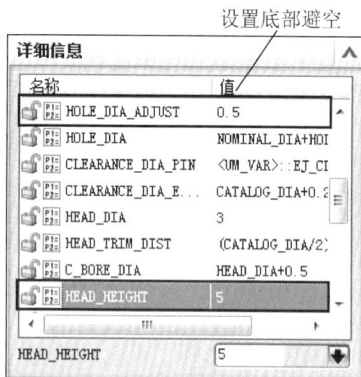

图6-34　尺寸设置

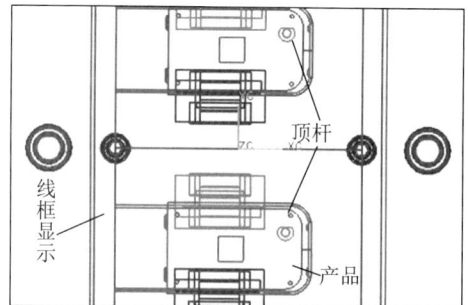

图6-35　顶杆位置

【提示】

因为前面对工作平面设置了最小栅格单元为 0.5mm，并且已经启用了捕捉，所以在使用光标位置进行操作时，UG 系统会自动捕捉离光标位置最近的栅格点。由于栅格点以 WCS（工作坐标系）为基准，而 WCS 已经与模具坐标系重合，因此被加载顶杆之间及顶杆与模架之间的间距都是整数（有可能小数点后面为 0.5mm）。

6）从图 6-35 可以看到，顶杆还可以向侧面再移动一些。重新单击【标准部件库】按钮，选取新创建的顶杆，单击【重定位】按钮，弹出【移动组件】对话框，单击视图窗口中的 WCS 的箭头（顶杆移动方向），然后在【变换】选项组中【距离】文本框中输入 9，单击【确定】按钮，完成顶杆位置修改操作，如图 6-36 所示。

7）其他位置的顶杆与前面创建的大小等一致，方法也一样，创建完成的结果如图6-37 所示。

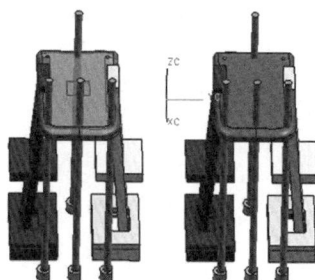

图6-36　移动组件及顶杆位置修改

图6-37　创建完成的结果

操作实例 6-4　复位弹簧。

顶出机构在完成顶出操作后，在进行下次注塑前必须返回原来位置。在实际中，弹簧复位最为常用也较经济。打开图 6-38 所示的装配文件，完成复位弹簧的加载，操作步骤如下。

	源文件：Results\Chapter 6\ex 6-3\Sj_dch_top_010.prt
	操作结果文件：Results\Chapter 6\ex 6-4\Sj_dch_top_010.prt

1）打开【Results\Chapter 6\ex 6-3\Sj_dch_top_010.prt】文件中图6-39 所示的图形。

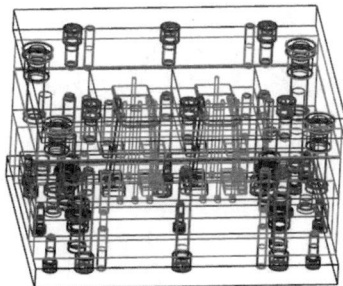

图6-38　Sj 产品模型一

图6-39　Sj 产品模型二

2）单击【注塑模向导】工具条中的【标准部件库】按钮⬛，弹出【标准件管理】对话框，在【文件夹视图】选项组中选择生产厂商为【HASCO_MM】，在【成员视图】选项组中选择【Springs】选项。复位弹簧一般选择矩形截面的弹簧，弹簧的类型、直径等参数设置如图6-40所示。

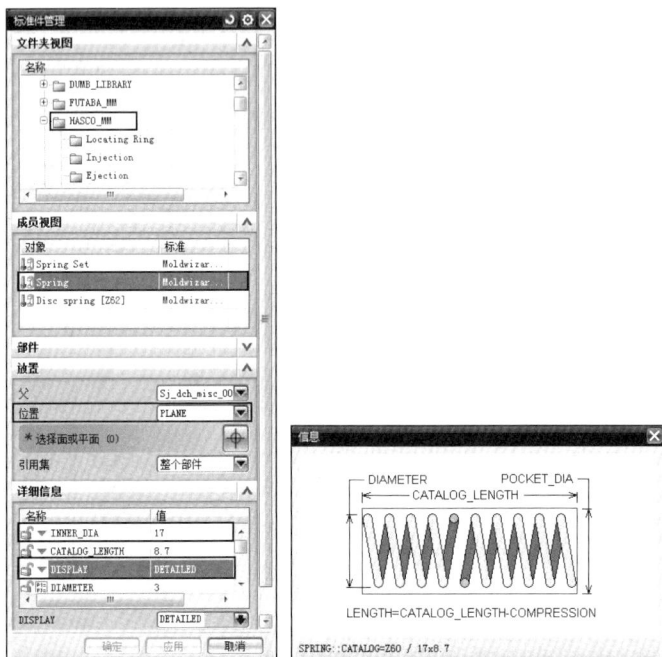

图6-40　复位弹簧参数设置

3）单击【应用】按钮，找到【CATALOG_LENGTH】选项，设置弹簧的长度，输入60，在【COMPRESSION】选项中设置弹簧压缩量，输入10，按 Enter 键，参数设置如图6-41所示。

4）完成以上参数设置后，单击【确定】按钮，弹出【选择一个面】对话框，选取上顶出板的顶面，弹出【点】捕捉器，选取复位杆的圆弧中心，单击【确定】按钮，完成图6-42所示的弹簧的创建。

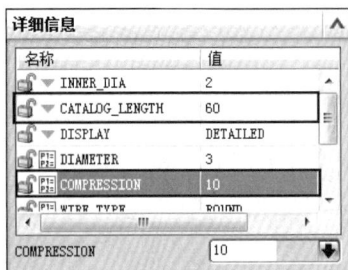

图6-41　设置弹簧长度及压缩量

图6-42　创建的复位弹簧

5）其他3个复位弹簧的创建方法同上，最后的结果如图6-43所示。

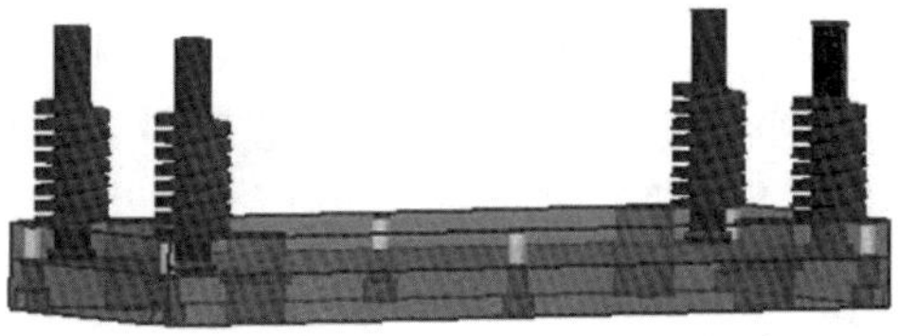

图 6-43 复位弹簧创建完成

6.4 标准件后处理

6.4.1 顶杆后处理

在顶杆加载完成后，由于加载的顶杆的端部一般超过成型面，即顶杆的端部还不是一个成型端面，因此需要使用产品的成型面修剪成型。顶杆不仅是端部成型，而且应给予一个合适的配合长度，其余全部避空，这样才是最终成型的顶杆。

MoldWizard 专门为顶杆的处理提供了一个工具——顶杆后处理。单击【注塑模向导】工具条中的【顶杆后处理】按钮 ，弹出图6-44 所示的【顶杆后处理】对话框。

（a）调整长度 　　　　　　　（b）修剪

图6-44 【顶杆后处理】对话框

【顶杆后处理】对话框提供了两种方法：修剪过程和修剪组件。这两种方法的区别主要在于修剪面不同，前者是内部已经定义完成的（型腔面或型芯面等），后者则需手动创建修剪面。

1. 修剪过程

对于目标体的选择提供了以下 3 个选项。

1）调整长度：不使用修剪面修剪顶杆，而是通过调整长度参数达到修改顶杆长度的目的。调整长度并不能改变顶杆的成型面，对于成型面是平面的，也可以直接调整长度。

2）片体修剪：使用修剪面修剪顶杆，直接达到成型的目的。此方法在模具设计中运用得最多。

3）取消修剪：顾名思义，去除顶杆的修剪，即恢复顶杆到修剪前的状态。

对于工具片体提供了两种方法：修边部件和修边曲面。

1）修边部件：使用【修边部件】选项来定义包含顶针修剪面的文件。可以通过【修剪组件】命令添加修剪部件。

2）修边曲面：使用【修边曲面】选项来定义选择的修剪部件的哪些面来修剪顶杆。也可以通过【选择面】命令选取任意面作为修剪面，但这些面会被链接到顶针所在的部件文件中。

2. 修剪组件

利用【修剪组件】命令定义在【修剪过程】对话框中使用到的【修边部件】和【修边曲面】。

【修边部件】包含【新部件】和【删除】两个命令。

【修边曲面】除了有【新建修剪曲面】和【删除】命令外，还有【编辑修剪表面】命令。

3. 配合长度和偏置值

配合长度控制模具顶杆孔最低点到顶杆偏置孔最高点间的距离，如图6-45所示。偏置值控制成型后的顶杆进入产品的距离值。

操作实例6-5　顶杆后处理。

打开图6-46所示的图形文件，完成顶杆后处理操作，操作步骤如下。

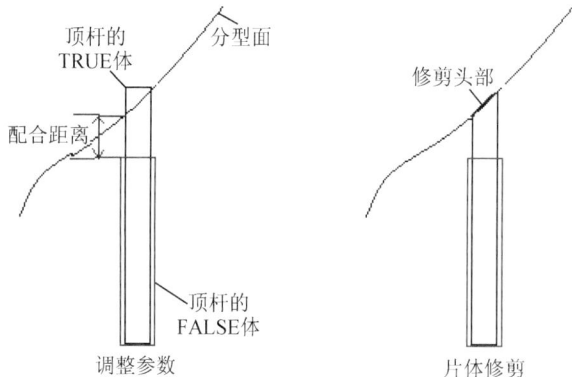

图6-45　顶杆修剪示意图

图6-46　Sj产品模型

	源文件：Results\Chapter 6\ex 6-4\Sj_dch_top_010.prt
	操作结果文件：Results\Chapter 6\ex 6-5\Sj_dch_top_010.prt

1）打开【Results\Chapter 6\ex 6-4\Sj_dch_top_010.prt】文件中图6-47所示的图形。

2）可见图6-46中的顶杆没有成型，其头部应和型芯是相同的形状，因此需要使用型芯表面进行修剪。单击【注塑模向导】工具条中的【顶杆后处理】按钮，弹出【顶杆后处理】对话框，选取需要进行修剪的顶杆，在【配合长度】和【偏置值】数值框中分别输入 15 和 0，这表示顶杆与型芯的配合长度为 15mm，其余全部避空及偏置值为零，这说明顶杆端部未进入产品内部，当然配合长度也可以适当增大。设置完成后的参数如图6-48 所示。

图6-47　顶杆后处理模型

图6-48　设置完成后的参数

【提示】

在对顶杆进行修剪时，可以一次对多个顶杆进行同时修剪，但要注意的是被同时修剪的顶杆最好位于同一高度上（或是对称的），这样修剪后的配合长度才是正确的，否则有些顶杆的配合长度可能大于 15mm 或小于 15mm。

3）参数设置完成及选取了同一高度上的顶杆后，单击【确定】按钮，完成图6-49 所示的修剪操作。

4）其余两个顶杆的修剪操作完全一致，操作后得到图6-50 所示的结果。暂不关闭此部件，斜顶的后处理需要使用此装配文件。

图6-49　修剪顶杆

图 6-50　顶杆效果

6.4.2　修边模具组件

修边模具组件可以自动相关性地修剪镶件、电极和标准件（如滑块、斜顶和镶针）来形成型腔和型芯。此功能修剪 prod 节点下的子组件，界面与【顶杆后处理】对话框类似。

单击【注塑模向导】工具条中的【修边模具组件】按钮 ，弹出图6-51所示的【修边模具组件】对话框。

其选项绝大部分与【顶杆后处理】对话框一致，因此可以参照 6.4.1 节理解【修边模具组件】的方法，本节不再详细阐述。

操作实例 6-6　修边模具组件。

和顶杆一样，斜顶的端部也需要和型腔/型芯一致，但对于斜顶的后处理没有专门用于修剪的命令，而是一个修剪标准件的通用命令——【修边模具组件】。

	源文件：Results\Chapter 6\ex 6-5\Sj_dch_top_010.prt
	操作结果文件：Results\Chapter 6\ex 6-6\Sj_dch_top_010.prt

1）单击【注塑模向导】工具条中的【修边模具组件】按钮 ，选取要被修剪的斜顶作为目标体，【修边部件】和【修边曲面】按图6-52所示设置。

2）单击【确定】按钮，弹出【选择方向】对话框，观察视图中显示的修剪预览结果是否正确，如果正确，单击【确定】按钮，完成图6-53所示的修剪操作。

图6-51　【修边模具组件】
　　　　对话框

图6-52　【修边部件】和【修边曲面】的设置

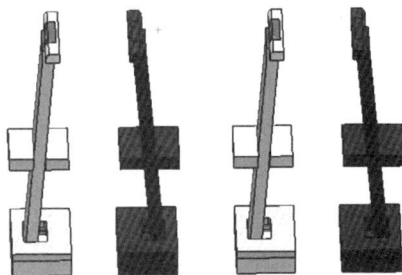

图6-53　模具组件

6.5　视图管理器

视图管理器的功能与装配导航器在视图操作方面的功能类似，但视图管理器的分类方式和装配导航器的分类方式不同，因此又多了一种视图操作的方式。

单击【注塑模向导】工具条中的【视图管理器】按钮 ，弹出图6-54所示的【视图管理器浏览器】对话框。

此浏览器把模具分为几大类来进行管理，如划分成动模部分和定模部分、型芯/型腔区域、冷却系统、电极、镶件等，可以通过这种分类方式快速进行某个类别的视图操作。

选择【视图管理器浏览器】对话框中的一个组件并右击，弹出图6-55所示的快捷菜单。

当然，也可以在【视图管理器浏览器】对话框中进行视图操作，只需确定要进行哪

个操作（如隔离、冻结等），然后在需要进行此操作的组件的对应位置双击即可。例如，要隐藏型腔，可以在图6-56所示的位置双击。

图6-54　视图管理器浏览器

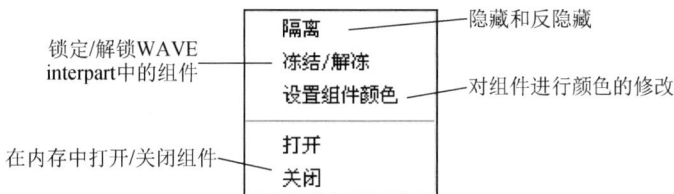

图6-55　某个快捷菜单

图6-56　隐藏型腔操作

6.6　删　除　文　件

从装配导航器中删除某个组件后，虽然在导航器中没有显示，但在模具装配文件夹中此部件仍存在，这样不仅增大了模具装配文件的大小，而且部件又多又杂、不易于管理，因此需要把这些部件从硬盘上删除。

单击【注塑模向导】工具条中的【未使用的部件管理】按钮 🖭，弹出【未使用的部件管理】对话框，从列表中选取要从硬盘删除的部件名，单击【从项目目录中删除】按钮，弹出【确认】提示框，单击【是】按钮，完成从硬盘上删除此部件的操作，如图 6-57 所示。

图6-57　删除部件

微课：模架设计 1-尺寸计算

微课：模架设计 2-模架导出

6.7　综 合 实 例

打开图6-58 所示的文件，完成模架和标准件设计。

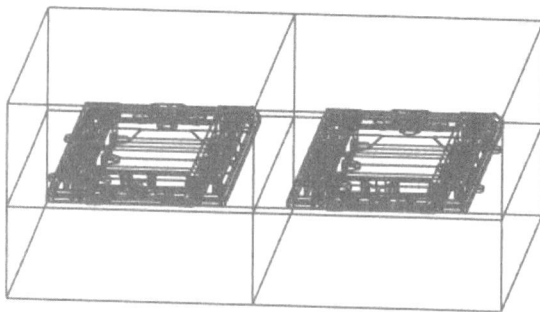

图6-58　mfg 产品模型

	源文件：Results\Chapter 5\C-ex\mfg_top_000.prt
	操作结果文件：Results\Chapter 6\C-ex\mfg_top_000.prt

6.7.1　模架设计

1）单击【注塑模向导】工具条中的【模架库】按钮，弹出【模架设计】对话框。

2）选择【目录】下拉列表中的【LKM_SG】系统，根据成型镶件的布局尺寸，选择 AI 型模架【2530】规格，AP_h 设置为 35，BP_h 设置为 35，shorten_ej 设置为 0，其他参数按系统默认设置，如图 6-59 所示。单击【应用】按钮，结果如图6-60 所示。

3）定模板设计。如图 6-61 所示，选中 AP 板并右击，在弹出的快捷菜单中选择【设为工作部件】命令，设置 AP 板为工作部件。

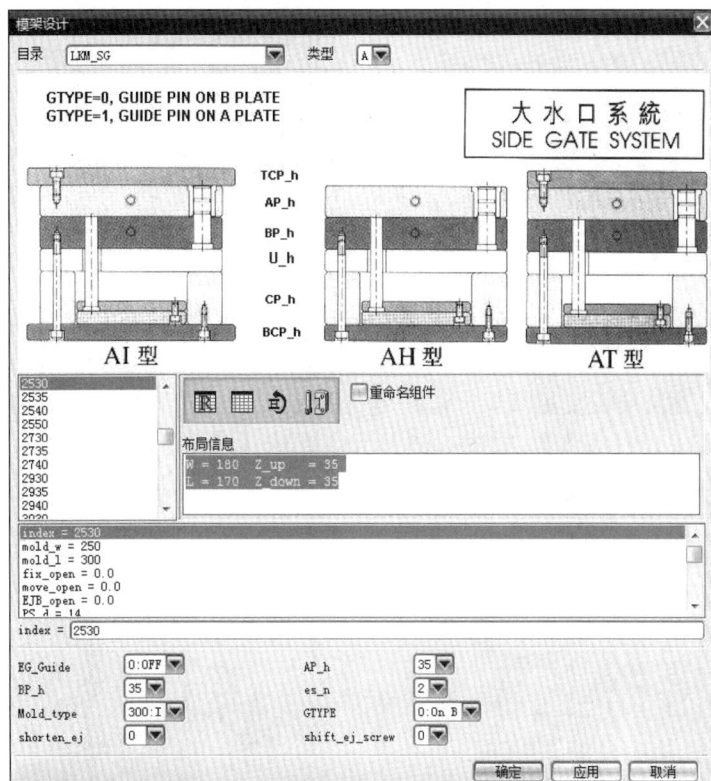

图6-59　【模架设计】对话框参数设置

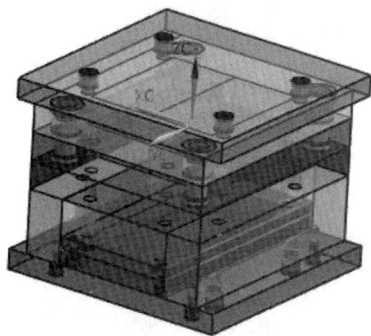

图6-60　模架结果

图6-61　AP 板

4）单击【装配】工具条中的【WAVE 几何链接器】按钮，弹出【WAVE 几何链接器】对话框，在【类型】下拉列表中选择【体】选项，在视图中选择两个型腔，如图 6-62 所示，单击【应用】按钮。

图6-62　WAVE 几何链接器及效果图

5）单击【特征】工具条中的【拉伸】按钮，弹出【拉伸】对话框，在工具条下方的【过滤器】下拉列表中选择【单条曲线】选项，在视图中选择型腔，设置拉伸方向沿－ZC 轴，设置拉伸长度足够长，以超出 AP 板表面，选择【布尔】方式为【求差】，选择 AP 板为【求差目标体】，如图 6-63 所示，单击【应用】按钮。

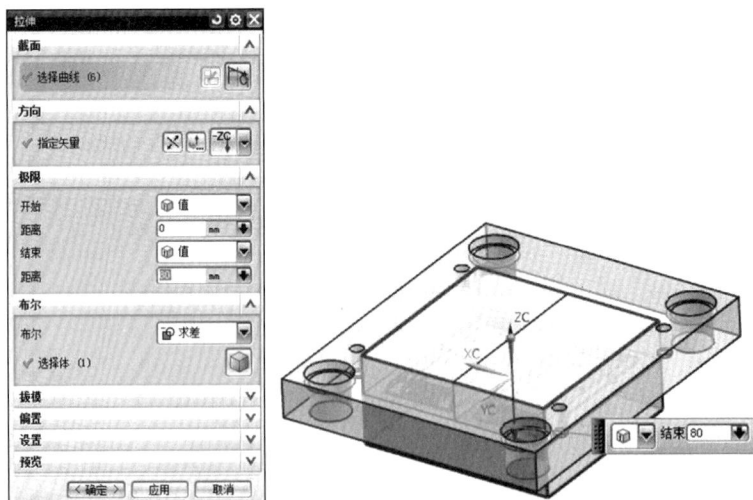

图6-63　拉伸及效果图 1

6）选择【插入】|【组合】|【求和】命令，弹出【求和】对话框，选择 AP 板为【目标】，选择型腔为【刀具】，如图 6-64 所示，单击【确定】按钮，完成 AP 板设计。用同样方法创建动模板。

打开【装配导航器】界面，展开装配树，找到型芯文件【mfg_core_054】和型腔文件【mfg_cavity_050】，选中这两个文件并右击，在弹出的快捷菜单中选择【替换引用集】|【空】命令，如图 6-65 所示。

图6-64　求和及效果图

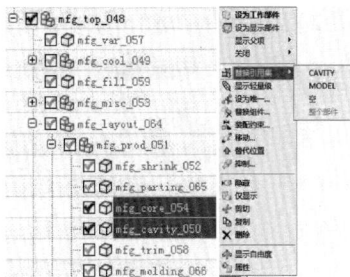

图6-65　型腔文件和型芯文件设置

6.7.2　镶块设计

1. AP 板镶块设计

1）选中 AP 板并右击，在弹出的快捷菜单中选择【设为显示部件】命令，设置 AP 板为显示部件，如图6-66 所示，视图中的 AP 板如图6-67 所示。

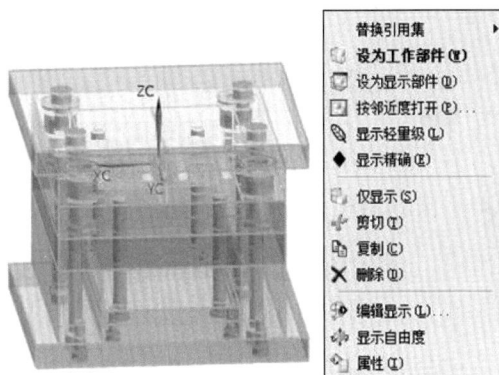

图 6-66　设置 AP 板为显示部件

图 6-67　视图中的 AP 板

2）单击【特征】工具条中的【拉伸】按钮▦，弹出【拉伸】对话框，在工具条下方的【过滤器】下拉列表中选择【单条曲线】选项，在视图中选择镶块曲线，设置拉伸方向沿 ZC 轴，设置拉伸长度足够长，以超出 AP 板表面，如图6-68 所示，单击【应用】按钮。

3）选择【插入】|【组合】|【求交】命令，弹出【求交】对话框，选择 AP 板为【目标】，选择拉伸的柱体为【刀具】，单击【应用】按钮，如图 6-69 所示。

4）重复上述操作，拆分模型中其余 10 处相同的柱体，拆分完成后的模型以不同颜色显示。圆柱体镶块如图6-70 所示。

2. BP 板镶块设计

1）设置 BP 板为【显示部件】，单击【注塑模工具】工具条中的【边缘修补】按钮▣，弹出【边缘修补】对话框，取消勾选【按面的颜色遍

微课：开框设计

历】复选框，如图6-71所示。

2）在视图中选择图6-72所示的边界线，单击【确定】按钮，创建片体。

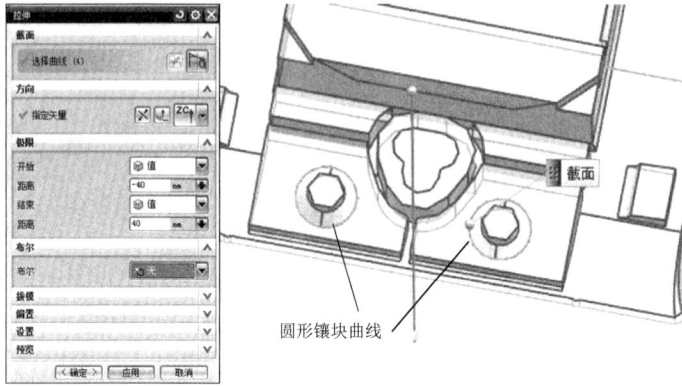

圆形镶块曲线

图 6-68　拉伸及效果图 2

图 6-69　求交及效果图 1

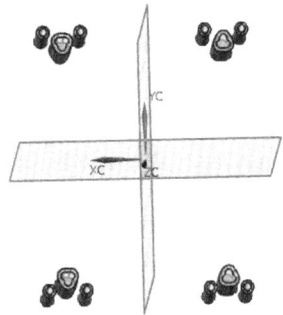

图6-70　圆柱体镶块

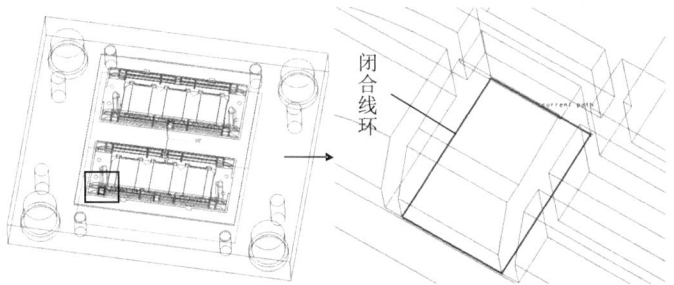

闭合线环

图6-71　取消勾选【按面的
颜色遍历】复选框

图6-72　选择边界线创建片体

3）单击【特征】工具条中的【拉伸】按钮▥，弹出【拉伸】对话框，在工具条下方的【过滤器】下拉列表中选择【单条曲线】选项，在视图中选择新创建的片体，设置拉伸方向沿 ZC 轴，设置拉伸长度足够长，以超出 BP 板表面，如图 6-73 所示，单击【应用】按钮。

4）选择【插入】│【组合】│【求交】命令，弹出【求交】对话框，选择 BP 板为【目标】，并选择拉伸的柱体为【刀具】，单击【应用】按钮，如图 6-74 所示。

图6-73　BP 板拉伸设置 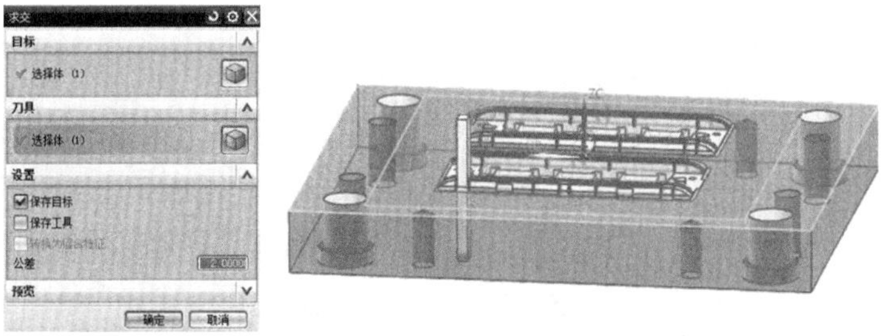　　　　　图6-74　求交及效果图 2

5）重复上述操作，分割出其他的相同镶块，分割结果如图6-75 所示。至此，小镶块设置完毕。

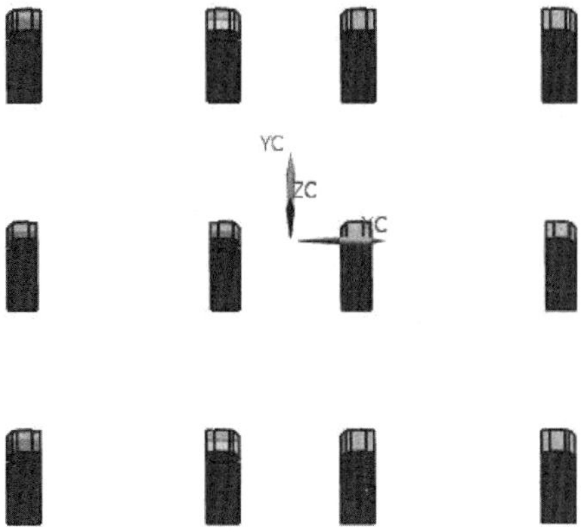

图6-75　小镶块

6.7.3　顶杆设计

1. 创建顶杆

1）单击【注塑模向导】工具条中的【标准部件库】按钮▥，弹出【标准件管理】对话框。

2）在【文件夹视图】选项组中选择品牌为【FUTABA_MM】下的【Ejector Pin】，在【成员视图】选项组中选择【Ejector Pin Straight】选项。相应的顶杆种类和名称会显示在【目录】下拉列表中。此处选择【直顶杆】结构，在对话框底部的【详细信息】选项组内，选择类别为【EJ】，直径选为【2.0】，长度选为【150】，如图 6-76 所示，单击【确定】按钮。

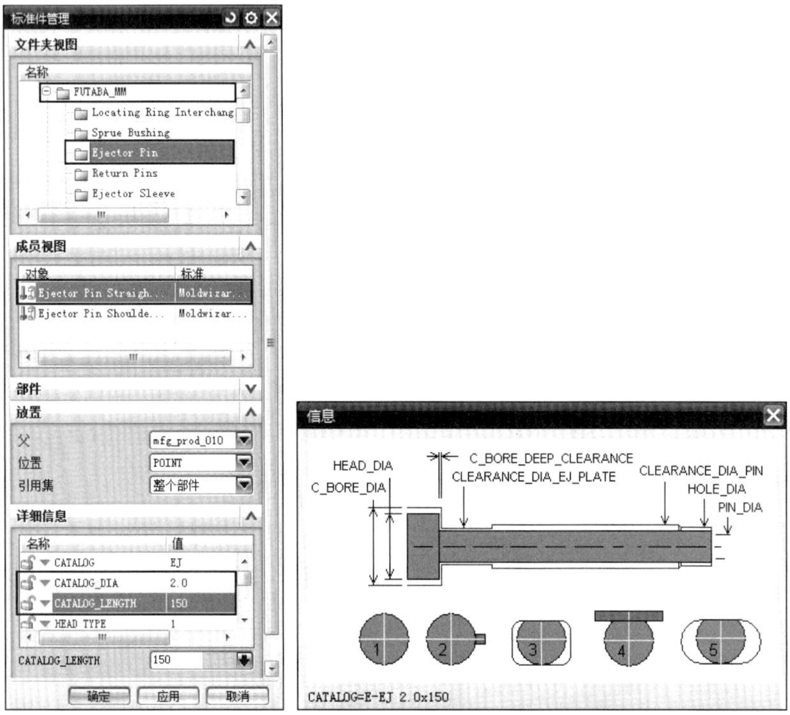

图6-76　【标准件管理】对话框参数设置

【提示】

此处，当设置顶杆的长度时，也可以选择更长的长度，不一定必须设为【150】，只要足够长即可，最终系统会根据型芯面自动裁剪。

3）如图6-77 所示的【点】对话框，选择绝对坐标，输入坐标（X＝－28，Y＝70，Z＝0），单击【确定】按钮，系统在该坐标下自动创建顶杆。

接下来依次输入坐标（X＝－28，Y＝60，Z＝0）、（X＝－18.7，Y＝50，Z＝0）、（X＝－18.7，Y＝25，Z＝0）、（X＝－18.7，Y＝10，Z＝0）、（X＝－18.7，Y＝－10，Z＝0）、（X＝－18.7，Y＝－25，Z＝0）、（X＝－18.7，Y＝－50，Z＝0）、（X＝－28，Y＝－60，Z＝0）、（X＝－28，Y＝－70，Z＝0），系统自动创建其余9根顶杆。创建完成后的杆效果图如图6-78 所示。创建完毕后，单击【取消】按钮，退出【点】对话框。

【提示】

顶杆底部固定的位置是系统自动判断的，在顶杆推板的位置固定。其长度需要进一步的修剪操作。

图6-77　【点】对话框

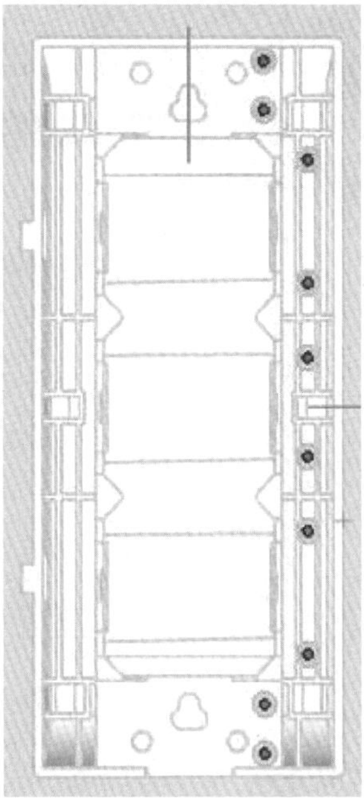

图6-78　创建完成后的杆效果图

【提示】

在顶杆镜像之前，需要查看这些顶杆位于哪个装配文件中，打开【装配导航器】界面，可以看到顶杆放置在文件名为【mfg_prod_054】的文件目录下。如果此时运用【镜像装配】工具，镜像后产生的部件会被放置在当前激活的顶层节点部件下，因此，需要首先激活顶杆的顶层节点文件【mfg_prod_054】，选中该文件节点并右击，在弹出的快捷菜单中选择【设为工作部件】命令。

微课：常规标准件设计 1-定位圈
浇口套设计

微课：常规标准件设计 2-弹簧
设计

微课：常规标准件设计 3-垃圾钉
设计

微课：推出机构设计
1-顶针毛坯创建

微课：推出机构设计 2-
顶针设计

微课：推出机构设计 3-
推管设计

微课：推出机构设计
4-拉料杆设计

4）单击【装配】工具条中的【镜像装配】按钮，弹出图6-79所示的【镜像装配向导】对话框，单击【下一步】按钮。

图6-79　【镜像装配导向】对话框

5）在图6-80所示界面选择创建的所有顶杆，相应部件的名称会显示在列表中，确认正确后，单击【下一步】按钮。

图6-80　选择创建的所有顶杆

6）在图6-81所示界面单击【创建基本平面】按钮☐。

7）弹出图6-82所示的【基准平面】对话框，选择镜像平面方式为【点和方向】，在视图中选择【指定点】为辅助线的中点，选择【指定矢量】为【－XC】，模型效果如图6-83所示。

8）单击【下一步】按钮，弹出图6-84所示界面，确认镜像信息正确后，单击【下一步】按钮。

【提示】

在图6-84所示界面中，选中镜像组件，列表下方的按钮将被激活，可以对镜像组件进行编辑。

图6-81 创建基本平面

图6-82 基准平面

图6-83 模型效果

图6-84 确认镜像信息

9）在图6-85所示界面单击【完成】按钮。镜像完成后的效果如图6-86所示。

【提示】

一定要单击图6-85所示界面的【完成】按钮，否则，镜像操作将不能被成功执行。同样在图6-85所示界面中，也可以选中部件列表中的部件进行编辑。

图6-85 镜像操作完成

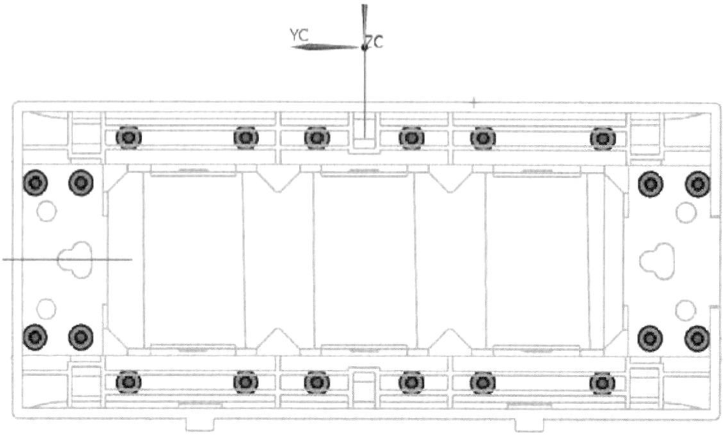

图6-86　镜像完成后的效果

2．修剪顶杆

由于插入的顶杆比较长，需要对其进行修剪操作。

1）单击【注塑模向导】工具条中的【顶杆后处理】按钮 ，弹出【顶杆后处理】对话框。

2）依次选择产品中的所有顶杆为【目标体】，单击【工具片体】按钮 ，在【修边曲面】下拉列表中选择【CORE_TRIM_SHEET】选项，即型芯面片体，如图6-87所示，单击【确定】按钮。

顶杆修剪结果如图6-88所示。至此，顶杆设计完毕。

图6-87　修边曲面的选取

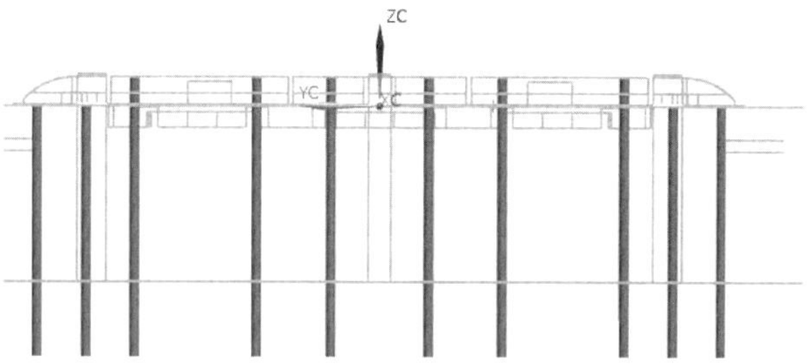

图6-88　顶杆修剪结果

本章小结

型芯和型腔创建完成后，估计模架初步尺寸并选取合适的模架。模架添加完成后，添加标准件，完善模架功能。MoldWizard 的【模架库】和【标准部件库】提供了多种选择。本章重点介绍了模架的添加方法、AP 板和 BP 板的设计、脱模机构、顶出机构的设置方法。通过本章学习，掌握基本模具结构设计方法。

思考与练习

1．模架与模具坐标系之间的关系是怎样的？模架管理器中的各个参数有什么含义？

2．标准件管理器中对标准件的定位方式有哪几种？

3．在设计使用顶杆顶出时，应注意哪些问题？

4．利用本章中的装配文件，按照创建的步骤，完成图6-89所示的模架和标准件的加载，熟悉模架及标准件命令的使用方法。

	源文件：Example\Chapter 6\ex 6-1\Sj_dch_top_010.prt
	操作结果文件：Results\Chapter 6\ex 6-6\Sj_dch_top_010.prt

5．打开图 6-90 所示的图形文件，使用此装配文件完成模架加载、顶出机构和复位弹簧加载操作。

图6-89　Sj 模型

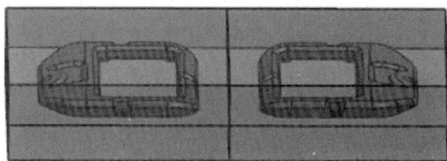

图6-90　cover 模型

	源文件：Exercise\Chapter 6\cover_top_010.prt

6．打开图6-91所示的图形文件，利用模架和标准件管理器加载模架和标准件。

图6-91　chanpin 模型

	源文件：Results\Chapter 5\pr 5.4.2(3)\chanpin_top_000.prt
	操作结果文件：Results\Chapter 6\pr 6.9.2(3)\chanpin_top_000.prt

第 7 章

MoldWizard 其他功能

内容提要 ☞

　　了解浇注系统各个标准件的定位方式,通过与实例的结合,掌握浇注系统各个标准件的参数设置、创建方法和步骤,并通过习题的练习进行更深层次的巩固和加深。在掌握关于冷却水路的设计原则和设计方法的基础上,理解 MoldWizard 模块中设计水路的两种方式,并通过实例及习题的练习,熟悉和掌握冷却水路的创建过程及其命令的用法。

学习重点 ☞

1. 定位圈、主流道的创建。
2. 不同浇口的创建。
3. 分流道的创建。
4. 冷却水路设计原则及方法。
5. 流道设计。
6. 标准件。

思政目标 ☞

1. 树立正确的学习观、价值观,自觉践行行业道德规范。
2. 牢固树立质量第一、信誉第一的强烈意识。
3. 遵规守纪,安全生产,爱护设备,钻研技术。

7.1　浇 注 系 统

塑料模具必须有一个通道引导熔融的塑料进入模具的型腔,此通道被称为浇注系统。浇注系统一般由 3 部分组成:浇口、主流道和分流道。

1)浇口:连接型腔和分流道的一个关键入口,其形状多样,与塑料产品形状、尺寸和分型面等有密切关系。

2)主流道:熔料注入模具最先经过的一段流道,在实际生产中,直接采用一个标准的浇口套来使这一部分成型。

3)分流道:熔融塑料从主流道到浇口之间的一段流道,位于分型面的一侧或两侧。

7.1.1　定位圈及主流道

定位圈(locating ring)主要用于进行注塑时,喷嘴能很好地与浇口套上的主入口对准,提高定位准确性。

主流道是连接喷嘴至分流道入口的一段通道,是熔料最先流经的流道。对于主流道的设计可以参考以下设计原则:

1)浇口套内孔呈圆锥形$\alpha = 2° \sim 6°$,表面粗糙度 $Ra = 0.8 \sim 1.6 \mu m$,锥度适当。锥度过大,压力减小,产生涡流,易混入空气而产生气穴;锥度过小,流速增大,造成注塑困难。

2)浇口套小端直径应比注塑机喷嘴直径大 $1 \sim 2mm$,以免积存残料,造成压力下降。

3)一般在浇口套大端设置倒圆角 $R = 1 \sim 3mm$,以利于料流。

4)主流道与喷嘴接触处设计成半球形凹坑,其深度常取 $3 \sim 5mm$,浇口套球形半径应比喷嘴球形半径大 $1 \sim 2mm$,一般 $SR = 19 \sim 22mm$,以防漏胶。

5)主流道应尽量短,减少冷料回收,减少压力损失和热量损失。

操作实例 7-1　定位圈及浇口套。

打开图7-1 所示的图形文件,完成定位圈和主流道的创建,操作步骤如下。

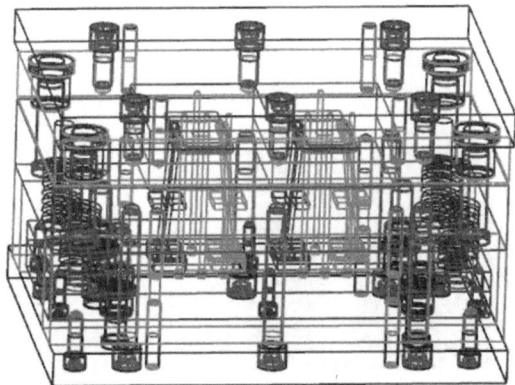

图7-1　Sj 模型 1　　　　　　　微课:浇注系统设计

| | 源文件：Example\Chapter 7\ex 7-1\Sj_dch_top_010.prt |
| | 操作结果文件：Results\Chapter 7\ex 7-1\Sj_dch_top_010.prt |

1. 定位圈

单击【注塑模向导】工具条中的【标准部件库】按钮，弹出【标准件管理】对话框，选择定位圈类型，各项说明如图7-2所示。

图7-2 【标准件管理】对话框

1）打开【Example\Chapter 7\ex 7-1\Sj_dch_top_010】文件中图7-3所示的图形。

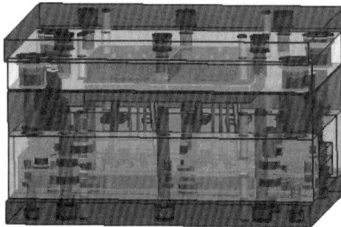

图7-3 Sj 模具 2

2）在【标准件管理】对话框的各个选项中设置参数，如图7-4 所示。

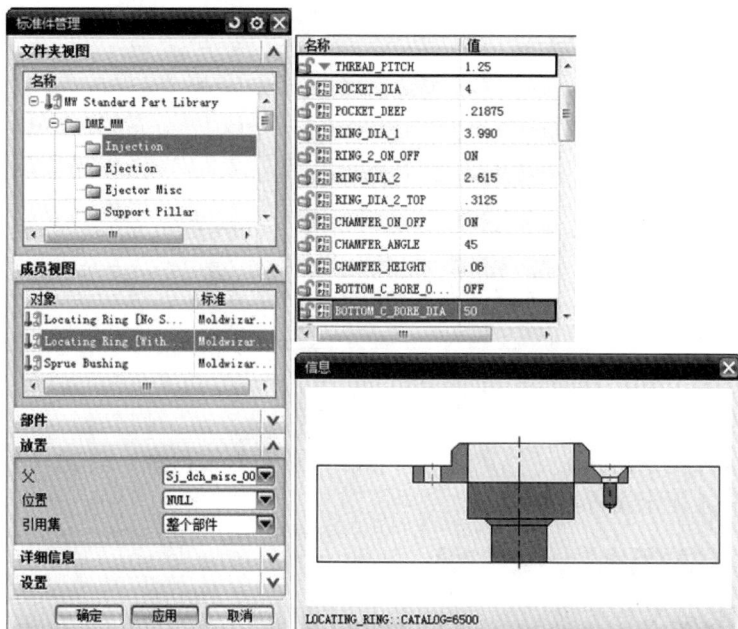

图 7-4 【标准件管理】对话框参数设置

3）参数设置完成后，单击【确定】按钮，注塑模向导自动加载定位圈至模架，结果如图 7-5 所示。文件不用关闭，接下来继续使用此文件来完成主流道的设计。

图7-5 定位圈加载

2. 主流道

根据前文讲述的主流道的设计原则，可以使用【标准部件库】中的【Sprue】将浇口套加载到模具中。创建主流道的操作步骤如下。

1）选择【分析】|【测量距离】命令，弹出【测量距离】对话框，在【类型】选项组中选择【距离】选项，测量模架顶部至分型面之间的距离，结果如图 7-6 所示。

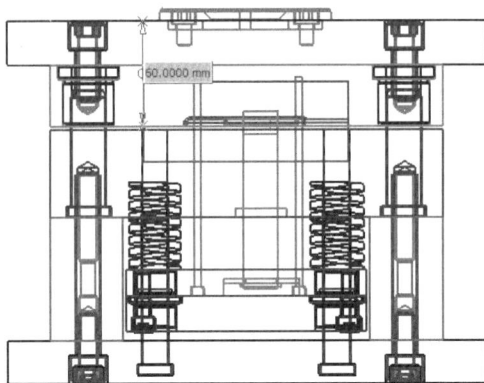

图7-6　测量距离结果

2）单击【注塑模向导】工具条中的【标准部件库】按钮 ，弹出【标准件管理】对话框，按图7-7所示设置参数。

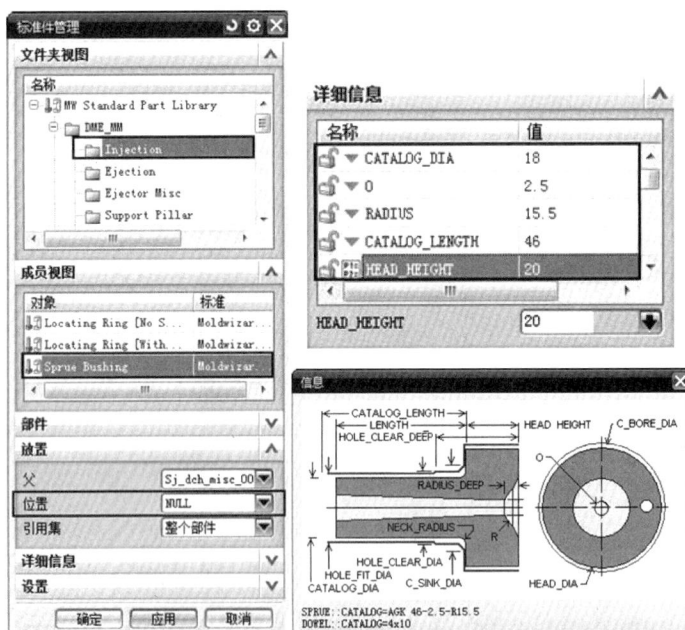

图7-7　【标准件管理】对话框参数设置

【提示】

在【详细信息】选项组中设置主要尺寸时，如果在列表中没有找到合适的标准尺寸，那么先选择一个最接近的标准尺寸，然后重新设置标准件【值】。这样可避免由于尺寸设置不当引起的模型加载失败。

3）在【详细信息】选项组中进行详细尺寸的设置，找到要设置的参数名，修改其参数值，如图7-8所示。

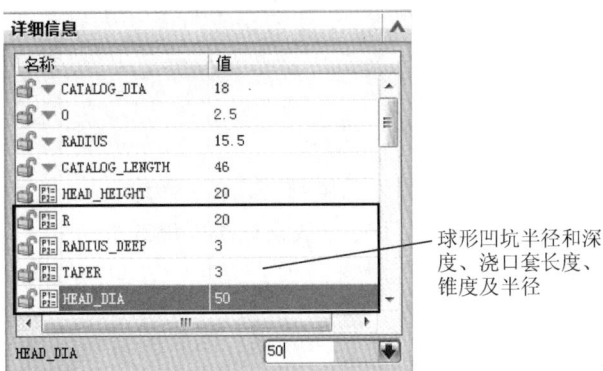

图7-8 详细尺寸的设置

4）设置并检查完上述参数后，单击【确定】按钮，注塑模向导自动加载浇口套到模具中，结果如图7-9所示。

图7-9 浇口套设计结果

7.1.2 浇口

浇口是熔料进入型腔的最后一道关卡，其作用是使塑料以较快速度进入并充满型腔，能很快冷却、封闭，防止型腔内还未冷却的熔料倒流。浇口的种类有很多，有直接浇口、潜伏式浇口、矩形浇口、扇形浇口、环形浇口等，根据产品的形状、成型要求等选择合适的浇口类型。

浇口的选择和设置可以参考以下原则：

1）进浇口应开设在产品壁厚的部分，便于顺利填充。

2）浇口位置应选择在使充模流程最短的位置，以减少压力损失。

3）大型或扁平产品，建议采用多点进胶，可防止产品翘曲变形和短射。

4）浇口尽量开设在不影响产品外观和功能处，可在边缘或底部处。

5）在细长型芯位置处，应尽量避免开设浇口，以免料流直接冲击型芯，产生变形错位和弯曲。

单击【注塑模向导】工具条中的【浇口库】按钮 ，弹出图7-10所示的【浇口设计】对话框。

1. 平衡

平衡式浇口用于多型腔模具，浇口位置创建于每个阵列型腔的相同位置。当平衡式浇口中的一个浇口被修改、重定位和删除，所有相应的浇口都随之改变。

2．位置

浇口可以安置在型芯侧、型腔侧或两侧都有，取决于选用的浇口类型。例如，潜伏式浇口几乎完全放置在型腔侧或型芯侧。圆形浇口可以放置在两侧。

3．方法

当选择了一个浇口后，【浇口设计】对话框便自动设置为【修改】方式，所选的浇口参数会在编辑窗口中显示；如果方法设置为【添加】，则可按所选类型加入一个新浇口，并可以在参数对话框中定义参数。

4．类型和位图

【类型】选项提供了几种常用的浇口类型，如矩形、扇形和点浇口等，可以直接选取所要的浇口类型，与此同时，在其下面的位图也会进行相应的改变，列出所选浇口的参数位置。每个浇口在位图中都用符号 ⊕ 表示浇口的参考原点。

图7-10　【浇口设计】对话框 1

5．浇口点表示

浇口点表示功能确定浇口的参考点，能引导设置浇口，当选择浇口点表示功能后，弹出图7-11所示的【浇口点】对话框。

1）点子功能：用点构造器创建参考点。

2）面/曲线相交：用选取的面和曲线求交点作为参考点。

3）平面/曲线相交：用平面和曲线的交点作为参考点。

4）点在曲线上：在曲线上创建一个点作为参考点。只要选取一条曲线，系统默认以曲线的一端作为参考，创建的点以此参考点进行位置调整，如图7-12所示。

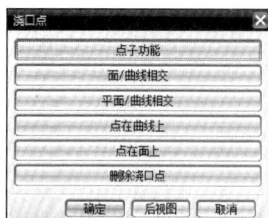

图7-11　【浇口点】对话框　　　　　图7-12　【在曲线上移动点】对话框

5）点在面上：在选取的面上创建一个参考点作为浇口的参考点，可以使用图 7-13 所示的两种方式调节参考点的位置。

（a）沿 X、Y、Z 方向调整　　　　（b）沿矢量方向调整

图7-13　点在面上

6）删除浇口点：删除所选的浇口点。

6．重定位浇口

对于已经创建完成的浇口，如果对其位置不是很满意，可以选取需要修改的浇口，单击【重定位浇口】按钮，弹出图7-14 所示的【REPOSITION】对话框，在此对话框中具有【变换】和【旋转】功能，类似于【型腔布局】对话框中的功能。

7．删除浇口

可删除非平衡式浇口或平衡式浇口，如果没有其他同名浇口，则将关闭相应的文件名。

8．编辑注册文件和编辑数据库

编辑注册文件和编辑数据库功能与模架、标准件中的功能相同。

图7-14　【REPOSITION】对话框

操作实例 7-2　浇口。

下面这个操作所采用的浇口为矩形浇口，从产品端面进料，且完全开设在型芯侧。矩形浇口的深度 $t=0.5$mm，长度 $L=2.5$mm，宽度 $B=2$mm，搭接重合部分为 1mm。打开图7-15 所示的图形文件，完成浇口的创建，操作步骤如下。

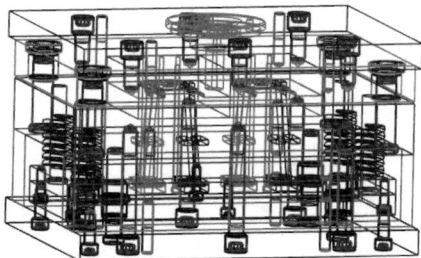

图7-15　Sj 模型 3

	源文件：Example\Chapter 7\ex 7-2\Sj_dch_top_010.prt
	操作结果文件：Results\Chapter 7\ex 7-2\Sj_dch_top_010.prt

1）打开【Example\Chapter 7\ex 7-2\Sj_dch_top_010.prt】文件，如图7-16 所示。

2）单击【注塑模向导】工具条中的【浇口库】按钮 ，弹出【浇口设计】对话框，在其中设置矩形浇口各尺寸及其他参数，如图7-17所示。

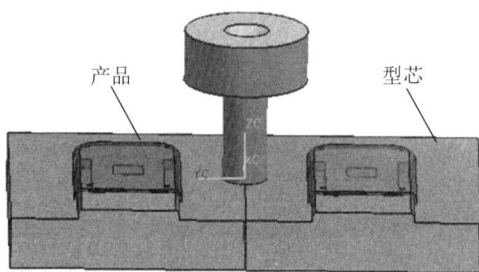

图7-16　动模部分

图7-17　【浇口设计】对话框2

3）参数设置完成后，单击【应用】按钮，弹出【点】对话框，然后在【输出坐标】选项组中的【Y】数值框中输入 26.6，单击【确定】按钮，弹出【矢量】对话框，选择【YC轴】作为矩形浇口长边的参考方向，如图7-18所示，单击【确定】按钮，创建一个矩形浇口。

4）按照上面相同的方法，浇口尺寸不变，【Y】数值框中的数值由26.6改为－26.6，参考方向由YC轴改为－YC轴，创建完成的浇口如图7-19所示。

图7-18　【点】对话框与【矢量】对话框

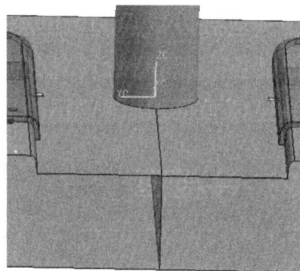

图 7-19　创建完成的浇口

7.1.3　分流道

分流道是连接主流道和浇口的桥梁，起分流和转向作用。分流道必须在压力损失最小的情况下，将熔料以较快速度送到浇口处充模。对于设计分流道，有一个总的设计原则：必须保证分流道的表面积与其体积之比值尽量小。

根据塑胶和模具结构的差异，分流道形式也多种多样，常用的截面形状有圆形、半圆形、矩形、梯形、U 形、正六边形等。

设计分流道时可以采纳如下设计原则：

1）在条件允许的情况下，分流道截面面积尽量小，长度尽量短。

2）分流道的表面不要过于光滑（$Ra \approx 1.6\mu m$），以利于保温。

3）分流道较长时，应在流道的末端设置冷料穴，以防止冷料和空气进入型腔。

4）在多型腔模具中，各分流道应尽量保持一致，主流道截面面积应大于各分流道截面面积之和。

5）分流道一般采用平衡方式，如果未采用平衡方式，则要求各型腔同时进浇，排列紧凑，流程短。

6）流道设计时应先取较小尺寸，以便于试模后有修正余量。

单击【注塑模向导】工具条中的【流道】按钮，弹出图7-20 所示的【流道】对话框。从图7-20 所示的对话框中不难发现，创建流道命令主要有 4 点：引导线、选择流道、设置截面、工具。

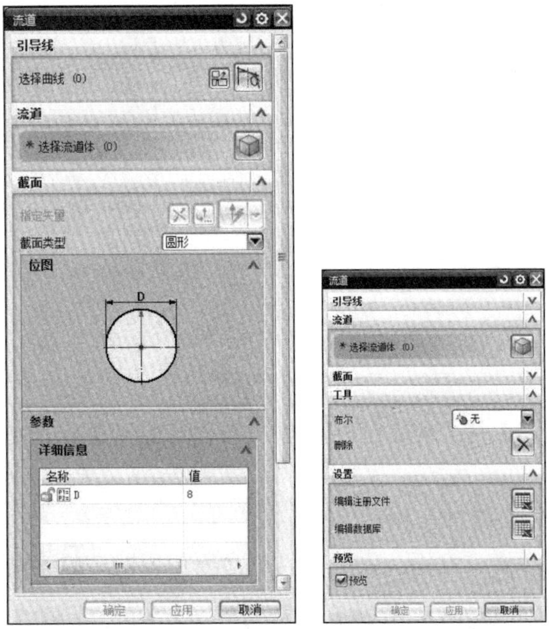

图7-20　【流道】对话框 1

1. 引导线

系统提供了两种方法创建引导线：草图模式、曲线。

（1）草图模式

草图模式用于定义调整分流道引导图样。单击【绘制截面】按钮🖼，进入创建草图模式，通过草图模式绘制流道曲线，如图7-21所示。

（2）曲线

单击【选择曲线】按钮🖼，选取已经存在的曲线作为引导线串；按住 Shift 键，单击移除已经被选中的曲线。

2. 流道

选择流道体：单击选取已经存在流道；按住 Shift 键，单击移除已经被选中的流道。

3. 截面

【截面】选项组用于创建流道通道。当创建引导线后，MoldWizard 会自动根据【横截面】的形状设置尺寸，自动生成流道通道，界面如图7-22所示。

图7-21 【创建草图】对话框   图7-22 【截面】选项组

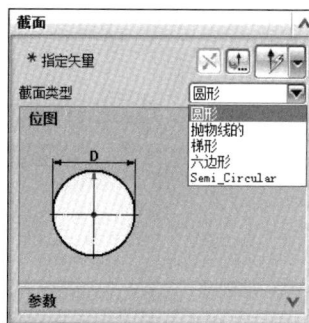

4. 工具

系统提供了【布尔】、【删除】等工具，可以对所创建的流道进行求和、求差、删除等操作。

操作实例 7-3 分流道。

此实例所采用的分流道截面为圆形，且产品所使用的塑料为 ABS，因此首先考虑使用 $D=5$mm 的圆形截面来创建分流道。

打开图7-23所示的图形文件，完成分流道的创建，操作步骤如下。

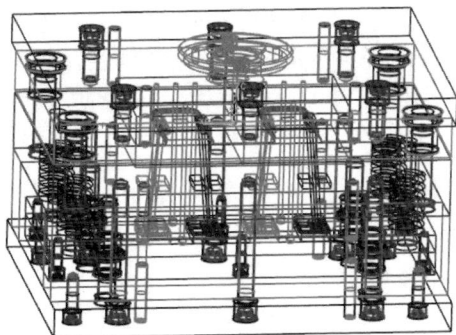

图7-23 Sj 模型 4

	源文件：Example\Chapter 7\ex 7-3\Sj_dch_top_010.prt
	操作结果文件：Results\Chapter 7\ex 7-3\Sj_dch_top_010.prt

1）打开【Example\Chapter 7\ex 7-3\Sj_dch_top_010.prt】文件，如图7-24 所示。

2）选择【分析】|【测量距离】|【距离】命令，测量两个浇口之间的距离，如图7-25所示。

图7-24 分流道的创建模型

图7-25 测量浇口距离

3）打开【装配导航器】界面，找到【Sj_dch_fill_014】组件，双击使其成为【工作部件】。右击组件，在弹出的快捷菜单中选择【设为工作部件】命令会得到一样的效果，如图7-26 所示。

4）选择【插入】|【曲线】|【直线】命令，弹出【直线】对话框，绘制平行于YC 轴、关于原点对称分布、总长为44mm 的一条直线，结果如图7-27 所示。

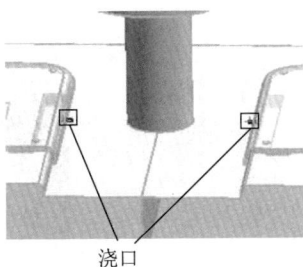

浇口

图7-26 浇口效果图

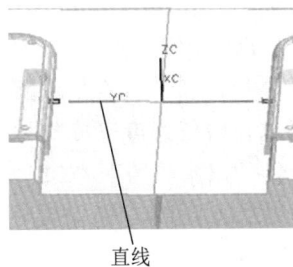

直线

图7-27 绘制 44mm 的直线

5）单击【注塑模向导】工具条中的【流道】按钮，弹出【流道】对话框，如图 7-28 所示。在【引导线】选项组中单击【选择曲线】按钮，选取新绘制的直线；在【截面】选项组中选择流道【截面类型】为【圆形】，输入直径值 5。

6）参数设置完成后，单击【确定】按钮，创建图7-29 所示的分流道。

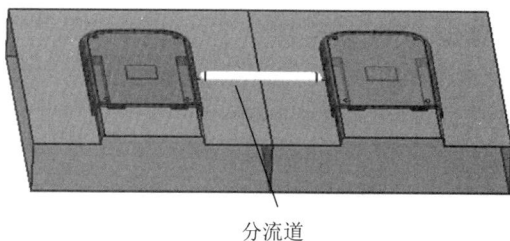

图7-28　【流道】对话框 2

分流道

图7-29　创建分流道

7.2　冷 却 系 统

模具温度（模温）是指模具型腔和型芯的表面温度。不论是热塑性塑料还是热固性塑料的模塑成型，模具温度对塑料制件的质量和生产率都有很大的影响。冷却系统的设计主要是为了在完成注塑后，加快产品的冷却，提高生产的效率，缩短成型周期。

冷却系统的设计可以参考以下原则：

1）冷却水路数量尽量多，冷却水路孔径尽量大。为了使型腔表面温度分布趋于均匀，防止塑料制件不均匀收缩和产生残余应力，在模具结构允许的情况下，应尽量多设置冷却水路，并使用较大的截面面积。

2）冷却水路至型腔表面距离应尽量相等。一般情况下，冷却水路直径、冷却水路到型腔表面的最短距离和冷却水路之间的间距采用 1∶3∶5 的原则。水道孔边至型腔表面的距离应大于 10mm。

3）浇口处加强冷却。一般在浇口附近温度最高，距浇口越远温度越低，因此浇口附近应加强冷却，通常将冷却水路的入口处设置在浇口附近，使浇口附近的模具在较低温度下冷却，而远离浇口部分的模具在经过一定程度热交换的温水作用下冷却。

4）冷却水路出入口温差应尽量小。一般出入口温差控制在 5°～6°，冷却效果最佳。

5）冷却应沿塑料收缩的方向设置。对于收缩率较大的塑料，冷

微课：水路设计

却水路应尽量沿塑料收缩的方向设置。

6）冷却水路的布置应避开塑料制件易产生熔接痕的部位。塑料制件易产生熔接痕的地方，本身温度就比较低，如果在该处再设置冷却水路，就会更加促使熔接痕的产生。

7）冷却水路不应通过镶件与模板的接缝处，以防漏水。

8）水管接头的部位，应设置在不影响操作的位置。堵头藏深至少 8mm，水嘴根据客户要求制造在凹入或凸出模外。

单击【注塑模向导】工具条中的【模具冷却工具】按钮，打开【模具冷却工具】工具条，如图 7-30 所示。

图7-30　【模具冷却工具】工具条

其中包含 3 种定义通道的方式：图样通道、直接通道、定义通道。这 3 种不同的创建方法对应的界面也不同，如图7-31 所示。

【模具冷却工具】工具条包含 3 种修改通道的方式：连接通道、延伸通道、调整通道。这 3 种不同的修改方式对应的界面也不同，如图7-32 所示。

图7-31　冷却创建方式

图7-32　冷却修改方式

　　【模具冷却工具】工具条包含 3 种冷却的方式：冷却连接件、冷却回路、冷却组件设计。这 3 种不同的冷却方式对应的界面也不同，如图7-33 所示。

图7-33　冷却的方式

　　使用标准件方法创建冷却水道的方式与采用【标准部件库】命令创建标准件的方式相同，只要通过对照参数图，设置对应的尺寸值即可。

　　操作实例 7-4　冷却系统。

　　在接下来的操作中，采用 M8 的冷却水路，因为型腔布局没有使用平衡而使用的是线，所以冷却水路的放置方式应该采用不平衡，否则就会出现位置上的错误。打开图 7-34 所示的图形文件，完成冷却水路的创建，操作步骤如下。

　　1）打开【Example\Chapter 7\ex 7-4\Sj_dch_top_010.prt】文件中图7-35 所示的图形。

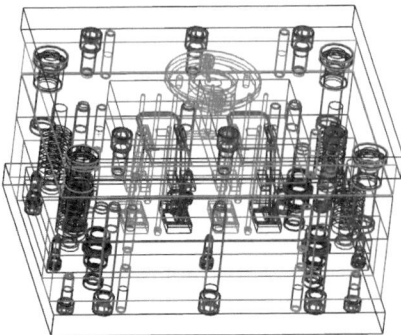

图7-34　Sj 模型 5

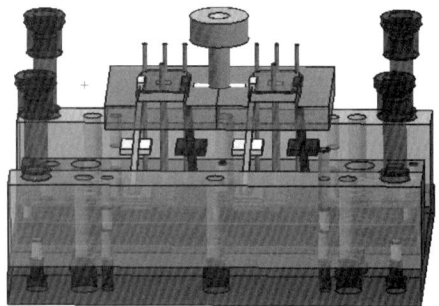

图7-35　打开模型

	源文件：Example\Chapter 7\ex 7-4\Sj_dch_top_010.prt
	操作结果文件：Results\Chapter 7\ex 7-4\Sj_dch_top_010.prt

　　2）单击【注塑模向导】工具条中的【模具冷却工具】按钮，打开【模具冷却工具】

工具条，单击【冷却标准部件库】按钮 🔗，弹出【冷却组件设计】对话框，展开【文件夹视图】选项组，选择【COOLING】选项；展开【成员视图】选项组，选择【COOLING HOLE】选项；在【放置】选项组设定【位置】为【WCS】，具体定位存放位置；设置孔类型为螺纹孔，其【直径】为【M8】，即修改【详细信息】选项组中的【PIPE_THREAD】为【M8】，如图 7-36 所示。

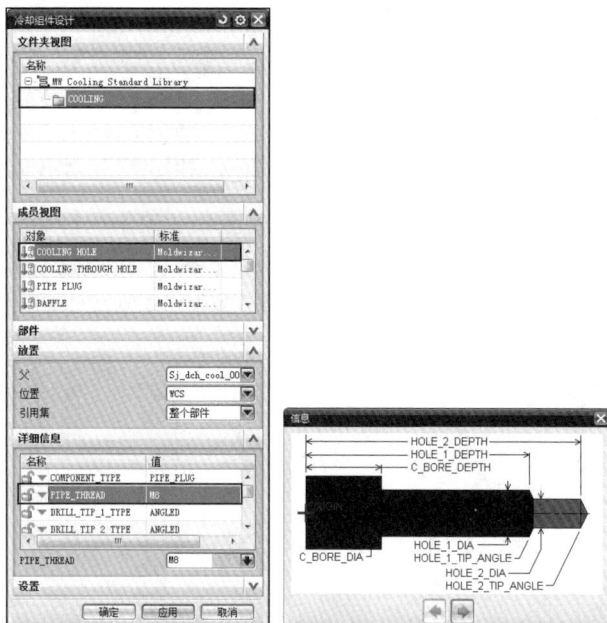

图7-36　冷却组件设计及效果图

3）单击【应用】按钮，弹出图 7-37 所示的【部件名管理】对话框。单击【确定】按钮，等待程序生成冷却水路。

图7-37　【部件名管理】对话框

4）从图7-38 所示得知，冷却水路的长度不够，还没有到达 B 板的侧面，因此需要进行修改。

5）选择【分析】|【测量距离】|【距离】命令，选取冷却水路的端面到 B 板侧面之间的距离，结果如图7-39 所示。

通道未到达 B 板侧面

图7-38　观察模型

图7-39　测量端面到侧面的距离

6）打开【装配导航器】界面，找到【Sj_dch_cool_001】组件，双击使其成为【工作部件】。选择【插入】|【偏置/缩放】|【偏置面】命令，弹出【偏置面】对话框，选取冷却水路的端面，在【偏置】数值框中输入55，单击【确定】按钮，完成冷却水路的延伸，如图7-40所示。

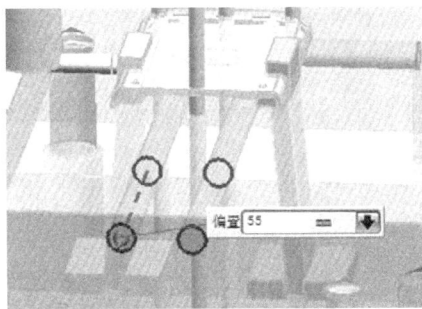

图7-40　冷却水路的延伸

7）B 板另一侧的冷却水路可以使用相同的方法创建，也可以使用装配模块中的【镜像装配】命令来完成。A 板侧的冷却水路的创建方式也是大同小异，请读者尝试练习。

7.3　电 极 系 统

在模具的型芯、型腔或镶件中，常有一些形状复杂的区域很难加工，此时往往采用电极来加工这些复杂区域。电极的材料通常采用纯铜、黄铜或石墨。

单击【注塑模向导】工具条中的【电极】按钮 ，弹出图7-41所示的【电极设计】对话框。

图7-41　【电极设计】对话框1

7.3.1 刀片电极

单击图 7-41 所示的【电极设计】对话框中的【刀片电极】按钮，弹出图 7-42 所示的【电极设计】对话框，包含包络、头、EWCS、脚和图纸。

（1）包络

单击【包络】按钮，弹出图 7-43（a）所示的【包络】对话框。在【工作部件】下拉列表中可以选择需要进行包络操作的部件，可对其进行【创建】或【编辑】处理。【定义方法】分为【边界面】和【尺寸】两种类型。当选择【尺寸】类型时，具体尺寸的设置被激活，如图 7-43（b）所示。在【形状】下拉列表中可以选择【方块】或【圆柱】选项。当包络被创建后，可对其进行重定位或删除操作。

图7-42　【电极设计】对话框 2

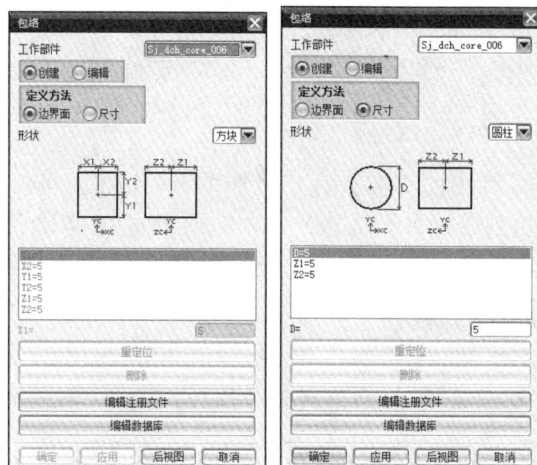

（a）【包络】对话框　　　（b）尺寸设置激活

图7-43　【包络】对话框及其设置

（2）头

单击【头】按钮，弹出图 7-44 所示的【头】对话框。在【工作部件】下拉列表中可以选择需要进行头操作的部件。【成形方法】选项组中对具体的部件进行按分型面修剪、按片体修剪、按实体面修剪和差集操作。操作步骤分为两步：首先单击【选择包络体】按钮，选择创建出的包络体；然后按照具体成型方法的不同设定，单击【选择工具对象】按钮。

（3）EWCS

单击【EWCS】按钮，弹出图 7-45 所示的【EWCS】对话框。在【工作部件】下拉列表中可以选择需要进行 EWCS 操作的部件。在【电极名】文本框中对电极进行命名，可对其进行【创建】或【编辑】处理。单击【选择步骤】选项组中的【附着面（在头上）】按钮，再单击【确定】按钮，则【点方法】及【参考点】选项组被激活，可进行具体编辑。

图7-44 【头】对话框

图7-45 【EWCS】对话框

（4）脚

单击【脚】按钮，弹出图 7-46 所示的【脚】对话框。在【工作部件】下拉列表中可以选择需要进行脚操作的部件，可对其进行【创建】或【编辑】处理。在【形状】下拉列表中可以选择【Foot1】或【Foot2】选项。当脚被创建后，可对其进行深度加工调整或删除操作。

（5）图纸

单击【图纸】按钮，弹出图 7-47 所示的【图纸】对话框。单位分为【Si】和【英寸】两种类型，【大小】下拉列表提供了从 A0～A4 的不同大小，【比例】文本框中可以输入具体的图纸比例，【投影角度】选项组提供了【第三角投影】和【第一角投影】。

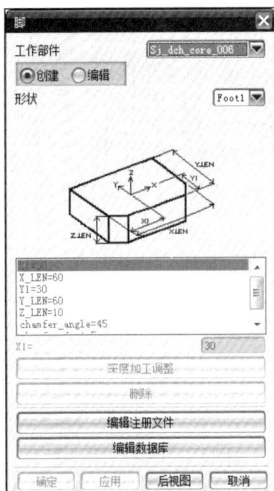

图7-46 【脚】对话框

图7-47 【图纸】对话框

7.3.2 刀片标准件

单击图 7-41 所示的【电极设计】对话框中的【刀片标准件】按钮，弹出图 7-48 所示的【电极设计】对话框，在该对话框中可以定义电极加工区（型腔/型芯区域），选择电极形状（正方形、矩形和圆形），还可以对电极的部分尺寸进行修改。

另外，MoldWizard 还提供了【电极设计】的专用模块，用户可以选择【开始】|【所有应用模块】|【电极设计】命令，激活【电极设计】模块，打开图7-49 所示的【电极设计】工具条。

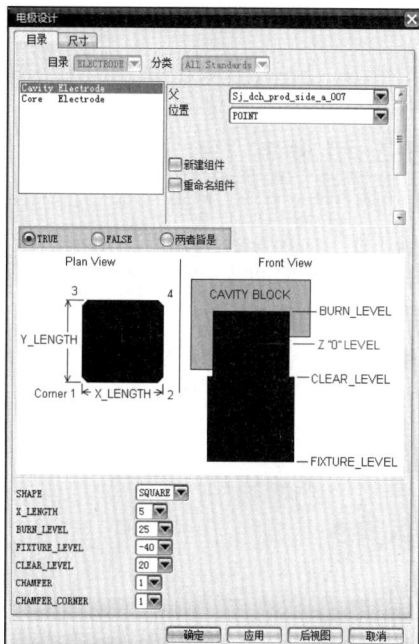

图7-48　【电极设计】对话框 3

图7-49　【电极设计】工具条

操作实例 7-5　电极设计。

打开图 7-50 所示的文件，在其定模板上创建电极。

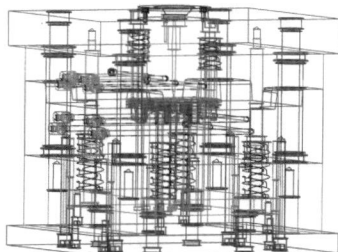

图7-50　batterybox 模型

	源文件：Example\Chapter 7\ex 7-5\batterybox_top_000.prt
	操作结果文件：Results\Chapter 7\ex 7-5\elc\elc_1_top_000.prt

电极设计前，首先要将定模板复制到一个独立的文件夹中，将 BP 板文件【batterybox_

b_plate_045】复制到【elc】文件夹下，以免与原始文件混淆。这样电极设计的文件全部保存在【elc】文件夹中。

【提示】

虽然 MoldWizard 模块提供了【电极】命令，但实用性不强，因此本节将采用【电极设计】模块来设计电极。

电极设计操作步骤如下。

1）运行 UG NX，打开【elc】文件夹下的 BP 板文件。

2）选择【开始】|【所有应用模块】|【电极设计】命令，打开【电极设计】工具条，如图7-49 所示。

3）进行初始化操作。

① 单击【初始化电极项目】按钮，弹出图7-51 所示的【初始化电极项目】对话框。

② 单击【浏览】按钮，弹出【选择项目路径和名称】对话框,输入文件名称【elc_1】,单击【OK】按钮。

图7-51　【初始化电极项目】对话框

【提示】

由于动模板中间部位有很深的腔，加工时刀具无法到达这些地方，必须用电极来完成。而对于整个动模板而言，如果要用一块大的电极加工，对电极本身的加工也存在困难，因此采用局部电极的加工方法。

由于产品是对称的，很多特征是一致的，因此只需取一边的电极即可。

③ 返回【初始化电极项目】对话框，单击【添加机床组】按钮，同时【选择面中心】和【指定方位】选项被激活。

④ 单击【添加机床组】按钮，新生成一个设定，【加工组】选项组的列表中自动生成【elc_1_mset_001】，如图 7-52 所示。

⑤ 单击【指定方位】按钮，确定 WCS。

⑥ 单击【初始化电极项目】对话框中的【选择体】按钮，抽取工作物体。

⑦ 在视图中选中整个动模板，单击【确定】按钮。返回【初始化电极项目】对话框，

单击【关闭】按钮，项目初始化就完成了。

【提示】

　　动模板和电极的工作部件是相同的实体文件，但动模板是项目初始化之前的原始文件，而电极的工作部件是初始化时抽取出的部分，因此需要将动模板文件隐藏，以免在提取过程中误操作而提出动模板的区域。

　　4）提取电极区域。

　　① 打开【装配导航器】界面，选中动模板文件并右击，在弹出的快捷菜单中选择【隐藏】命令。

图7-52　生成设定

　　② 单击【加工几何体】按钮🤚，弹出图 7-53 所示的【加工几何体】对话框，其中包括加工几何体与面有关的操作，如电极、线切割、车、铣和钻等。

　　③ 选择【EDM】选项并右击，在弹出的快捷菜单中选择【新建组】命令。单击【选择面】按钮，在视图中选择图7-54 所示的 9 个区域，单击【应用】按钮。

图7-53　【加工几何体】对话框

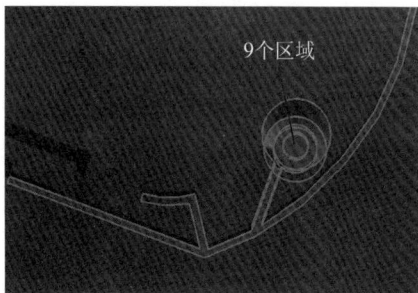

图7-54　选择区域

　　④ 在【加工几何体】对话框的【EDM】树下产生一个 group 树，并显示包含 9 个面。选中【electrode01】文件并右击，在弹出的快捷菜单中选择【抽取区域】命令，如图7-55所示。

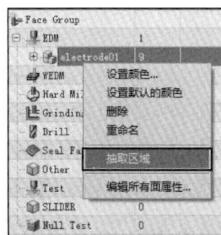

　　⑤ 完成后会在文件后面显示抽取实体的按钮🔩，单击【确定】按钮退出该对话框。

　　5）创建提取区域电极的形状。

　　① 选择电极的工作部件并激活为【转为工作部件】，打开【部件导航器】界面，可以看到部件包括【实体】和【片体】特征，隐藏【实体】特征，如图7-56所示。

图7-55　抽取区域

　　电极的截止位置在图7-57 所示的两个片体中间，因此还需要在片体端部创建片体。

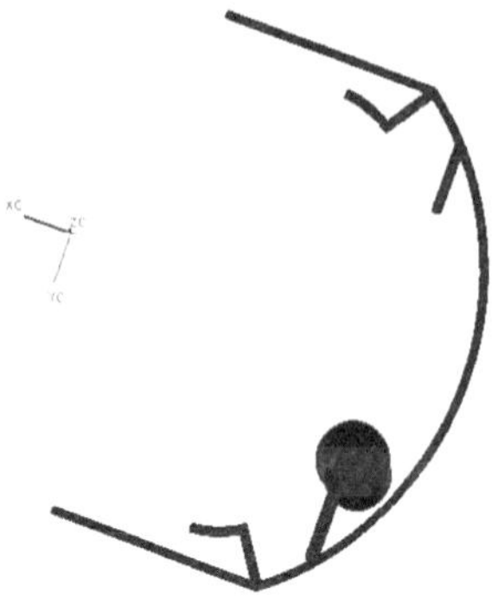

图7-56 显示片体

图 7-57 片体位置

② 选择【插入】|【来自曲线集的曲线】|【桥接】命令,弹出图7-58 所示的【桥接曲线】对话框,选择图7-59 中编号 1 的边缘线为【第一曲线】,编号 2 的边缘线为【第二曲线】,单击【应用】按钮生成编号 3 的桥接曲线。

③ 单击【取消】按钮退出对话框。

图7-58 【桥接曲线】对话框

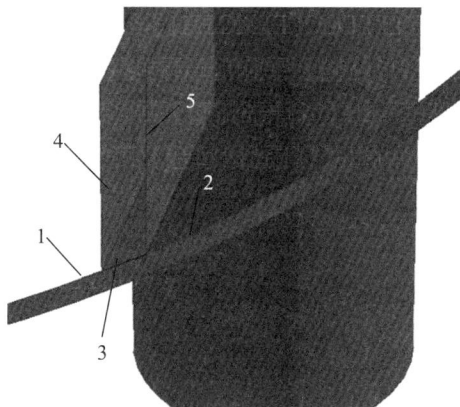

图 7-59 边缘线

④ 选择【插入】|【扫掠】|【扫掠】命令,弹出图7-60 所示的【扫掠】对话框,选择图7-59 中编号 4 的边缘线,单击【确定】按钮,再选择图7-59 中编号 5 的边缘线,单击【确定】按钮,继续选择编号 3 的桥接曲线,单击【确定】按钮两次。

⑤ 单击【确定】按钮,系统生成图7-61 所示的面片。

扫掠面创建完成后,利用该扫掠面将电极区域中多余的部分裁剪掉。

⑥ 选择【插入】|【修剪】|【修剪片体】命令,弹出【修剪片体】对话框,在【区域】选项组中点选【保持】单选按钮,如图 7-62 所示。选择整个电极区域为【目标】,选择⑤中生成的扫掠面为【边界对象】,单击【应用】按钮,再单击【取消】按钮退出对话框。电极头的基本形状为图7-63 所示的封闭区域。

图7-60　【扫掠】对话框

图 7-61　扫掠曲面面片

图7-62　【修剪片体】对话框

图7-63　电极头的基本形状

⑦ 单击【电极设计】工具条中的【创建方块】按钮■，弹出【创建方块】对话框，同时【选择对象】选项也被激活。在【选择对象】中选择【相邻面】选项，如图 7-64 所示，在视图中选择电极面。

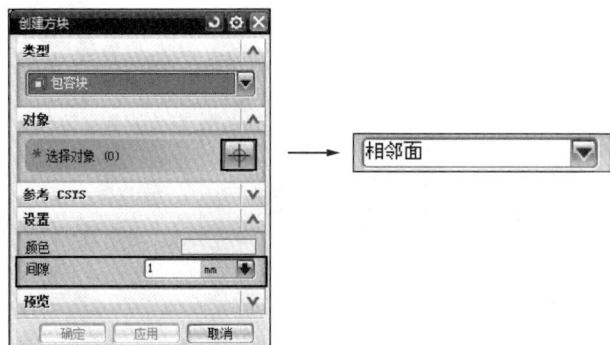

图7-64　选择【相邻面】选项

在【创建方块】对话框中，默认产生一个 1mm 的间隙，即选中电极的最小范围向外偏置 1mm，如图7-65 所示。

⑧ 这里需要对其偏置面做细微的调整，单击图7-65（a）中箭头所指示的上边面和左侧面浮动框，将偏置距离设置为 0，按 Enter 键，单击【确定】按钮。生成的箱体如图7-65（b）所示。

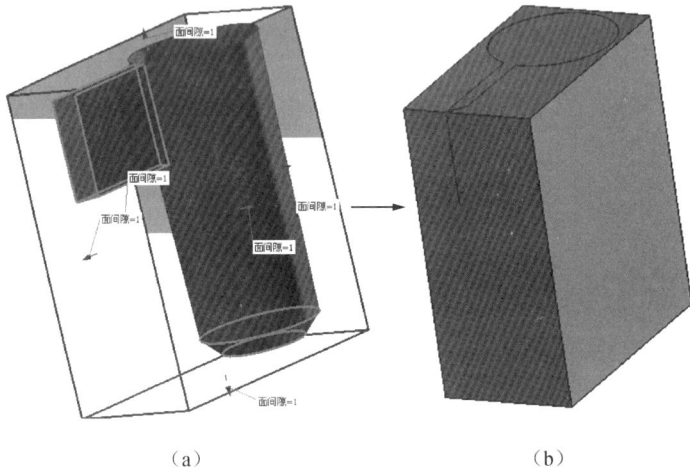

（a）   （b）

图7-65   生成箱体

⑨ 单击【电极设计】工具条中的【修剪实体】按钮，弹出【修剪实体】对话框，在【类型】下拉列表中选择【面】选项，如图 7-66 所示，在【修剪面】选项组中单击【选择面】按钮，选中图7-67 所示的片体。设定好【目标】，单击【确定】按钮退出对话框。修剪后的实体如图7-68 所示。

图7-66   【修剪实体】对话框   图7-67   修剪面选择   图7-68   修剪后的实体

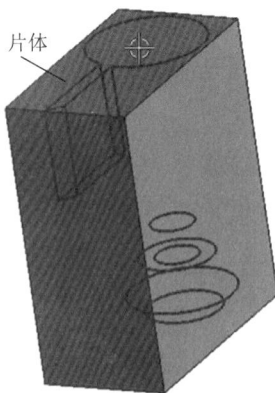

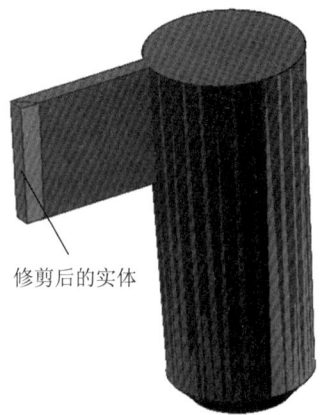

由于实体在图7-68 所示的部位存在一个斜角，必须修剪掉。

⑩ 选择【插入】|【修剪】|【修剪体】命令，弹出【修剪体】对话框，如图 7-69

所示。选择电极实体为【目标】，选择图 7-70 所示的面为【工具】，选择裁剪方向为反向，单击【确定】按钮。

图 7-69　【修剪体】对话框

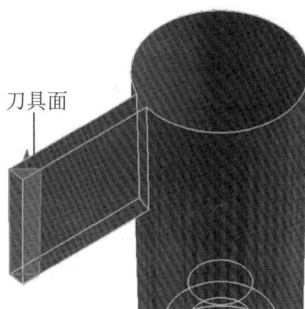

刀具面

图7-70　选择刀具面

⑪ 选择【编辑】|【显示和隐藏】|【显示】命令，取消对动模板的隐藏。下面开始创建电极的基座。

⑫ 单击【电极设计】工具条中的【设计毛坯】按钮，弹出图7-71 所示的【设计毛坯】对话框，选择第一种电极模式，选择【接头方法】为【拉伸】方式，在视图中选择电极，如图7-72 所示，单击【应用】按钮。单击【取消】按钮退出对话框，创建结果如图7-73（a）所示。

图7-71　【设计毛坯】对话框

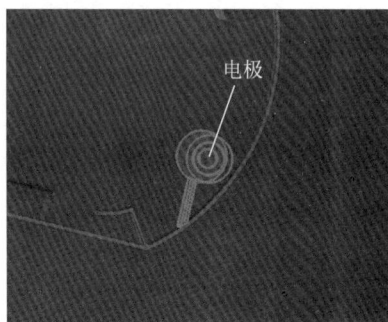

电极

图7-72　选择电极

⑬ 隐藏动模板，电极形状如图7-73（b）所示。至此，电极设计完毕。

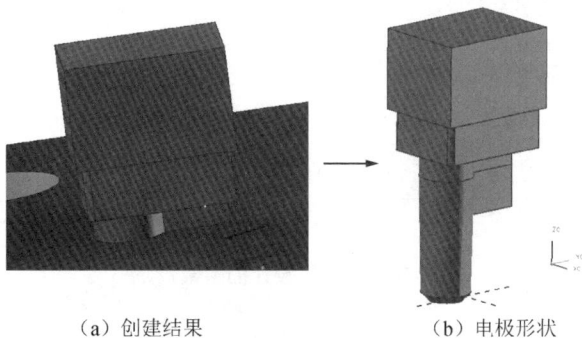

（a）创建结果　　　　（b）电极形状

图7-73　电极创建结果

7.4 综 合 实 例

打开图形文件，创建其浇注系统和冷却系统等，最终完成模具的设计。

	源文件：Results\Chapter 6\C-ex\mfg_top_000.prt
	操作结果文件：Results\Chapter 7\C-ex\mfg_top_000.prt

7.4.1 浇注系统设计

1. 定位圈设计

单击【注塑模向导】工具条中的【标准部件库】按钮，弹出【标准件管理】对话框，在【文件夹视图】选项组中选择【FUTABA_MM】下的【Locating Ring Interchangeable】选项，在【成员视图】选项组中选择【Locating Ring】选项，在【详细信息】选项组中选择【TYPE】选项，尺寸按默认设置，如图 7-74 所示，单击【应用】按钮。

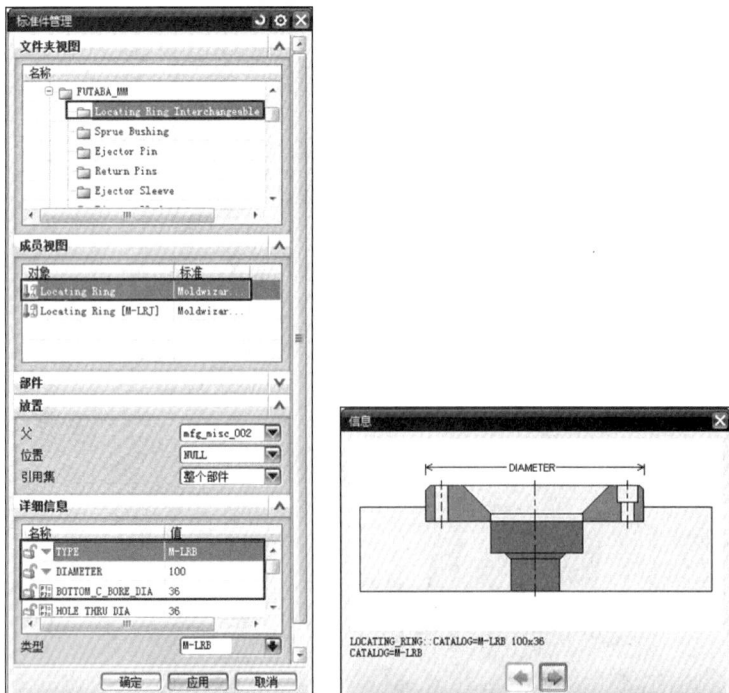

图7-74 定位圈设计的参数设置

系统自动生成并安放定位圈，结果如图7-75所示。

图7-75　自动生成并安放定位圈

2. 浇口套设计

1）单击【注塑模向导】工具条中的【标准部件库】按钮，弹出【标准件管理】对话框，在【文件夹视图】选项组中选择【FUTABA_MM】下的【Sprue Bushing】选项，在【成员视图】选项组中选择【Sprue Bushing】选项。在【详细信息】选项组中选择参数【CATALOG_LENGTH1】为 60。其他参数设置如图 7-76 所示，单击【应用】按钮。

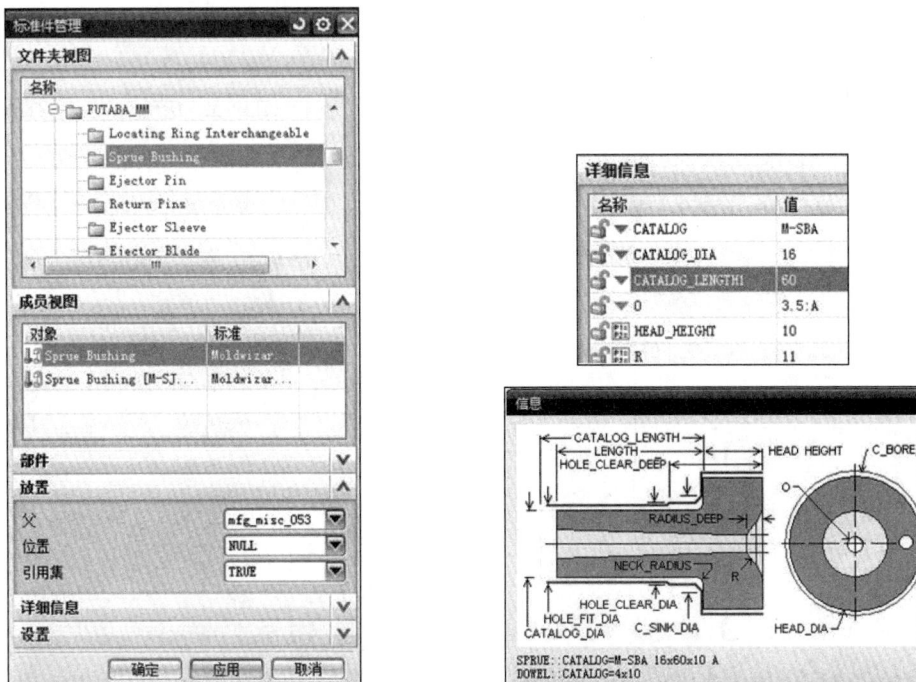

图7-76　浇口套设计的参数设置

系统自动生成定位圈，如图7-77 所示。

图7-77　自动生成定位圈

2）可以看到定位圈螺钉过长，不符合要求，需要修改，为方便操作，将定位环隐藏。

3）选中定位圈螺钉并右击，在弹出的快捷菜单中选择【删除】命令。选中定位圈部件并右击，在弹出的快捷菜单中设置其引用集为【FALSE】，显示线框图，可以看到虚线框腔体中仍然含有螺钉的腔体，如图7-78所示。

4）选中定位圈部件并右击，在弹出的快捷菜单中选择【转为工作部件】命令，将光标在定位圈螺钉处停留几秒，弹出【快速拾取】对话框，选中图7-79所示的特征并右击，在弹出的快捷菜单中选择【删除】命令。在弹出的提示框中单击【确定】按钮。

5）打开【装配导航器】界面，将顶杆、限位杆、定位圈等部件的装配头节点 misc 文件激活并设为【工作部件】，设置定位圈的引用集为【TRUE】，进行插入螺钉操作。

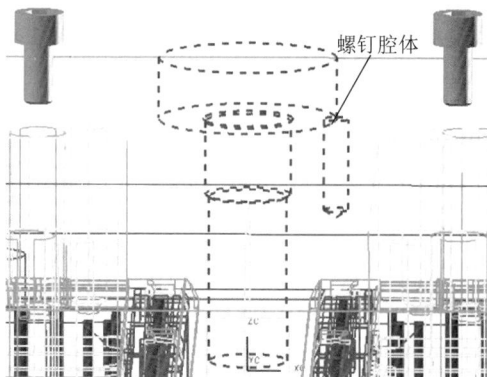

图 7-78　螺钉腔体

图7-79　【快速拾取】对话框

6）选择【插入】|【曲线】|【直线】命令，弹出【基本曲线】对话框，选择【点方式】为【圆上的点】，在定位圈上表面创建一条图7-80所示的直线。

7）单击【注塑模向导】工具条中的【标准部件库】按钮，弹出【标准件管理】对话框，在【文件夹视图】选项组中选择【HASCO_MM】下的【Screws】选项，在【成员视图】选项组中选择【SHCS[Manual]】选项。在【详细信息】选项组中设置参数【LENGTH】为20，如图7-81所示，单击【应用】按钮。

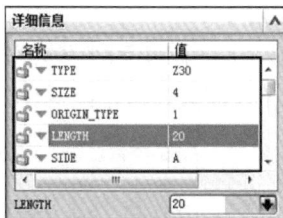

图7-80　定位圈上表面创建直线　　　　　　图7-81　螺钉参数设置

8）弹出【选择一个面】对话框，选择定位圈上表面，系统自动转换为俯视图，并弹出【点】对话框，选择参考线的中点，系统自动生成螺钉，弹出【位置】对话框，单击【取消】按钮，删除参考线，创建浇口套螺纹，如图7-82 所示。

此时，生成的螺钉是属于定位圈这个装配文件的，而在【装配导航器】界面中，螺钉并没有在定位圈部件节点下，应当将其拖至定位圈部件下。

9）打开【装配导航器】界面，找到螺钉节点并将其拖至定位圈装配文件节点下，如图7-83 所示。

图7-82　浇口套螺纹　　　　　　图7-83　将螺钉节点拖至定位圈节点下

3. 浇口设计

1）隐藏模架上板和 AP 板，只显示 BP 板。

2）单击【注塑模向导】工具条中的【浇口库】按钮 ，弹出图7-84 所示的【浇口设计】对话框,选择浇口【类型】为【rectangle】,设置浇口参数 L=3,H=2,B=5,单击【应用】按钮。

3)弹出【点】对话框,设置 X、Y 的坐标值分别为-11.5、-23,如图 7-85 所示,单击【确定】按钮,弹出图7-86 所示的【矢量】对话框,在【类型】下拉列表中选择【-XC 轴】浇口方向,单击【确定】按钮。

4)返回图7-84 所示【浇口设计】对话框,系统自动生成浇口,如图7-87 所示,单击【取消】按钮退出对话框。

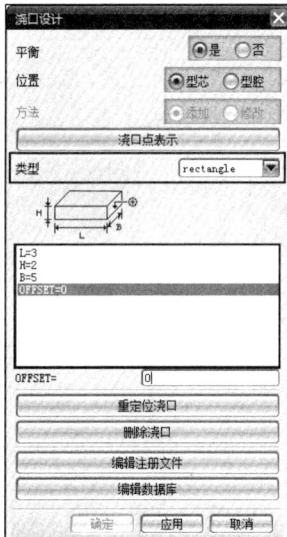

图7-84 【浇口设计】对话框 3

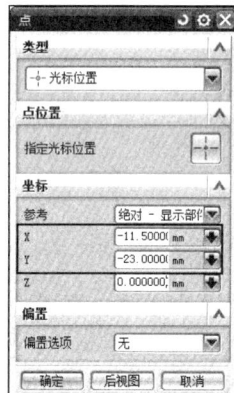

图7-85 设置 X、Y 坐标值

图7-86 选择浇口方向

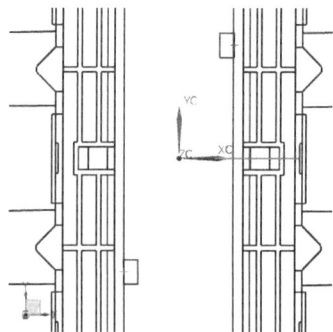

图7-87 生成的浇口

4. 流道设计

1)单击【注塑模向导】工具条中的【流道】按钮，弹出图7-88 所示的【流道】对话框,单击【绘制截面】按钮,系统进入草图模式,创建长度为 64 的引导线,如图7-89所示。

2）单击【完成草图】按钮，退出草图模式。弹出图7-90 所示的【流道】对话框，在【截面类型】下拉列表中选择流道截面类型为【圆形】，输入直径值 8。

3）参数设置完成后，单击【应用】按钮，创建图7-91 所示的分流道。

图7-88　【流道】对话框 3

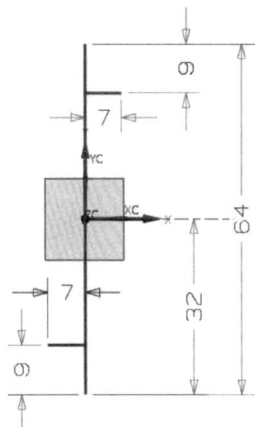

图 7-89　流道草图

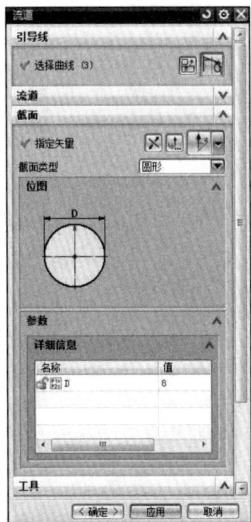

图7-90　截面参数设置及效果图

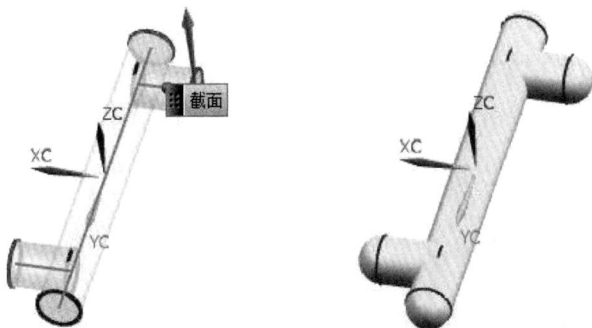

图7-91　创建的分流道

4）调整分流道尺寸，选择两个分流道，如图 7-92 所示，单击【删除】按钮。

5）如图 7-93 所示，在【引导线】选项组中单击【选择曲线】按钮，选取移除流道的两根直线；在【截面类型】下拉列表中选择流道截面类型为【圆形】，输入直径值 6。单击【确定】按钮完成流道创建，结果如图 7-94 所示。

5．创建腔体

1）激活顶部节点，单击【注塑模向导】工具条中的【腔体】按钮，弹出【腔体】对话框，如图 7-95 所示。在【工具】选项组中选择流道和浇口部件，如图7-96 所示。

图7-92　调整分流道尺寸

图7-93　设置移除流道的直线

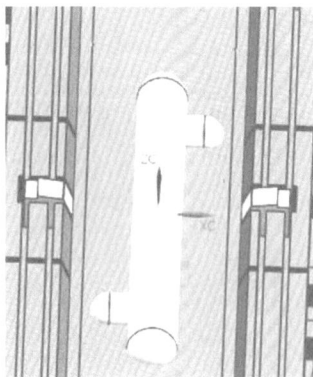

图7-94　分流道创建完成

图7-95　【腔体】对话框

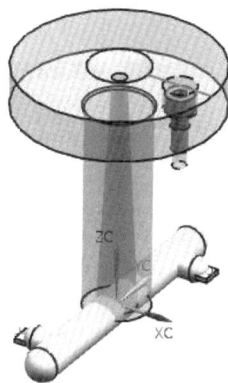

图 7-96　选择流道和浇口部件

2）选择定模板、动模板、浇口套组件作为【目标】，单击【确定】按钮。系统自动完成开腔操作。

3）选择【文件】｜【全部保存】命令，将文件进行存盘。

至此，整副模具的浇注系统创建完毕。

7.4.2　冷却系统设计

1．冷却水路

该产品为薄壁塑料件，对冷却水路的设计要求不高，因此选用【标准件】方式创建冷却系统。

1）隐藏 AP 板和 BP 板，然后利用【颠倒显示和隐藏】工具仅显示 AP 板和 BP 板。

2）单击【注塑模向导】工具条中的【模具冷却工具】按钮，打开【模具冷却工具】工具条，单击【冷却标准部件库】按钮，弹出【冷却组件设计】对话框。

3）设置冷却水路尺寸参数，如图 7-97 所示，设置【PIP_THREAD】为【M10】，设置参数 HOLE_1_TIP_ANGLE＝180，HOLE_2_TIP_ANGLE＝180，HOLE_1_DEPTH＝250，HOLE_2_DEPTH＝250，单击【应用】按钮。

4）弹出【选择一个面】对话框，在视图中选择 AP 板的侧面，如图 7-98 所示。

| 图7-97 设置冷却水路尺寸参数 | 图7-98 选择一个面 |

5）视图变为放置面正视图，并弹出【点】对话框，设置基准点为（0，35，20），如图 7-99 所示，单击【确定】按钮，系统自动创建冷却水路，如图 7-100 所示。

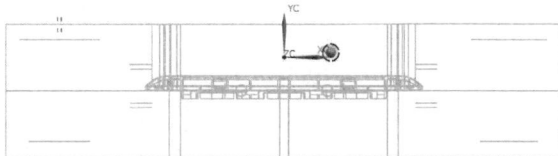

| 图7-99 设置基准点 | 图 7-100 创建水路 |

6）弹出【位置】对话框，单击【确定】按钮，再次出现图 7-99 所示的【点】对话

框，修改 Y 轴坐标值为－35，单击【确定】按钮，系统自动生成第二条水路。

7）单击【取消】按钮，退出【位置】对话框；再次单击【取消】按钮，退出【冷却方式】对话框。水路创建结果如图 7-101 所示。

8）编辑水路的显示方式为【着色】显示，选中两水路，选择【编辑】|【对象显示】命令，弹出图 7-102 所示【类选择】对话框，选择【颜色过滤器】选项，单击【确定】按钮，调整视图【局部着色】显示，如图 7-103 所示。

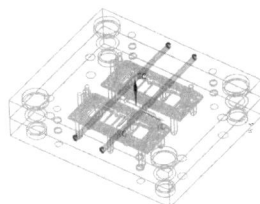

图7-101　水路创建结果　　　　图7-102　【类选择】对话框　　　图7-103　模板水路

9）单击【模具冷却工具】工具条中的【冷却标准部件库】按钮🗂，弹出【冷却组件设计】对话框，在【成员视图】选项组中选择【CONNECTOR PLUG】选项，在【放置】选项组中的【父】下拉列表中选择【mfg_cool_001】选项，在【位置】下拉列表中选择【PLANE】选项，选择供应商【SUPPLIER】为【HASCO】，选择【PIPE_THREAD】为【M10】，如图 7-104 所示，单击【确定】按钮。

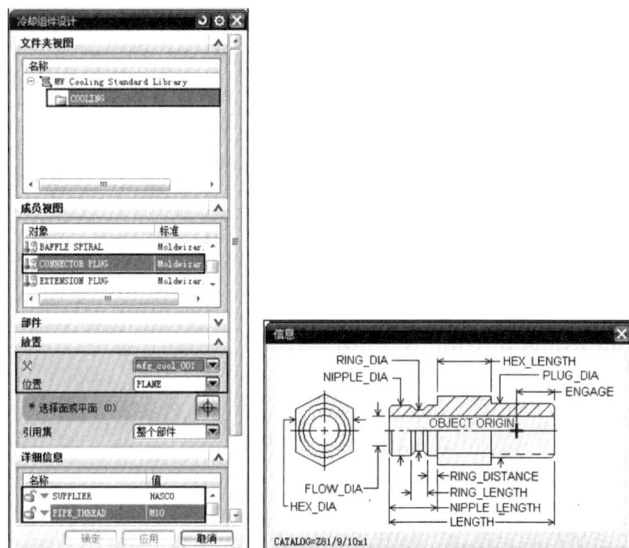

图7-104　冷却组件参数设置

10）选择图7-98 所示 AP 板侧面为放置面，弹出【点】对话框，选择【类型】为【圆心】方式，水路在正面的端面圆心为基点，如图7-105 所示。系统自动生成水嘴，单击【确定】按钮，弹出【位置】对话框，选择另一水路的端面圆心，生成另一个水嘴，单击【取消】按钮，退出【位置】对话框，单击【取消】按钮，退出【冷却组件设计】对话框，结果如图7-106 所示。

图7-105　选择水路端面

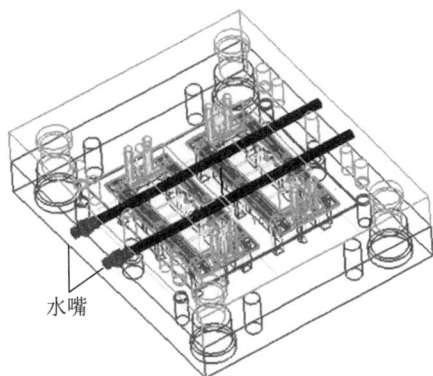

图 7-106　水嘴创建 1

11）重复上述步骤，在水路的另一端创建水嘴，结果如图7-107 所示。

12）将_cool_部件设为【工作部件】，单击【装配】工具条中的【镜像装配】按钮，以 XC-YC 为镜像平面，将 AP 板的一侧水路系统镜像到 BP 板，结果如图7-108 所示。

图7-107　水嘴创建 2

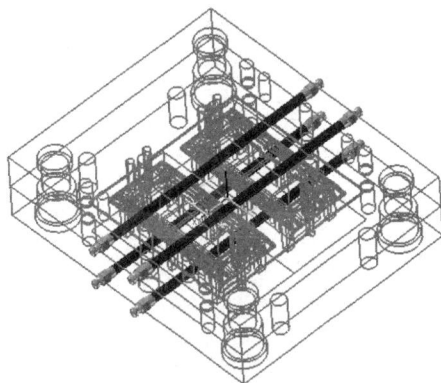

图7-108　镜像水路系统

2. 冷却系统后处理

显示所有部件，如图7-109 所示，发现水嘴超出模具表面，这样在操作时，其很容易被破坏。所以，需要对水嘴的位置进行调整，使之与表面平齐或者稍微缩进模具表面。

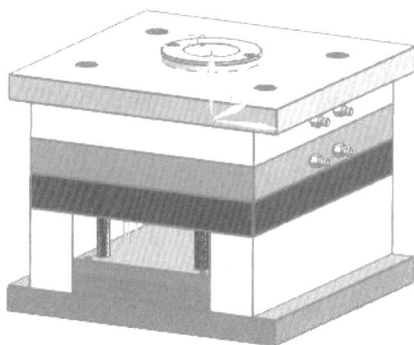

图7-109　显示所有部件

1）单击【装配】工具条中的【移动组件】按钮，弹出【移动组件】对话框，如图 7-110 所示，选择模具同侧的 4 个水嘴，单击【确定】按钮，在视图中出现动态坐标系，单击 XC 方向，在浮动的【距离】数值框中输入－20，如图 7-111 所示，单击【确定】按钮。调整后的水嘴如图7-112所示。

2）重复上述步骤，重定位另一侧的水嘴，如图7-113 所示。

图7-110　【移动组件】对话框

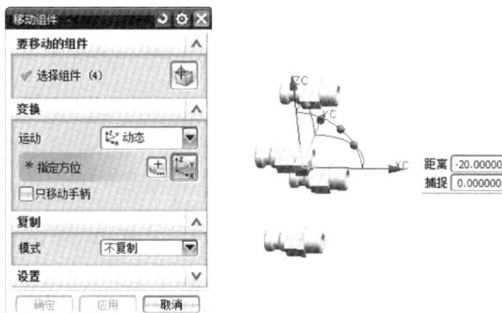

图7-111　选择模具同侧的水嘴

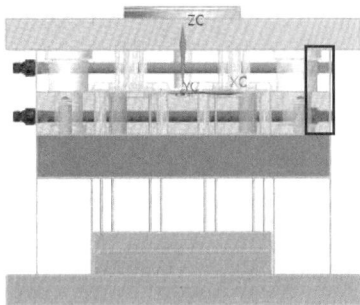

图7-112　调整后的水嘴位置

图7-113　调整另一侧水嘴

3）水路系统开腔设计。

① 打开【装配导航器】界面，激活顶部节点，单击【注塑模向导】工具条中的【腔

体】按钮，弹出【腔体】对话框，选择 AP 板、BP 板为【目标】，如图7-114 所示。选择 4 条水路的【FALSE】实体为【刀具】，单击【确定】按钮，完成水路修剪。

　　② 选中 4 条水路并右击，在弹出的快捷菜单中选择【替换引用集】|【空】命令。

　　③ 选中 AP 板并右击，在弹出的快捷菜单中选择【转为工作部件】命令，单击【孔】按钮，弹出图 7-115 所示的【孔】对话框，选择图 7-116 所示 AP 板侧面为放置面，设置孔的【直径】为15，【深度】为19，【顶锥角】为0。

　　④ 在【布尔】下拉列表中选择定模板【求差】目标，在【位置】对话框的视图中选择水路的两个圆心，单击【确定】按钮，系统自动生成水嘴沉孔，如图 7-117 所示。

　　⑤ 重复上述步骤，依次完成对 AP 板上另外水嘴沉孔的创建。

　　⑥ 选中 BP 板并右击，在弹出的快捷菜单中选择【转为工作部件】命令，单击【孔】按钮，操作与 AP 板创建水嘴孔的操作相同。

　　⑦ 选择【文件】|【全部保存】命令，整套模具的视图如图 7-118 所示。

图7-114　设置目标体

图7-115　【孔】对话框

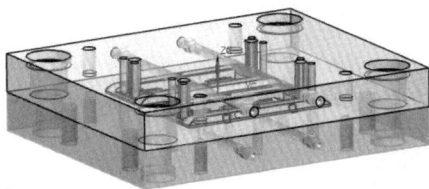

图 7-116　腔体水路

图7-117　水嘴沉孔

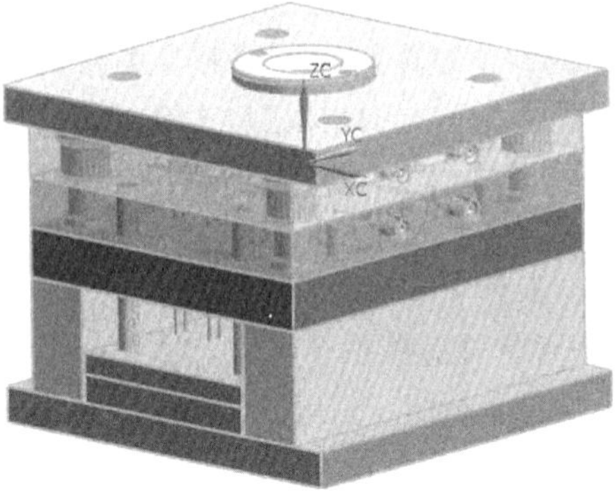

图7-118　整套模具的视图

═══本章小结═══

塑料模具必须有一个通道引导熔融的塑料进入模具的型腔，这个通道被称为浇注系统。冷却系统的设计主要是为了在完成注塑后，加快产品的冷却，提高生产的效率，缩短成型周期。在模具的型芯、型腔或镶件中，常有一些形状复杂的区域较难加工，此时往往采用电极来加工这些复杂区域。本章重点对浇注系统、冷却系统、电极系统的创建进行了详细讲解，通过本章的实例及习题的练习，熟悉和掌握各个系统的用法及注意要点。

═══思考与练习═══

1. 注塑模的浇注系统由哪几部分组成？各自起什么作用？
2. 主流道及定位圈与注塑机之间有什么关系？
3. 常用的分流道截面有哪几种？其尺寸应如何取值？
4. 流道设计应遵循什么原则？
5. 浇口可以采用什么原则进行设计？
6. 简述冷却系统在产品质量、成型周期等方面对模具的影响。
7. 设计冷却水路时应注意哪些问题？
8. 打开图7-119所示的图形文件，利用此装配文件完成浇注系统的创建。

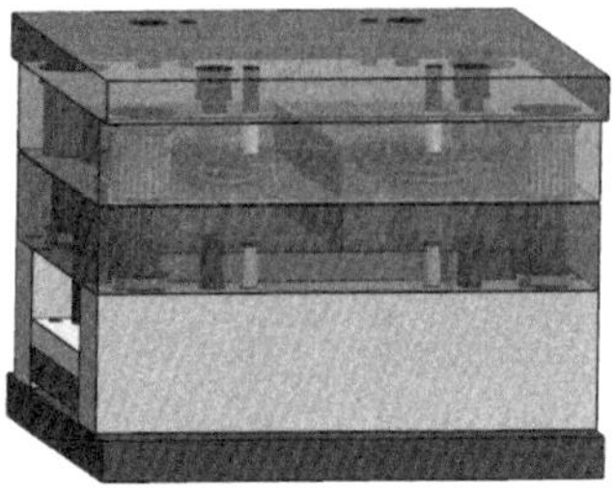

图 7-119　mobile 模型

源文件：Exercise\Chapter 7\Chapter 7.5.2(1)\mobile_top_010.prt

9. 打开图 7-120 所示的图形文件，练习【模具冷却工具】命令的使用。

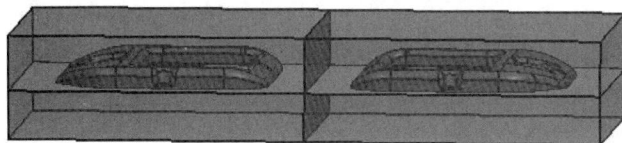

图 7-120　cover 模型

源文件：Exercise\Chapter 7\Chapter 7.5.2(2)\cover_top_010.prt

10. 打开图 7-121 所示的图形文件，结合实例中的操作方法，完成此产品的浇注系统和冷却系统的创建。

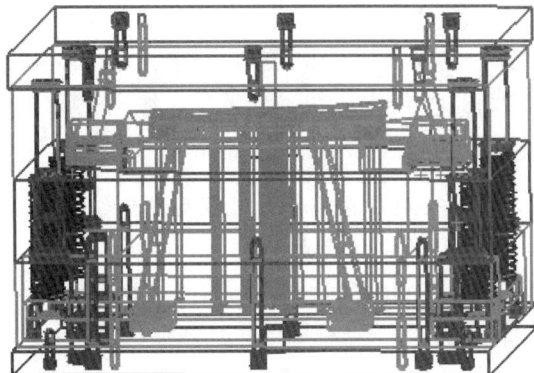

图7-121　chanpin 模型

源文件：Results\Chapter 6\pr 6.9.2(3)\chanpin_top_000.prt

操作结果文件：Results\Chapter 7\pr 7.5.2(3)\chanpin_top_000.prt

第 *8* 章
UG 注塑模设计实例

内容提要 ☞

本章详细介绍并实现了简单二板模盒形塑料制件和典型三板模电器装饰盖模具设计的全过程，并针对本产品特点，插入工件，调入标准模架、标准件、设计水路、顶出系统，对这些调用操作做了详细的讲解。

学习重点 ☞

1. 学习整副模具的设计过程及设计细节，熟悉模具设计的流程及设计要点。
2. 掌握 MoldWizard 设计简单二板模和典型三板模的方法，以及标准模架的设计和调用过程。

思政目标 ☞

1. 树立正确的学习观、价值观，自觉践行行业道德规范。
2. 牢固树立质量第一、信誉第一的强烈意识。
3. 遵规守纪，安全生产，爱护设备，钻研技术。

8.1　简单二板模：盒形塑料制件模具设计实例

本例通过盒形塑料制件的模具设计来介绍简单二板模的设计流程。图 8-1 所示为盒形塑料制件的模型。

该套模具采用一模一腔的方式进行分模，即一套模具中有一个型腔。模架的尺寸需要全部重新设置，产品材料采用 ABS，收缩率为 0.5%。

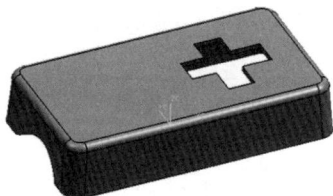

图8-1　盒形塑料制件

8.1.1　设计流程

盒形塑料制件模具的设计流程如图 8-2 所示。

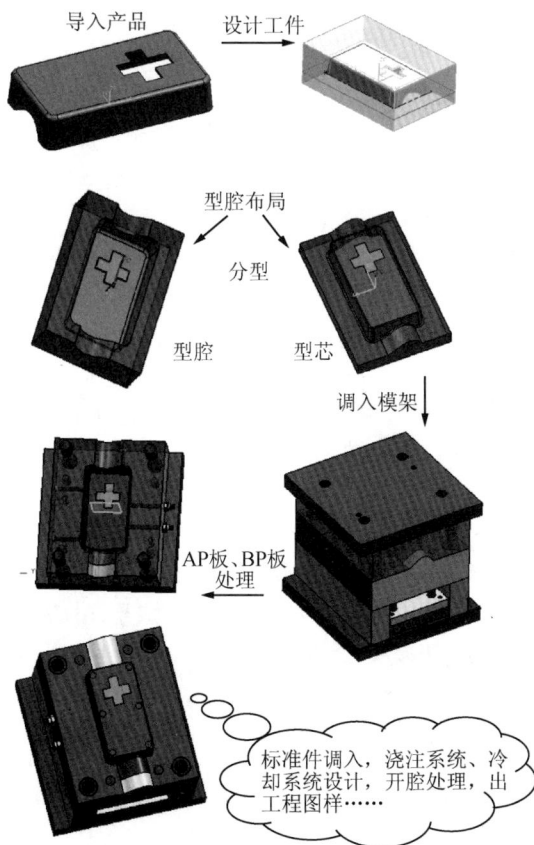

图8-2　盒形塑料制件模具的设计流程

打开图 8-3 所示的盒形产品文件，完成简单二板模的设计。

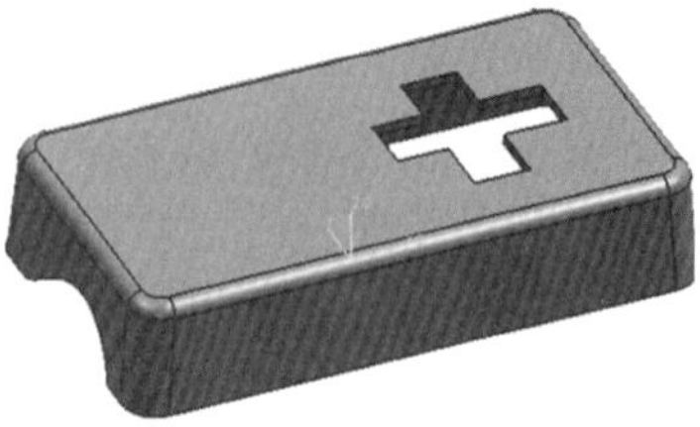

图8-3　盒形产品

	源文件：Model\Chapter 8\MFG0001_REF.prt
	操作结果文件：Results\Chapter 8\MFG0001_REF_top_010.prt

【学习要点】

熟练掌握 MoldWizard 模块进行简单二板模设计的过程。

8.1.2　设计前准备

设计前，需要整理以下资料。

1. 产品信息

产品名称为 MFG0001_REF；材料为 ABS；收缩率为 0.5%；产品质量为 55g。

2. 注塑机信息

注塑机型号为 HTF86/TJ-A；注塑质量为 119g；合模力为 860kN。拉杆内距离为 360mm×360mm；最大模厚为 360mm，最小模厚为 150mm；定位圈直径为 125mm，喷嘴直径为 3mm，喷嘴球头直径 SR 为 10mm，喷嘴最大伸入高度为 50mm，顶棍孔直径为 40mm。

3. 模具设计基本信息

模具寿命为 20 万模次；型腔数目为一模一腔；浇口形式为直浇道；取件方式为人工取件；顶出方式为机械顶出。

【提示】

设计前首先要了解设计的模具用于哪种注塑机，对注塑机参数的了解直接关系到模具设计是否合理。一般注塑机参数有厂商名、工场编号、机种名、最大型开距离、型厚、导柱间隔、螺杆直径、射出压力、射出量、成型机定位圈、成型机喷嘴半径、喷嘴直径。

8.1.3　设计准备

1. 项目初始化

操作步骤如下：

1）在 Windows 环境下选择【开始】|【所有程序】|【Siemens NX】|【NX】命令，

进入 UG NX 界面，初始化环境。

2）选择【开始】|【所有应用模块】|【注塑模向导】命令，打开【注塑模向导】
工具条。

3）单击【初始化项目】按钮 ，弹出图 8-4 所示的【打开】对话框，选择
【MFG0001_REF.prt】文件，单击【OK】按钮。

图8-4　选择【MFG0001_REF.prt】文件

4）弹出【初始化项目】对话框，设置【项目单位】为【毫米】，输入项目名称
【MFG0001_REF】，在【材料】下拉列表中选择【ABS】选项，如图 8-5 所示，单击【确
认】按钮。

系统会根据【配置】选项自动加载装配文件，打开【装配导航器】界面可看到图 8-6
所示的装配树。加载完后，UG NX 主窗口显示初始化后的产品模型，如图 8-7 所示。

图8-5　项目名称为【MFG0001_REF】的初始化设置　　图8-6　装配导航器【MFG0001_REF】

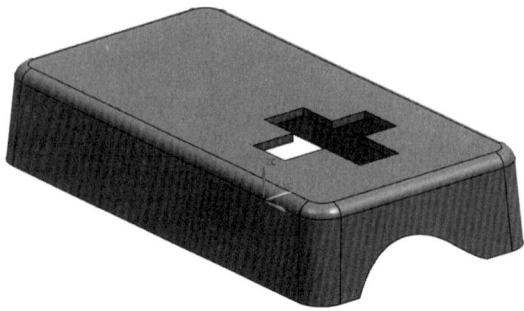

图8-7　【MFG0001_REF】初始化产品模型

【提示】

材料数据库中主要存放产品的常用材料及其收缩率，用户可以根据产品使用的具体材料，在数据库中新建或编辑材料及其收缩率。

2. 模具坐标系设置

操作步骤如下：

1）单击【注塑模向导】工具条中的【模具 CSYS】按钮，弹出图 8-8 所示的【模具 CSYS】对话框。

2）单击【确定】按钮，完成模具工件设置。模具工件完成结果如图 8-9 所示。

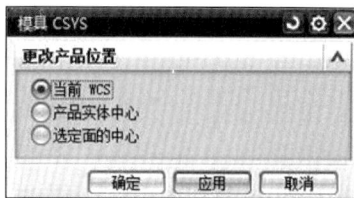

图8-8　【模具 CSYS】对话框　　　　　　　　　　图8-9　模具工件完成结果

【提示】

设置模具坐标系是模具设计中相当重要的一步，模具坐标系的原点须设置于模具动模和定模的接触面上，模具坐标系的 XC-YC 平面须定义在动模和定模的接触面上，模具坐标系的 ZC 轴正方向指向塑料熔体注入模具主流道的方向上。模具坐标系与产品模型的相对位置决定产品模型在模具中放置的位置，是模具设计成败的关键。

3. 设置工件

操作步骤如下：

1）单击【注塑模向导】工具条中的【工件】按钮，弹出【工件】对话框。该对话框中包括【类型】、【工件方法】、【尺寸】等参数。

2）在【类型】下拉列表中选择【产品工件】选项，在【工件方法】下拉列表中选择【用户定义的块】选项，在【尺寸】选项组中将限制【开始】的值设为−20mm，【结束】的值设为 50mm，如图 8-10 所示。勾选【预览】复选框可以预览显示结果，如图 8-11 所示。

图8-10　【工件】对话框设置

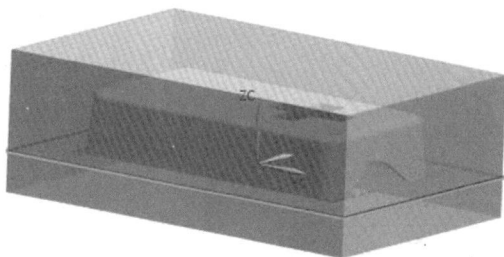

图8-11　预览显示工件

3）单击【确定】按钮，完成模具工件设置。最后得到的工件结果如图 8-12 所示。

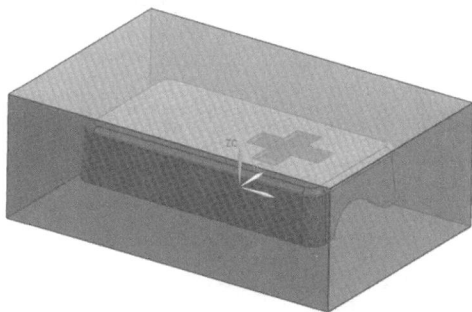

图8-12　最后得到的工件结果

【提示】

模具型腔和型芯毛坯是外形尺寸大于产品尺寸的用于加工模具型腔和型芯的金属坯料。UG NX 模具向导模块（MoldWizard）自动识别产品外形尺寸并预定义模具型腔、型芯毛坯的外形尺寸，其默认值在模具坐标系 6 个方向上比产品外形尺寸大 25mm，用户也可以根据实际要求自定义尺寸。MoldWizard 通过"分模"将模具坯料分割成模具型腔和型芯。因为这副模具采用整体模,所以工件尺寸可以按默认值来设计。

8.1.4　分型

选择分型功能后,出现图 8-13 所示的分型工具——【模具分型工具】工具条和分型导航器,这两者的分型功能可以实现模具的分型。

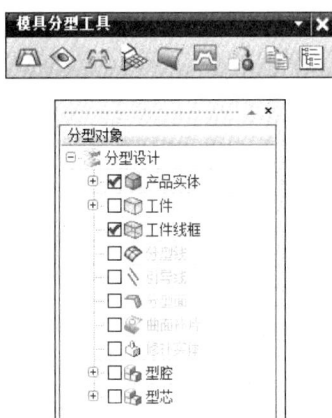

图8-13　分型工具

1.　区域分析

操作步骤如下:

1)单击【模具分型工具】工具条中的【区域分析】按钮 ，弹出图 8-14 所示的【检查区域】对话框。选择+ZC 作为脱模方向,单击【计算】按钮。

图8-14　选择脱模方向

2)选择【区域】选项卡,得到图 8-15 所示的【区域】界面。单击【设置区域颜色】按钮 ，发现【未定义的区域】中【交叉竖直面】数量为12。勾选【交叉竖直面】复选框,单击【应用】按钮,完成型腔与型芯区域的定义。

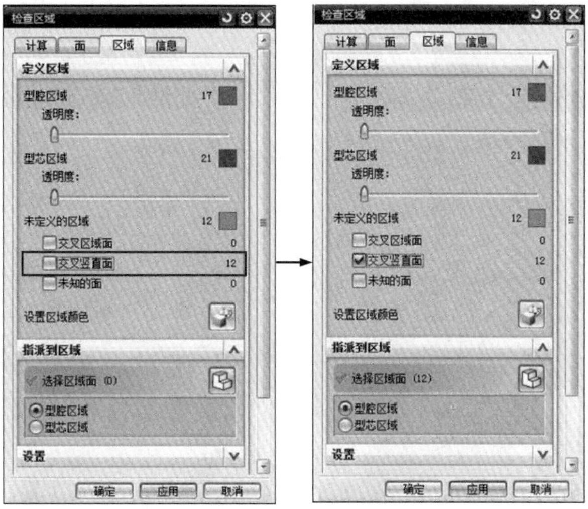

图8-15　【区域】选项卡设置

2．定义区域

操作步骤如下：单击【模具分型工具】工具条中的【定义区域】按钮，弹出【定义区域】对话框。勾选【创建区域】和【创建分型线】复选框，如图 8-16 所示，单击【确定】按钮，返回图 8-13 所示的【模具分型工具】工具条。

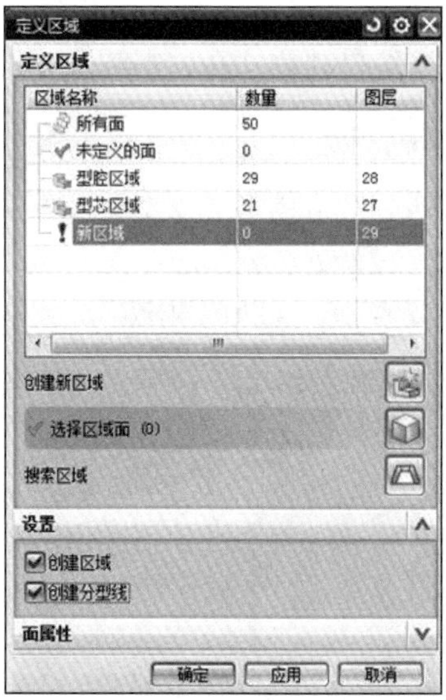

图8-16　【定义区域】对话框设置

3．曲面补片

操作步骤如下：

1）单击【模具分型工具】工具条中的【曲面补片】按钮，弹出图 8-17 所示的【边缘修补】对话框。在【环选择】选项卡中将【类型】更改为【体】，选择产品，系统自动查找产品中的破孔。

图8-17　【边缘修补】对话框

2）单击【确定】按钮，系统自动修补孔，得到图 8-18 所示的补片结果。

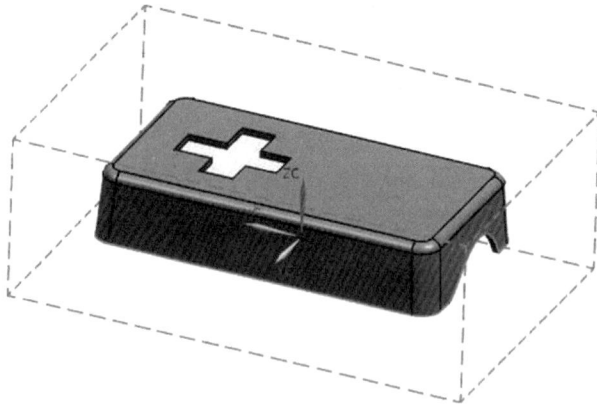

图8-18　补片结果

4. 创建分型面

操作步骤如下：

1）单击【模具分型工具】工具条中的【设计分型面】按钮，弹出图 8-19 所示的【设计分型面】对话框。

2）单击【创建分型面】按钮，得到图 8-20 所示的【创建分型面】界面。

图8-19　【设计分型面】对话框　　　　图8-20　【创建分型面】界面

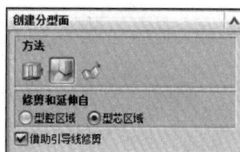

3）选择方法类型修剪和延伸，在【修剪和延伸自】选项组中点选【型芯区域】单选按钮，单击【确定】按钮，得到图 8-21 所示分型面结果。

5. 定义型腔和型芯

操作步骤如下：

1）单击【模具分型工具】工具条中的【定义型腔和型芯】按钮，弹出图 8-22 所示的【定义型腔和型芯】对话框。

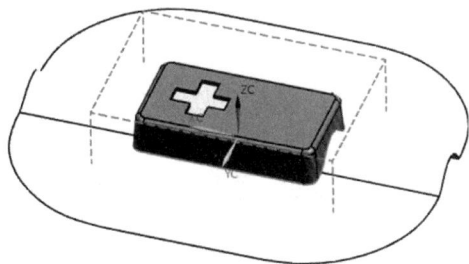

图8-21　分型面创建结果　　　　图8-22　【定义型腔和型芯】对话框

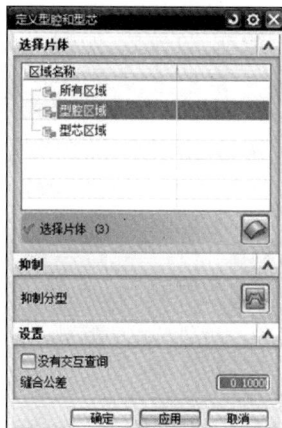

2）选择【型腔区域】选项，即选择型腔区域面。单击【应用】按钮得到图 8-23 所示的型腔区域，单击【确定】按钮，完成型腔部分的创建。

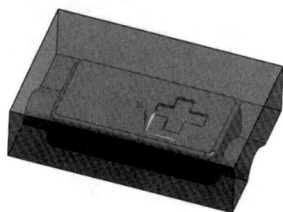

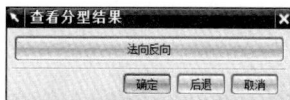

图 8-23　型腔区域创建

3）选择【型芯区域】选项，即选择型芯区域面。单击【确定】按钮得到图 8-24 所示的型芯区域,单击【确定】按钮,完成型芯部分的创建。

图8-24 型芯区域创建

8.1.5 添加模架

1. 导入模架、调整模架

操作步骤如下:

1)单击【注塑模向导】工具条中的【模架库】按钮,弹出【模架设计】对话框。

2)选择目录【LKM_SG】系统,根据成型镶件的布局尺寸,选择 CI 型模架【2025】规格,AP_h 设置为 60、BP_h 设置为 60、EJB_open 设置为-5,shorten_ej 设置为 0,其他参数按系统默认设置,如图 8-25 所示,单击【应用】按钮,模架结果如图 8-26 所示。

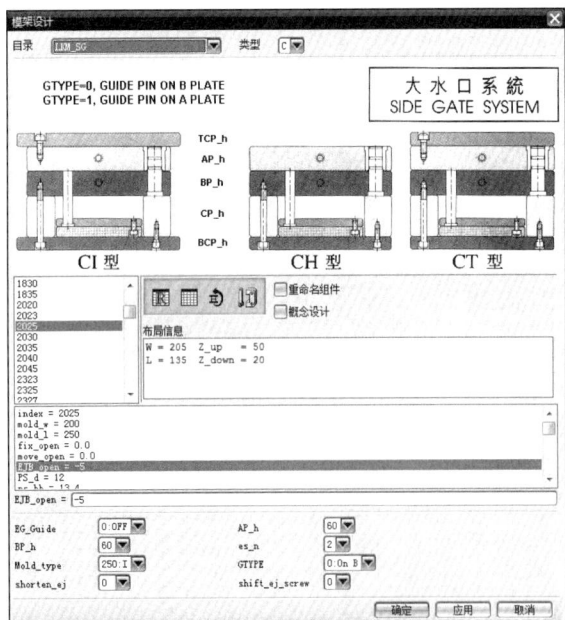

图8-25 【模架设计】对话框参数设置

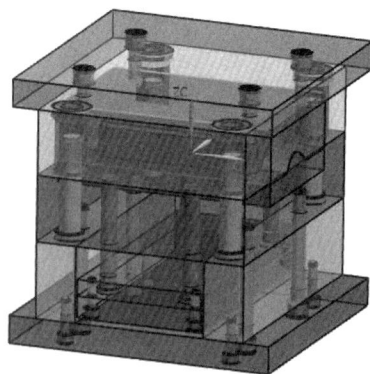

图8-26 模架结果

3)通过观察发现模架与型腔位置不合适。调整模架:单击【模架设计】对话框中的【旋转模架】按钮,调整模架到合适位置,结果如图 8-27 所示,将模架设为工作部件。

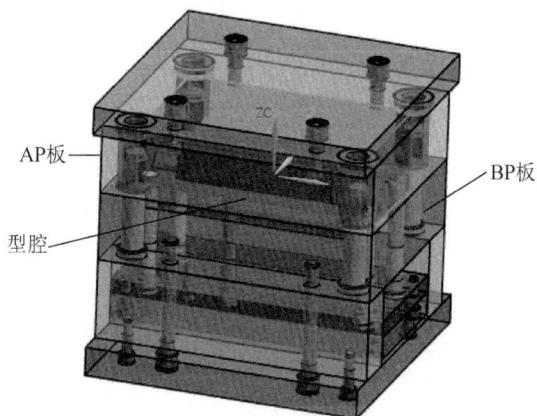

图8-27　调整模架

2. AP 板设计

操作步骤如下：

1）选中 AP 板并右击，在弹出的快捷菜单中选择【隐藏】命令。选中 AP 板内的型腔并右击，在弹出的快捷菜单中选择【隐藏】命令。

2）选择【编辑】|【隐藏】|【反转显示和隐藏】命令，得到图 8-28 所示的 AP 板图形。

图8-28　AP 板图形

3）选中 AP 板并右击，在弹出的快捷菜单中选择【设为工作部件】命令，如图 8-29 所示。

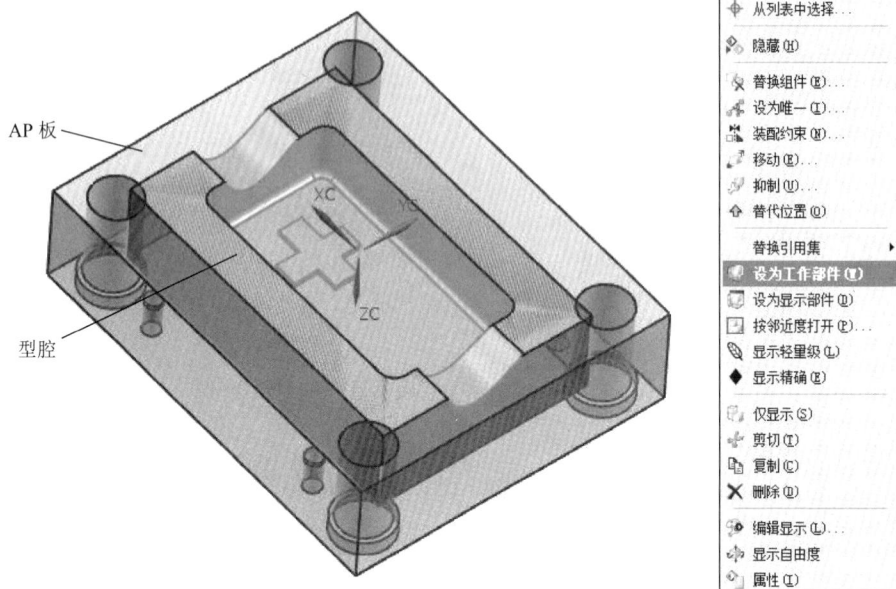

图8-29　AP 板设为工作部件

4）打开【装配】工具条，单击【WAVE 几何链接器】按钮，弹出【WAVE 几何链接器】对话框，在【类型】下拉列表中选择【复合曲线】选项，如图 8-30 所示，翻转视图中的模型，调整视图为【静态线框】，选择一个工件的上表面边界，即如图 8-31 所示 WAVE 曲线，单击【应用】按钮。

图8-30　选择【复合曲线】选项

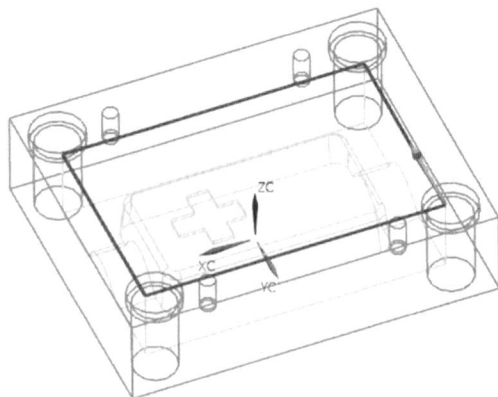

图8-31　WAVE 曲线 1

5）确保【建模】模块已经被激活，单击【特征】工具条中的【拉伸】按钮，弹出【拉伸】对话框，在工具条下方的【过滤器】的下拉列表中选择【单条曲线】选项，在视图中选择第一次抽取出的工件之一的边界线，设置拉伸方向沿－ZC 轴，设置拉伸长度足够长，以超出 AP 板下表面，选择【布尔】方式为【求差】，选择 AP 板为求差目标体，如图 8-32 所示，单击【应用】按钮。

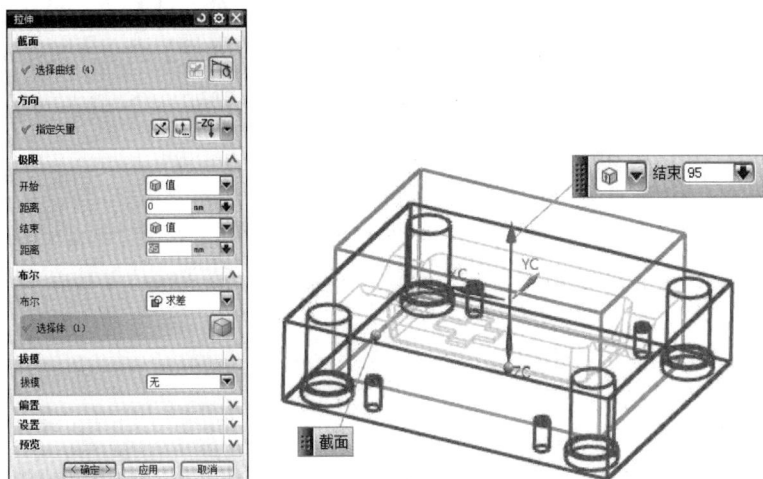

图8-32　拉伸及结果 1

6）单击【装配】工具条中的【WAVE 几何链接器】按钮，弹出【WAVE 几何链接器】对话框，在【类型】下拉列表中选择【体】选项，在视图中选择型腔，如图 8-33 所示，单击【确定】按钮。

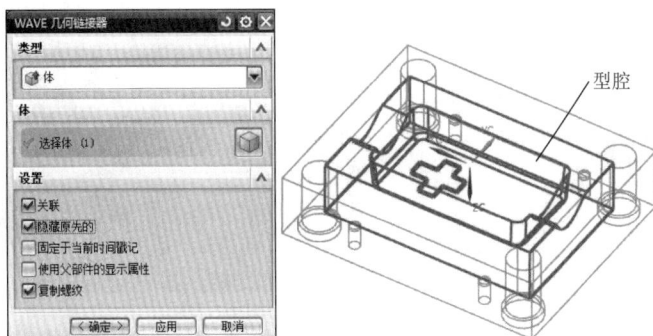

图8-33　WAVE 型腔

7）单击【装配】工具条中的【求和】按钮，弹出【求和】对话框，选择 AP 板为【目标】，选择步骤6）中抽取出的型腔体为【刀具】，如图 8-34 所示，单击【确定】按钮。

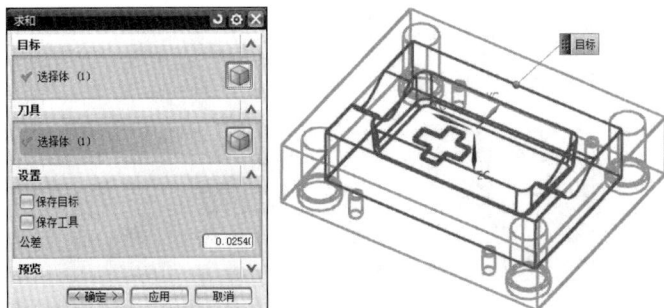

图8-34　求和及结果

8）打开【装配导航器】界面，展开装配树，选中型腔工件文件【MFG0001_REF_cavity_002】并右击，在弹出的快捷菜单中选择【替换引用集】|【空】命令，如图8-35所示。

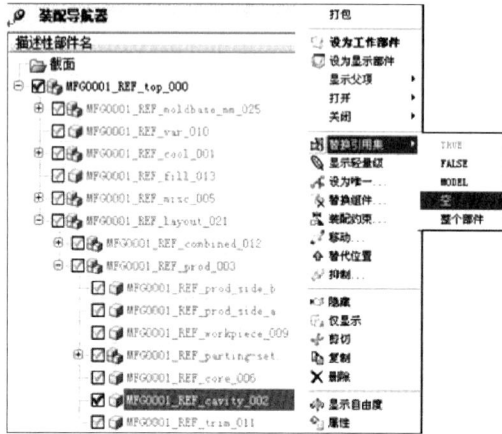

图8-35　文件【MFG0001_REF_cavity_002】的设置

AP板设计完成，如图8-36所示。

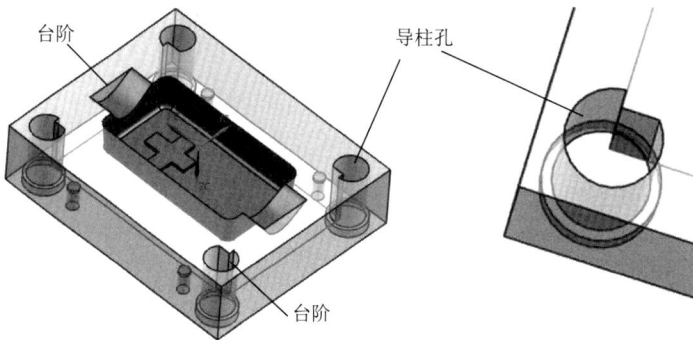

图8-36　AP板设计完成效果

9）检查并调整AP板，发现4个导柱孔中间不平直，还有两个台阶。将AP板设为工作部件，单击【同步建模】工具条中的【删除面】按钮，弹出【删除面】对话框，依次选择4个导柱孔上凸出的3个面，如图8-37所示，单击【确定】按钮，完成导柱孔调整。

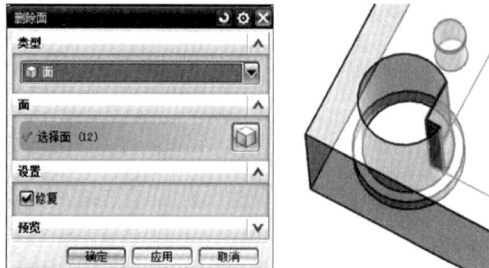

图8-37　删除面

单击【特征】工具条中的【拉伸】按钮██，弹出【拉伸】对话框，在工具条下方的【过滤器】的下拉列表中选择【面的边】选项，在视图中选择两个台阶面，设置拉伸方向沿 XC 轴，如图 8-38 所示。设置拉伸长度足够长，以超出 AP 板两个侧面，选择【布尔】方式为【求差】，选择 AP 板为求差目标体，单击【应用】按钮，得到调整后的 AP 板，如图 8-39 所示。

3. BP 板设计

参照 AP 板的设计，操作步骤如下：

1）选中 BP 板并右击，在弹出的快捷菜单中选择【隐藏】命令。选中 BP 板内的型芯并右击，在弹出的快捷菜单中选择【隐藏】命令，再选择【编辑】｜【隐藏】｜【反转显示和隐藏】命令，得到图 8-40 所示的 BP 板图形。

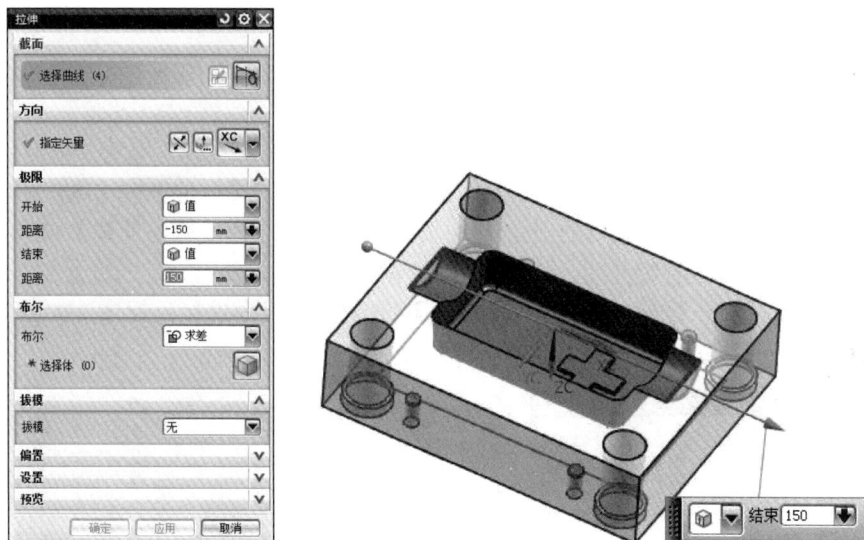

图8-38　设置拉伸方向

图8-39　AP 板效果

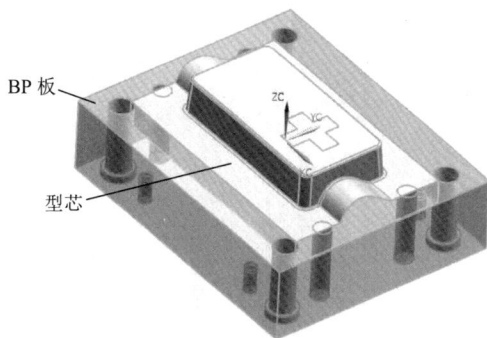

图8-40　BP 板图形

2）选中 BP 板并右击，在弹出的快捷菜单中选择【设为工作部件】命令。

3）打开【装配】工具条，单击【WAVE 几何链接器】按钮，弹出【WAVE 几何链接器】对话框，在【类型】下拉列表中选择【复合曲线】选项，翻转视图中的模型，调整视图为【线框图】，选择型芯的底部边界，即如图 8-41 所示 WAVE 曲线，单击【应用】按钮。

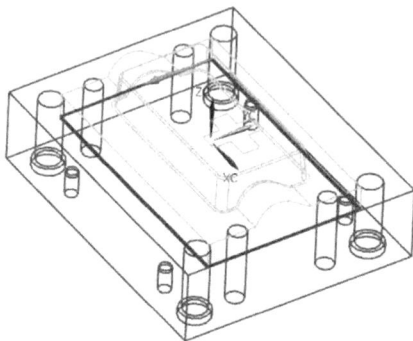

图8-41　WAVE 曲线 2

4）确保建模模块已经被激活，单击【特征】工具条中的【拉伸】按钮，弹出【拉伸】对话框，在工具条下方的【过滤器】的下拉列表框中选择【单条曲线】选项，在视图中选择抽取出的型芯的边界线，设置拉伸方向沿－ZC 轴，设置拉伸长度足够长，以超出 BP 板上表面，选择【布尔】方式为【求差】，选择 BP 板为求差目标体，如图 8-42 所示，单击【应用】按钮。

图8-42　拉伸及结果 2

5）单击【装配】工具条中的【WAVE 几何链接器】按钮，弹出【WAVE 几何链接器】对话框，在【类型】下拉列表中选择【体】选项，在视图中选择型腔，如图 8-43 所示，单击【确定】按钮。

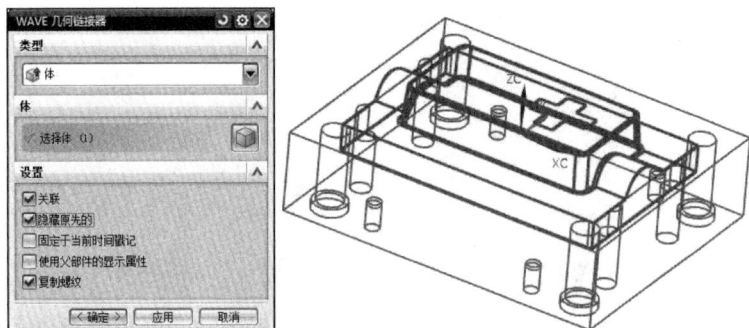

图8-43　【类型】及视图中设置

6）单击【装配】工具条中的【求和】按钮，选择 BP 板为【目标】，选择步骤 5）中抽取出的型芯体为【刀具】，如图 8-44 所示，单击【确定】按钮。

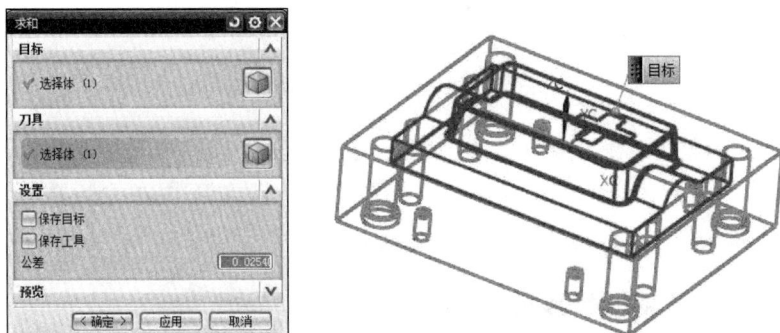

图8-44　选择抽取出的型芯体为【刀具】

7）打开【装配导航器】界面，展开装配树，选中型腔工件文件【MFG0001_REF_core_006】并右击，在弹出的快捷菜单中选择【替换引用集】|【空】命令，如图 8-45 所示。

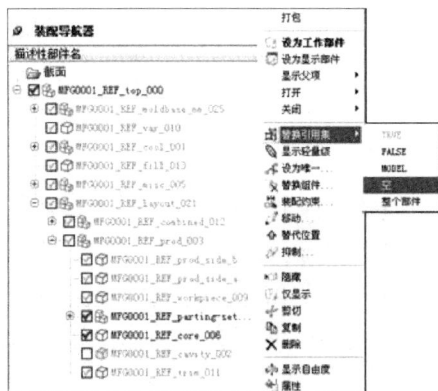

图8-45　文件【MFG0001_REF_core_006】的设置

8）BP 板设计完成，如图 8-46 所示。

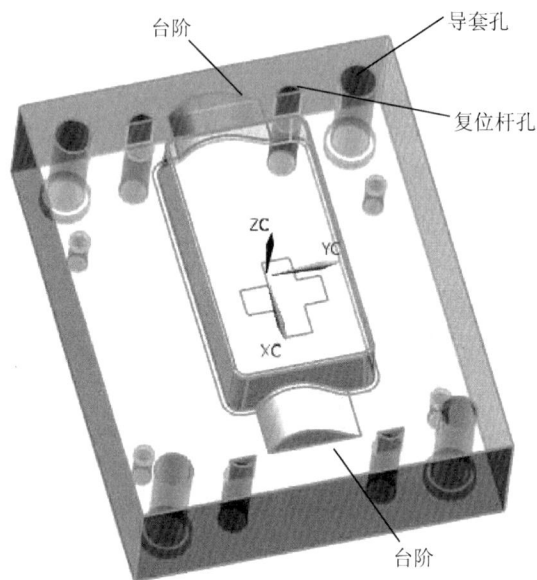

图8-46　BP 板完成效果

9）检查并调整 BP 板，发现 4 个导套孔与 4 个复位杆孔中间不平直，还有两个台阶。单击【删除面】按钮，弹出【删除面】对话框，依次选择 4 个导柱孔上凸出的 3 个面，如图 8-47 所示，单击【确定】按钮，完成导柱孔及复位杆孔调整。

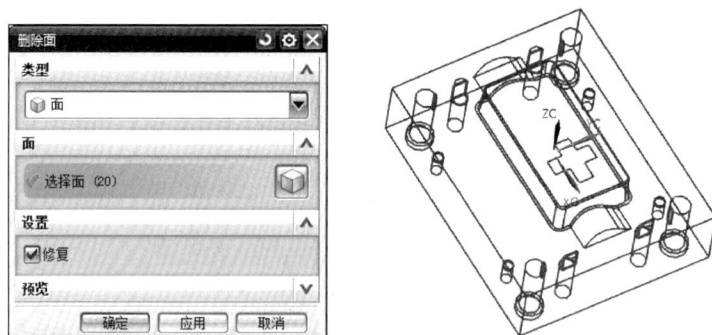

图8-47　导柱孔及复位杆孔调整

单击【特征】工具条中的【拉伸】按钮，弹出【拉伸】对话框，在工具条下方的【过滤器】的下拉列表中选择【面的边】选项，在视图中选择两个台阶面，设置拉伸方向沿 XC 轴，设置拉伸对称值为 22.5，如图 8-48 所示，与 BP 板两个侧面平齐，选择【布尔】方式为【求和】，选择 BP 板为求和目标体，单击【应用】按钮，得到调整后的 BP 板，如图 8-49 所示。

图8-48　设置拉伸对称值　　　　　图8-49　调整后的 BP 板

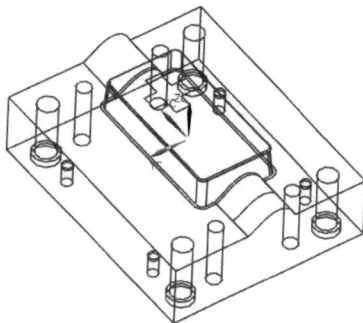

8.1.6　浇注系统设计

由于本产品盒形塑料制件采用一模一腔，因此采用直接中心浇口进浇。

【提示】

浇注系统设计应根据选定注塑机型号（定位圈直径为 125mm，喷嘴直径为 3mm，喷嘴球头 *SR* 为 10mm，喷嘴最大伸入高度为 50mm）确定定位圈的型号、浇口套的型号。

1. 定位圈的设计

操作步骤如下：

单击【注塑模向导】工具条中的【标准部件库】按钮，弹出【标准件管理】对话框，在【文件夹视图】选项组中选择生产厂商【FUTABA_MM】，并在子选项中选择【Locating Ring Interchangeable】选项，在【详细信息】选项组中选择【TYPE】为【M-LRB】，【DIAMETER】为 100，【BOTTOM_C_BORE_DIA】为 36，如图 8-50 所示，单击【确定】按钮。

系统自动生成并安放定位圈，结果如图 8-51 所示。

2. 浇口套的设计

操作步骤如下：

1）单击【注塑模向导】工具条中的【标准部件库】按钮，弹出【标准件管理】对话框，在【文件夹视图】选项组中选择生产厂商【MISUMI】下的【Sprue Bushings】选项。在【详细信息】选项组中选择【TYPE】为【SBBH】，并设置浇口套参数，如图 8-52 所示，单击【确定】按钮。

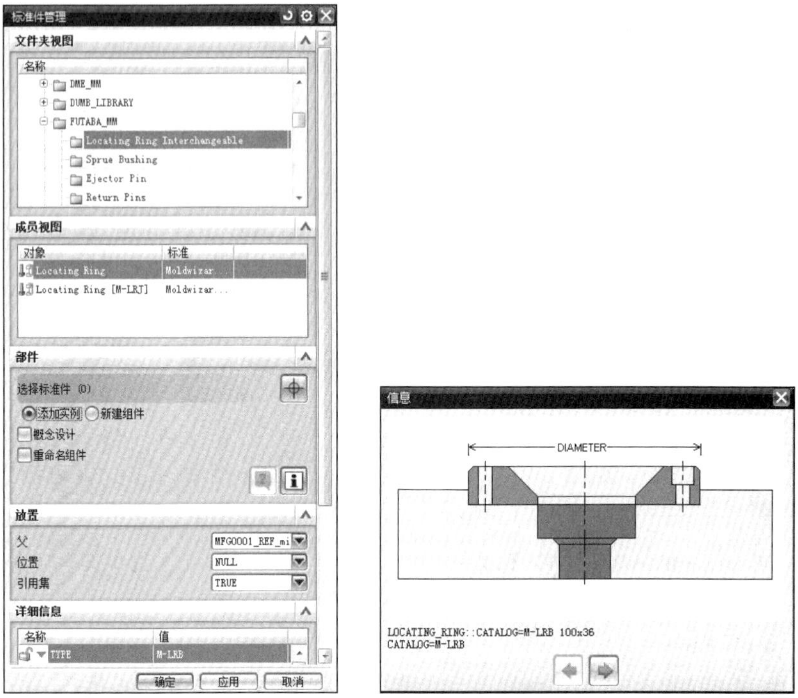

图8-50　设置定位圈尺寸

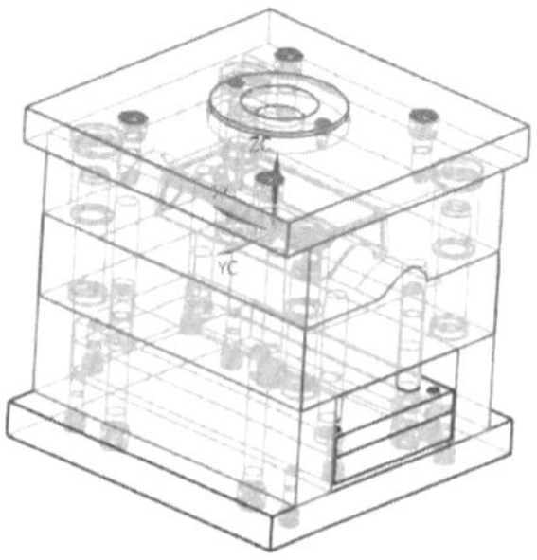

图8-51　定位圈设计结果 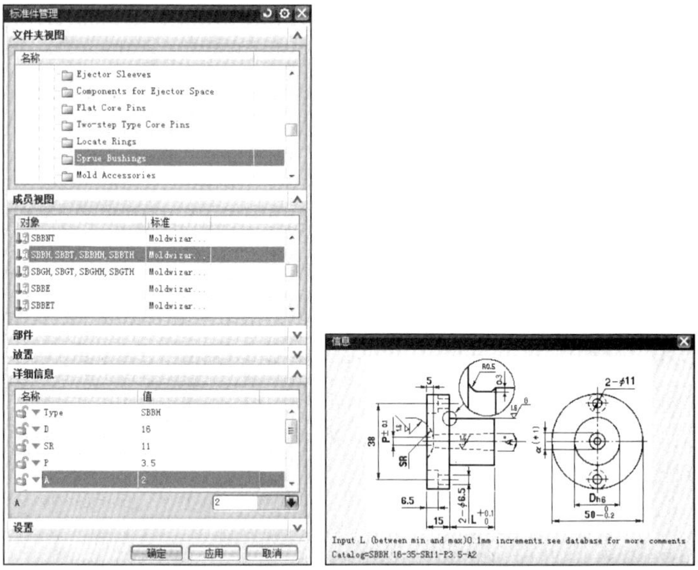　　　　　　图8-52　【标准件管理】对话框参数设置

系统自动生成并安放浇口套，结果如图 8-53 所示。

2）图 8-53 中衬套的定位与定位圈没有完全配合，需要重定位操作。单击【注塑模向导】工具条中的【标准部件库】按钮，弹出【标准件管理】对话框，在视图中选择浇道衬套部件，如图 8-54 所示。

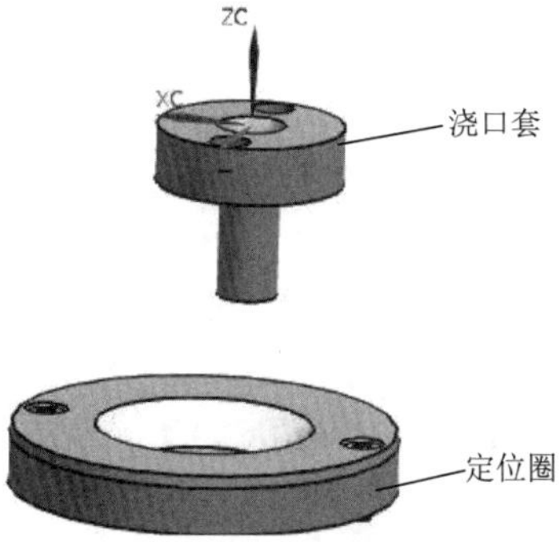

图8-53　浇口套与定位圈

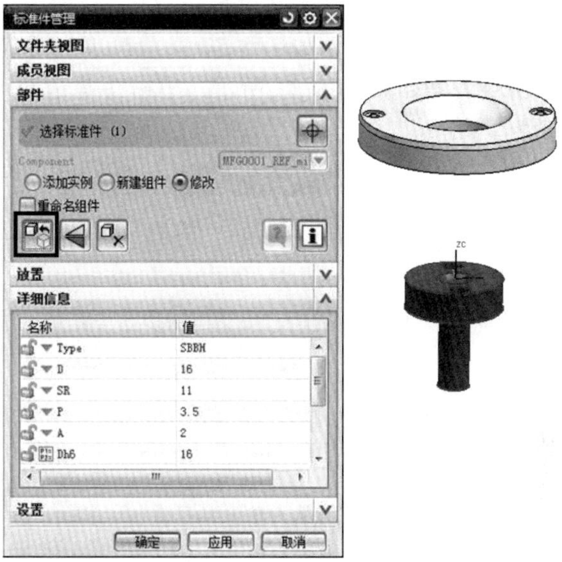

图8-54　重定位浇口套

3）单击【标准件管理】对话框中的【重定位】按钮，弹出【移动组件】对话框，并在衬套部件上出现动态坐标系，单击 ZC 轴方向箭头，沿 ZC 方向移动 80mm，衬套至与定位环平齐位置，如图 8-55 所示。

4）单击【移动组件】对话框中的【确定】按钮，再单击【标准件管理】对话框中的【取消】按钮，退出对话框。浇口套与定位圈位置如图 8-56 所示，完成浇口套调整。

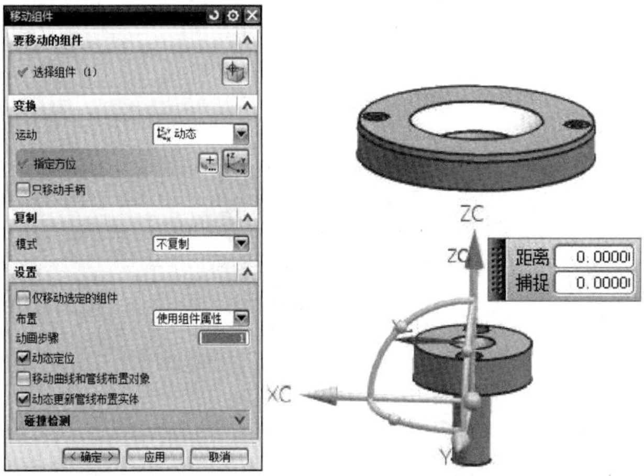

图8-55　移动组件及效果

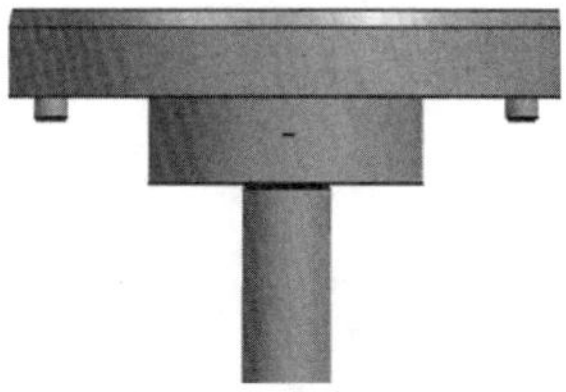

图8-56　浇口套与定位圈位置

3. 添加浇口套固定螺钉

1）单击【注塑模向导】工具条中的【标准部件库】按钮，弹出【标准件管理】

对话框,在【文件夹视图】选项组中选择生产厂商【DME_MM】下的【Screws】选项,在【详细信息】选项组中设置【SIZE】为【6】,【ORIGIN_TYPE】为 2,【SIDE】为【A】,【LENGTH】为 16,如图 8-57 所示。单击【确定】按钮,弹出【选择面】对话框,选择圆柱底面,如图 8-58 所示,单击【确定】按钮,弹出图 8-59(a)所示的【点】对话框。

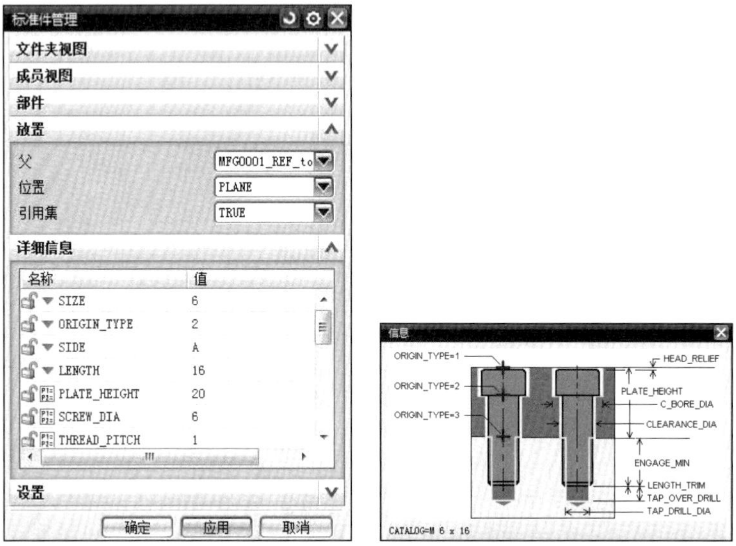

图8-57 浇口套固定螺钉的创建

（a）【点】对话框   （b）选择圆柱底面圆心点

图8-58 选择圆柱底面   图8-59 【点】对话框及选择圆柱底面圆心点

2）在【点】对话框中选择圆柱底面圆心点,如图 8-59(b)所示,单击【确定】按钮。

3）出现加载后的螺钉,在【点】对话框中输入 YC 值为−38,如图 8-60 所示,单击【确定】按钮,添加完成的浇口套固定螺钉如图 8-61 所示。

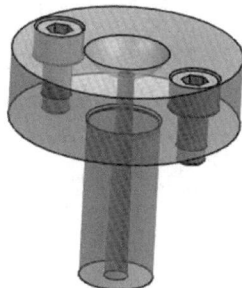

图8-60　浇口套螺钉　　　　　图8-61　添加完成的浇口套固定螺钉

8.1.7　顶出系统设计

本产品是盒形塑料制件，内表面是不可见面，所以可以采用顶针推出产品的脱模形式。操作步骤如下：

1. 顶针设计

1）单击【注塑模向导】工具条中的【标准部件库】按钮，弹出【标准件管理】对话框，在【文件夹视图】选项组中选择生产厂商【FUTABA_MM】下的【Ejector Pin】选项，在【成员视图】选项组中选择【Ejector Pin Straight】选项，在【详细信息】选项组中设置【CATALOG_DIA】的尺寸为 10.0，【CATALOG_LENGTH】选择为 150，如图 8-62 所示，单击【确定】按钮。

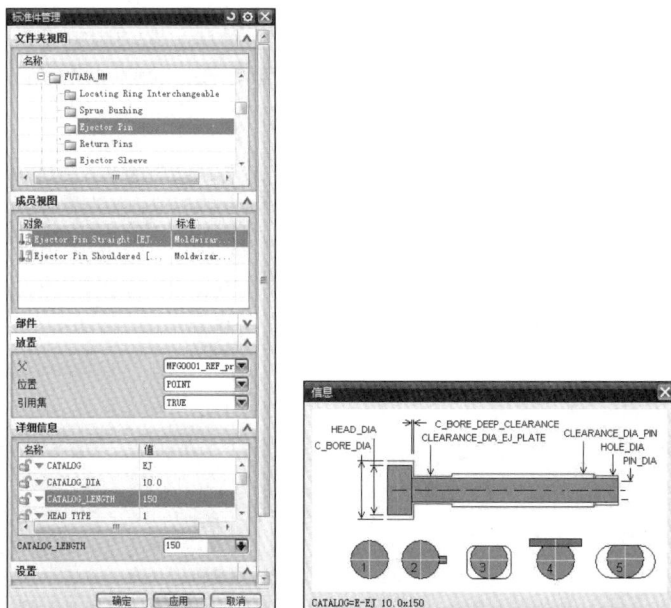

图8-62　盒形塑料制件的创建

2）弹出图8-63所示的【点】对话框，选择绝对坐标，输入坐标（XC＝0，YC＝30，ZC＝0），单击【确定】按钮，系统在该坐标下自动创建顶针，如图8-64所示。

图8-63　输入坐标自动创建顶针

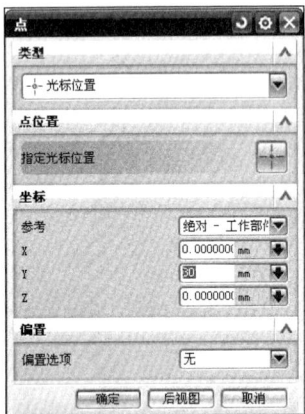

图8-64　加载顶针1

3）在【点】对话框中依次输入点坐标（X＝0，Y＝－30，Z＝0）、（X＝－64，Y＝30，Z＝0）、（X＝－64，Y＝－30，Z＝0）、（X＝64，Y＝30，Z＝0）、（X＝64，Y＝－30，Z＝0），系统自动创建其余5根顶针，创建结果如图8-65所示。

2．修剪顶针

由于插入的顶针比较长，需要对其进行修剪操作。

1）单击【注塑模向导】工具条中的【顶杆后处理】按钮，弹出【顶杆后处理】对话框。

2）依次选择产品中的6根顶针为目标体，在【刀具】选项组的【修边曲面】下拉列表中选择【CORE_TRIM_SHEET】选项，即型芯面片体，如图8-66所示，单击【确定】按钮。

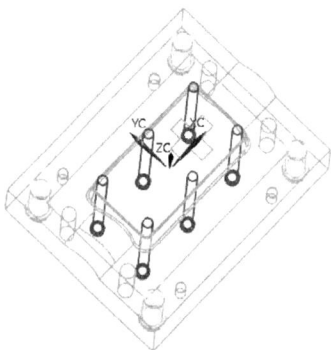

图8-65　顶针1创建结果

图8-66　选择目标体

顶针修剪结果如图 8-67 所示。至此，顶针设计完毕。

图8-67 顶针修剪结果

【提示】

顶出系统修剪过程中出现裁剪体高出本体，可以通过选择【调整长度】选项重新调整顶针长度。

3. 顶出系统复位

顶出系统复位主要是指弹簧辅助复位杆使顶出系统快速回位。

1）单击【注塑模向导】工具条中的【标准部件库】按钮，弹出【标准件管理】对话框，在【文件夹视图】选项组中选择生产厂商【FUTABA_MM】下的【Springs】选项，在【成员视图】选项组中选择【Spring】选项，在【详细信息】选项组中的【COMPRESSION】选项中设置弹簧压缩量，输入 10，按 Enter 键，复位弹簧一般选择矩形截面的弹簧，弹簧的类型、直径等参数设置如图 8-68 所示。

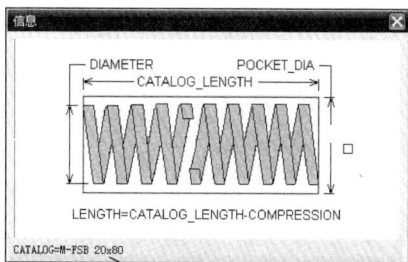

图8-68 弹簧创建

2）参数设置完成后，在【放置】选项组中选取面针板的顶面，如图 8-69 所示。

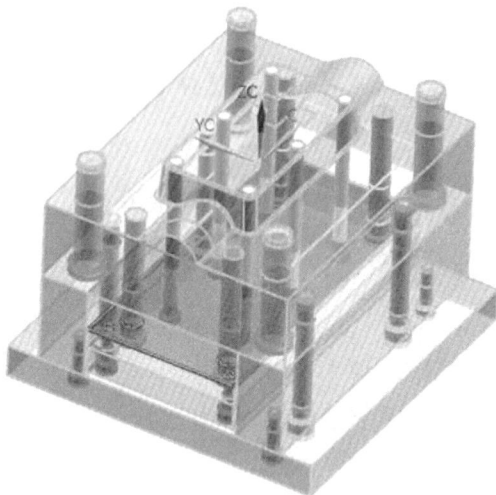

图8-69　选取面针板的顶面

3）单击【确定】按钮，弹出【点】对话框，选取复位杆的圆弧中心，单击【确定】按钮，完成复位弹簧的创建，如图 8-70 所示。

4）其他 3 个复位弹簧的创建方法一样，最后的结果如图 8-71 所示。

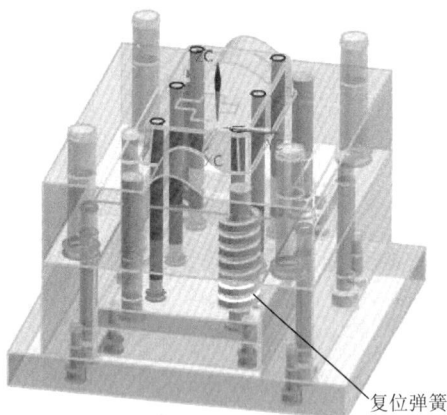

图8-70　复位弹簧的创建

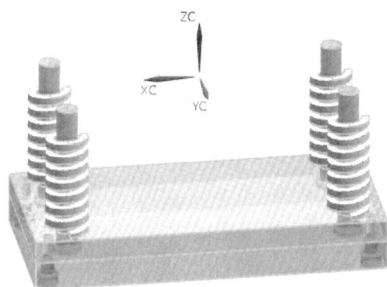

图8-71　复位弹簧结果

4. 垃圾钉

垃圾钉，顾名思义，就是用来装垃圾的。当模具注塑时，很难保证在顶针板顶出时无垃圾（如铁屑）掉入，如果没有垃圾钉，则顶针板复位时被垃圾顶住，不能回到正确位置。垃圾钉设置如下：

1）单击【注塑模向导】工具条中的【标准部件库】按钮，弹出【标准件管理】对话框，在【文件夹视图】选项组中选择生产厂商【FUTABA_MM】下的【Stop Buttons】

选项，在【成员视图】选项组中选择【Stop Pad】选项，在【详细信息】选项组中设置选
择垃圾钉型号 M-STR/16，如图 8-72 所示。

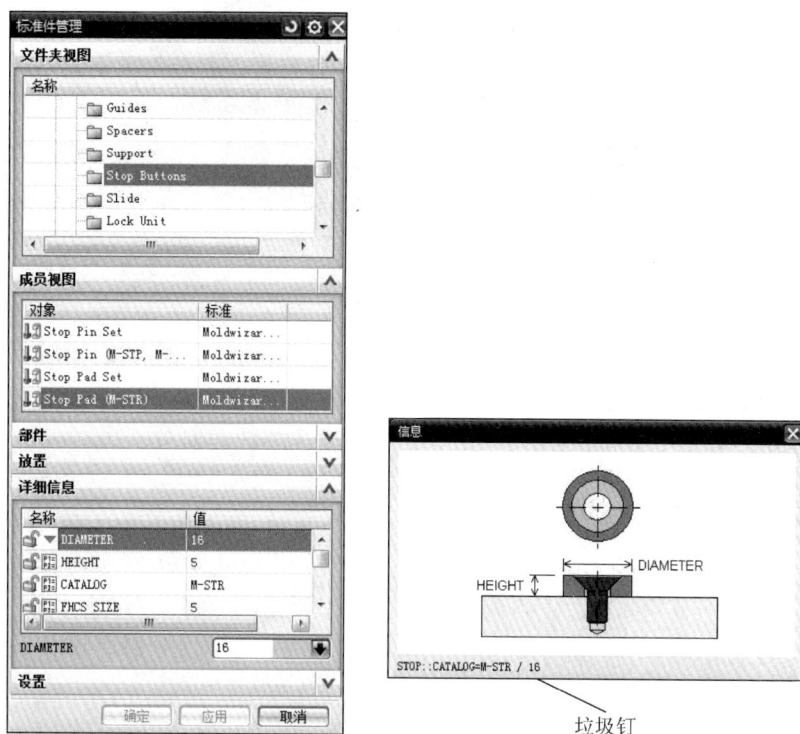

图8-72 垃圾钉的参数设置

2）参数设置完成后，在【放置】选项组中选取底板的上表面，单击【确定】按钮。弹
出【点】对话框，选取复位杆的圆弧中心，单击【确定】按钮，完成垃圾钉的创建，如
图 8-73 所示。

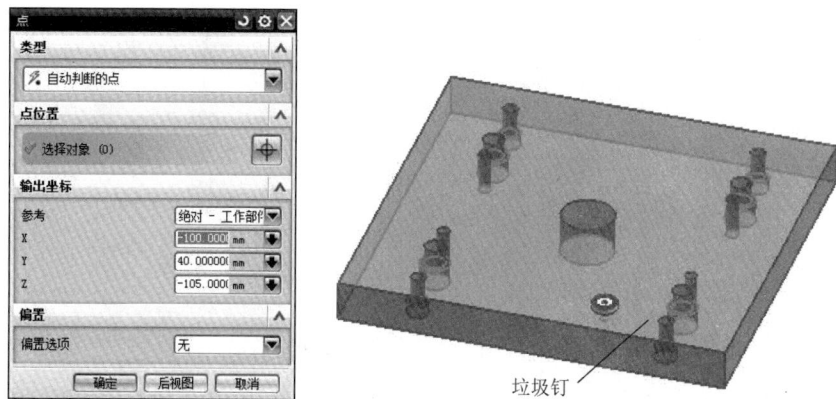

图8-73 垃圾钉的创建

3）其他 3 个垃圾钉的创建方法相同，结果如图 8-74 所示。

图8-74　垃圾钉创建结果

【提示】

标准件无法定位（如选择【点】命令常常无法捕捉部件圆心）时，需要将选择条中的【选择范围】设置为【整个装配】，这样就可以选择部件的圆心。

8.1.8　冷却系统设计

根据产品实际情况，采用动、定模各一组水路设计。

1. 设计冷却水路

模具方位示意图如图 8-75 所示。

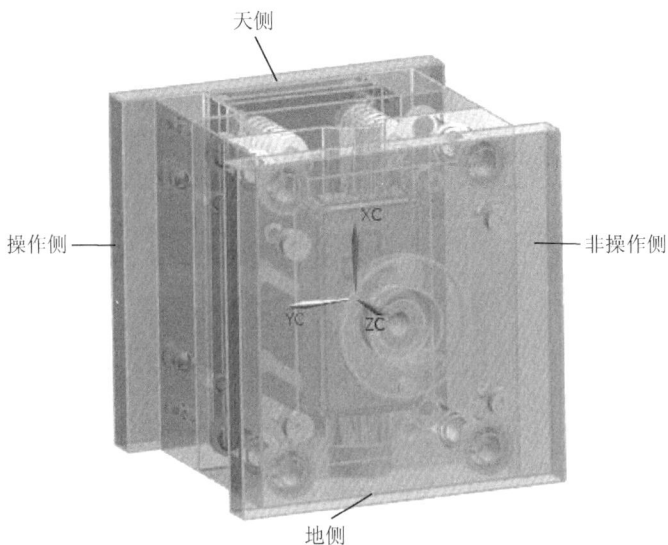

图8-75　模具方位示意图

（1）非操作侧水路设计

1）单击【注塑模向导】工具条中的【模具冷却工具】按钮 ，弹出【模具冷却工具】工具条。单击【模具冷却工具】工具条中的【冷却标准部件库】按钮 ，弹出【冷却组件设计】对话框。在【文件夹视图】选项组中选择【COOLING】选项，在【成员视图】选项组中选择【COOLING HOLE】选项，在【详细信息】选项组中设置冷却水路尺寸参数，选择【PIPE_THREAD】为 1/8，设置参数【HOLE_1_DEPTH】为 85，【HOLE_2_DEPTH】为 85，如图 8-76 所示，单击【确定】按钮。

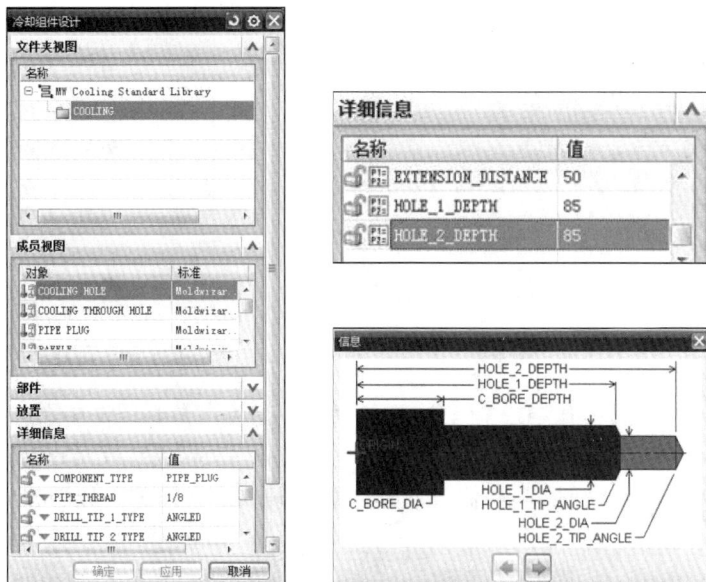

图8-76　冷却水路的创建

2）单击【放置】选项组中的【选择面和平面】按钮，在视图中选择 AP 板的非操作侧面，如图 8-77 所示。

图8-77　选择 AP 板的非操作侧面

3）视图变为放置面正视图，并弹出【点】对话框，选择绝对坐标，输入坐标（X＝20，Y＝100，Z＝45），单击【确定】按钮，系统自动创建 AP 板上的第一条水路，如图 8-78 所示。

4）再次弹出【点】对话框，选择绝对坐标，输入坐标（X＝－20，Y＝100，Z＝45），单击【确定】按钮，系统自动生成 AP 板上第二条水路，如图 8-79 所示。

图8-78　创建第一条水路　　　　　　　　　　　图8-79　创建第二条水路

5）重复上述步骤，创建 BP 板上的两条水路。在【点】对话框中选择绝对坐标，依次输入坐标（X＝20，Y＝100，Z＝－20）、（X＝－20，Y＝100，Z＝－20）、（X＝20，Y＝100，Z＝45），单击【确定】按钮。非操作侧 4 条水路创建结果如图 8-80 所示。

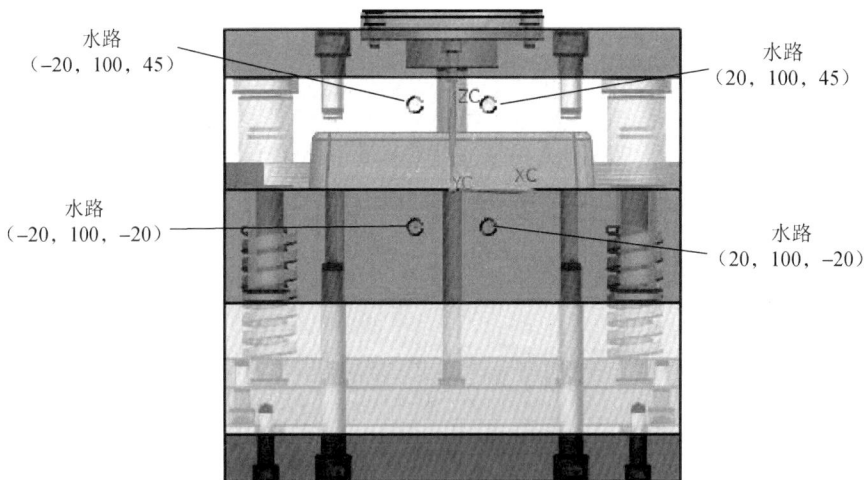

图8-80　非操作侧 4 条水路创建结果

（2）地侧水路创建

1）参考非操作侧水路设计方法，单击【模具冷却工具】工具条中的【冷却标准部件库】按钮，弹出【冷却组件设计】对话框，设置【PIP_THREAD】为 1/8，设置参数【HOLE_1_DEPTH】为 110，【HOLE_2_DEPTH】为 110，在【放置】选项组中选择 AP 板的底侧面，如图 8-81 所示，单击【确定】按钮。

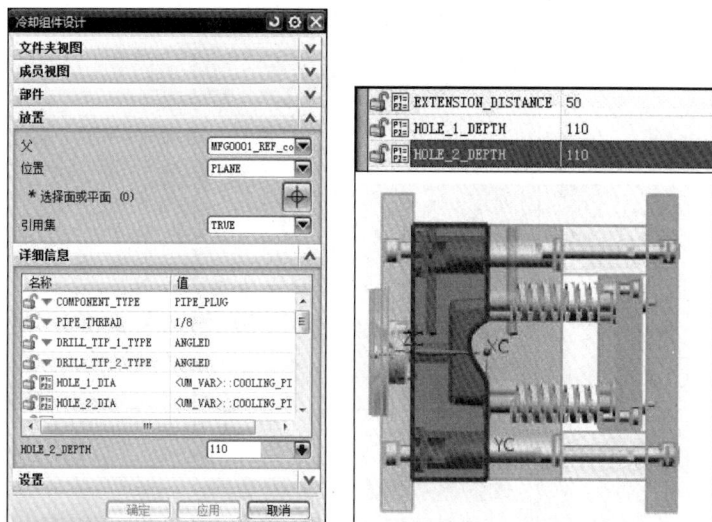

图8-81　地侧水路创建

2）弹出【点】对话框，选择绝对坐标，依次输入坐标（X＝－20，Y＝－20，Z＝45）、（X＝－20，Y＝－15，Z＝－20），单击【确定】按钮。地侧水路创建结果如图 8-82 所示。

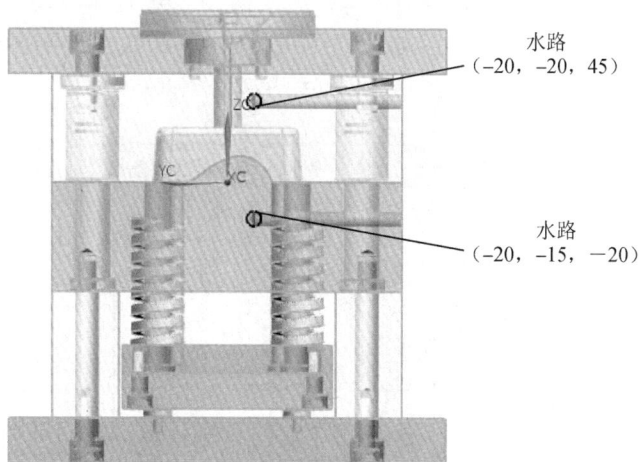

图8-82　地侧水路创建结果

（3）操作侧水路创建

1）参考非操作侧水路设计方法，单击【模具冷却工具】工具条中的【冷却标准部件库】按钮，弹出【冷却组件设计】对话框，设置【PIP_THREAD】为 1/8，设置参数【HOLE_1_DEPTH】为 120，【HOLE_2_DEPTH】为 120，在【放置】选项组中选择 AP板的操作侧面，如图 8-83 所示，单击【确定】按钮。

图8-83 操作侧水路创建

2）弹出【点】对话框，选择绝对坐标，依次输入坐标（X＝45，Y＝100，Z＝45）、（X＝－45，Y＝100，Z＝45）、（X＝45，Y＝100，Z＝－20）、（X＝－45，Y＝100，Z＝－20），单击【确定】按钮。操作侧水路创建结果如图 8-84 所示。

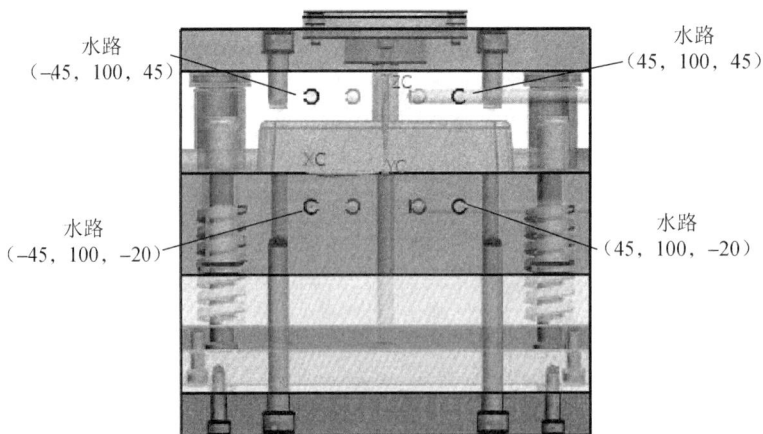

图8-84 操作侧水路创建结果

（4）天侧水路创建

1）参考非操作侧水路设计方法，单击【模具冷却工具】工具条中的【冷却标准部件库】按钮，弹出【冷却组件设计】对话框，设置【PIP_THREAD】为 1/8，设置参数【HOLE_1_DEPTH】为 110，【HOLE_2_DEPTH】为 110，单击【确定】按钮。

2）弹出【点】对话框，选择绝对坐标，依次输入坐标（X＝－125，Y＝－20，Z＝45）、（X＝－125，Y＝－15，Z＝－20），单击【确定】按钮。

3）创建另外 2 条水路。设置冷却水路尺寸参数【PIP_THREAD】为 1/8，【HOLE_1_DEPTH】为 175，【HOLE_2_DEPTH】为 175，选择绝对坐标，依次输入坐标（X＝－125，Y＝15，Z＝－20）、（X＝－125，Y＝15，Z＝45），单击【确定】按钮。天侧水路创建结果如图 8-85 所示。

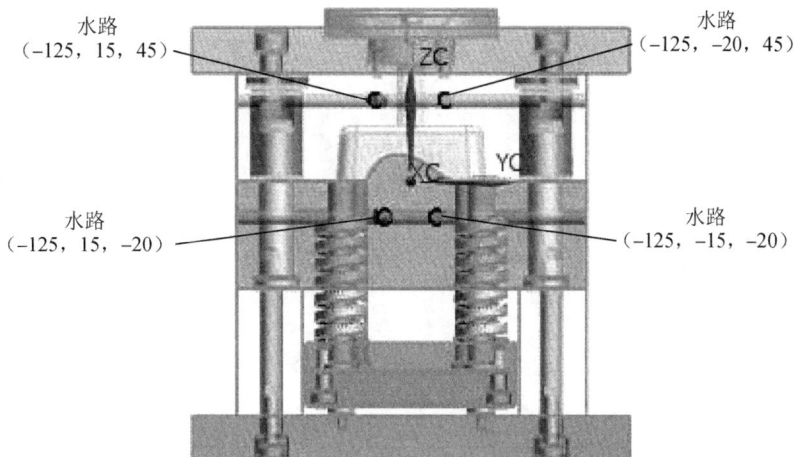

图8-85　天侧水路创建结果

（5）动模板底部水井孔创建

1）参考非操作侧水路设计方法，单击【模具冷却工具】工具条中的【冷却标准部件库】按钮，弹出【冷却组件设计】对话框，设置冷却水路尺寸参数【PIP_THREAD】为 3/8，【HOLE_1_DEPTH】为 72，【HOLE_2_DEPTH】为【72】，如图 8-86 所示，单击【确定】按钮。

图8-86　动模板底部水井孔创建

2）选择动模板底面，单击【确定】按钮，弹出【点】对话框，选择绝对坐标，依次输入坐标（X＝47，Y＝15，Z＝−60）、（X＝−47，Y＝15，Z＝−60）、（X＝47，Y＝−15，Z＝−60）、（X＝−47，Y＝−15，Z＝−60），单击【确定】按钮。动模板底部水井孔创建结果如图 8-87 所示。

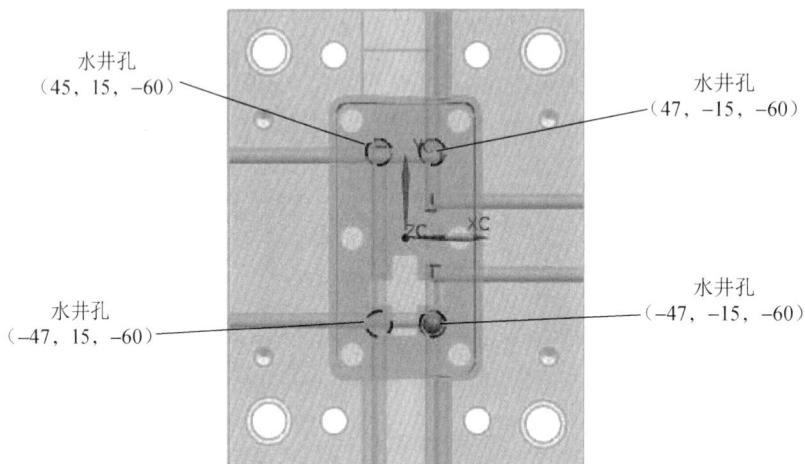

图8-87　动模板底部水井孔创建结果

2. 水嘴、堵头、隔水片水堵标准件设计

（1）水嘴设计

1）单击【模具冷却工具】工具条中的【冷却标准部件库】按钮，弹出【冷却组件设计】对话框。在【文件夹视图】选项组中选择【COOLING】选项，在【成员视图】选项组中选择【CONNECTOR PLUG】选项，在【详细信息】选项组中选择供应商【SUPPLIER】为【HASCO】，选择【PIPE_THREAD】为 1/8。

2）在【放置】选项组中选择水嘴的【父】部件为【MFG0001_REF_cool_001】，【位置】为【PLANE】，如图 8-88 所示。

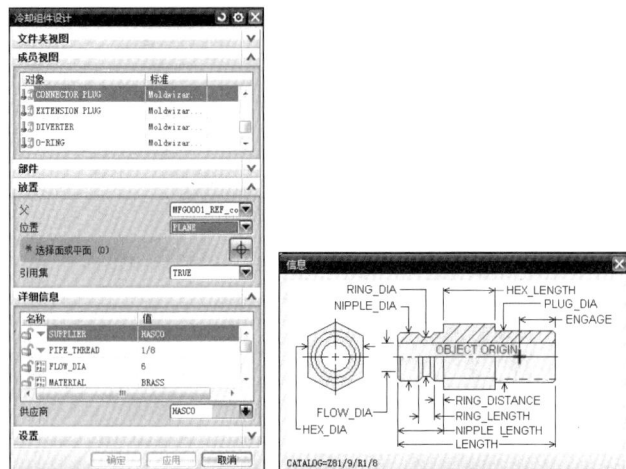

图8-88　水嘴创建

3）在视图中选择 AP 板的非操作侧面，如图 8-89 所示，单击【确定】按钮。

4）视图变为放置面正视图，并弹出【点】对话框，选择绝对坐标，依次选择 4 个水嘴中心，单击【确定】按钮，系统自动创建水嘴。非操作侧水嘴创建结果如图 8-90 所示。

图8-89　选择安装面

图8-90　创建水嘴结果

（2）侧面水堵设计

1）单击【模具冷却工具】工具条中的【冷却标准部件库】按钮，弹出【冷却组件设计】对话框。在【文件夹视图】选项组中选择【COOLING】选项，在【成员视图】选项组中选择【PIPE PLUG】选项，在【详细信息】选项组中选择供应商【SUPPLIER】为【DME】，选择【PIPE_THREAD】为 1/8，在【放置】选项组中选择水堵的【父】部件为【MFG0001_REF_cool_001】，【位置】为【PLANE】，如图 8-91 所示，单击【确定】按钮。

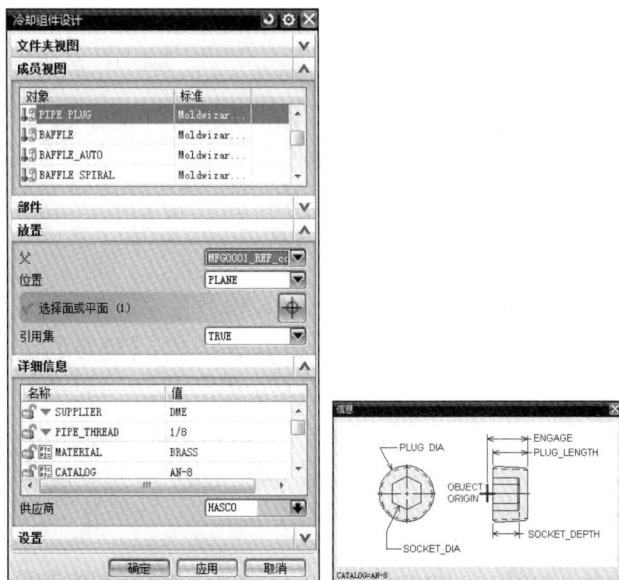

图8-91　侧面水堵创建

2）在视图中选择 AP 板的地侧面，单击【确定】按钮，视图变为放置面正视图，并弹出【点】对话框，选择绝对坐标，依次选择各水孔中心，单击【确定】按钮，系统自动创建 AP 板地侧面上水路的水堵。依次创建其余四周水堵,创建结果如图 8-92 所示。

(3)动模底部带隔水片水堵设计

1)单击【模具冷却工具】工具条中的【冷却标准部件库】按钮,弹出【冷却组件设计】对话框,在【成员视图】选项组中选择【BAFFLE】选项,选择水堵的【父】部件为【MFG0001_REF_cool_001】,【位置】为【PLANE】,选择供应商【SUPPLIER】为【DME】,【PIPE_THREAD】为 3/8,【BAFFLE-LENGTH】为 70,如图 8-93 所示。

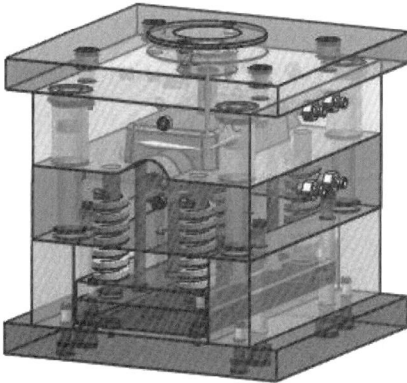

图8-92 水堵创建结果

图8-93 隔水片堵头创建

2)在视图中选择动模板的底面,单击【确定】按钮,视图变为放置面正视图,并弹出【点】对话框,选择绝对坐标,依次选择各水井孔中心,单击【确定】按钮,系统自动创建模板的底面上水路的水堵。带隔水片水堵创建结果如图 8-94 所示。

3. 水路系统后处理

1)选中 AP 板、BP 板并右击,在弹出的快捷菜单中选择【隐藏】命令。选中 AP板、BP 板内的所有水路并右击,在弹出的快捷菜单中选择【隐藏】命令,选择【编辑】|【显示和隐藏】|【反转显示和隐藏】命令,得到图 8-95 所示的图形。

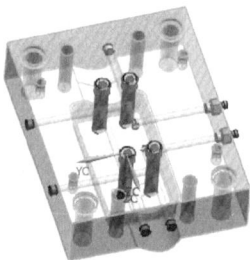

图8-94 带隔水片堵创建结果

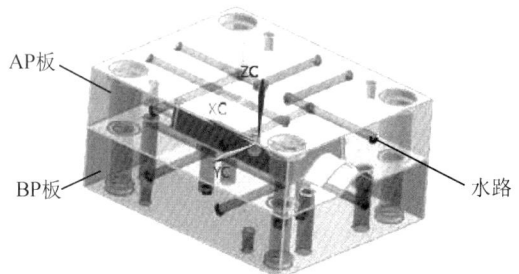

图8-95 显示模型

2）单击【腔体】对话框中【目标】选项组中的【选择体】按钮，选择 AP 板和 BP 板为【目标】，如图 8-96 所示，选择所有水路为【刀具】，单击【确定】按钮，完成水路孔的创建。

水路开腔完成后的 AP 板、BP 板如图 8-96 所示。

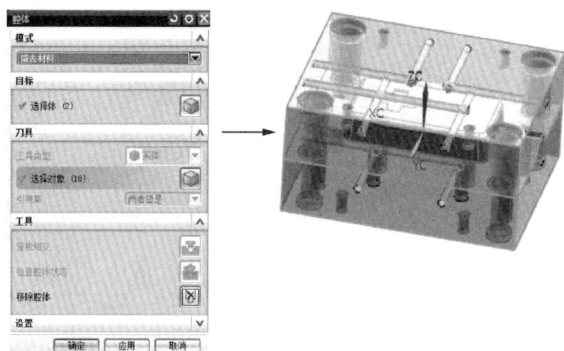

图8-96　水路腔体完成后的 AP 板、BP 板

8.1.9　模具后处理

至此，整副模具设计基本完成了，但有些标准件导入后，未及时进行开腔操作。所以，在实际加工中模具还需要设计安装吊环的螺钉孔，为了美观需要对整副模具的板进行倒角等后处理工作。

1．标准件腔体设计

标准件腔体设计的模具如图 8-97 所示。操作步骤如下：

1）设置视图显示方式为【局部着色】，单击【注塑模向导】工具条中的【腔体】按钮，弹出【腔体】对话框，在视图中选择模架模板作为【目标】，如图 8-98 所示。

2）单击对话框中的【查找相交】按钮，系统自动搜索查找相关组件，并高亮显示，如图 8-98 所示，单击【应用】按钮，完成浇注及顶出系统标准件腔体的创建。

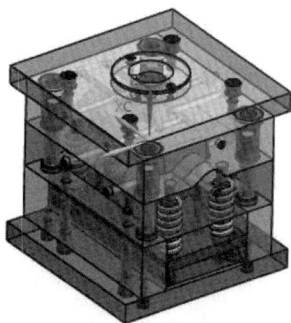

图8-97　标准件腔体设计的模具

图8-98　浇注及顶出系统标准件腔体的创建

3）标准件腔体完成后的模具如图 8-99 所示。

图8-99　标准件腔体完成后的模具

2. 倒角操作

操作步骤如下：

1）单击【特征操作】工具条中的【倒斜角】按钮，弹出【倒斜角】对话框，设置 BP 板的直角边缘【距离】为 2，如图 8-100 所示，单击【应用】按钮。

图8-100　倒斜角

2）分别将 BP 板和模架上的其他板设为【工作部件】，重复上述操作，对板的边缘倒距离为 2 的斜角，结果如图 8-101 所示。

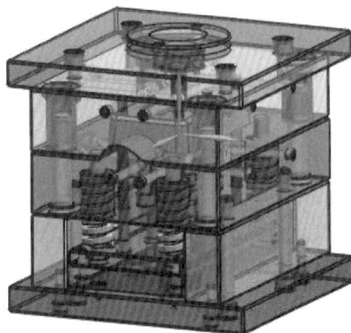

图8-101　倒角处理结果

3. K.O 孔设计

操作步骤如下：

1）选择底板并右击，在弹出的快捷菜单中选择【设为工作部件】命令。选择【孔】命令，设置 K.O 孔直径为 40mm，在【位置】选项组中选择模板中心点，选择【布尔】中的【求差】方式，选择体底板，单击【确定】按钮，完成 K.O 孔创建，如图 8-102 所示。

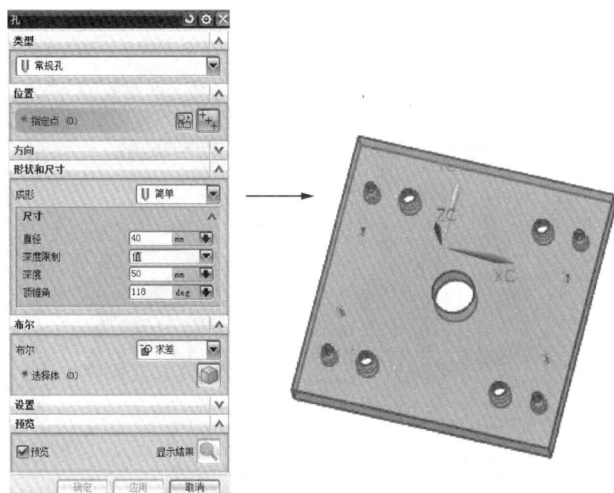

图8-102　模具 K.O 孔设计

2）选择【文件】|【全部保存】命令，保存文件。

8.2　典型三板模：电器装饰盖模具设计实例

本例通过电器装饰盖的模具设计来讲述典型三板模设计流程。图 8-103 所示产品模型为盒形塑料制件的数据模型。

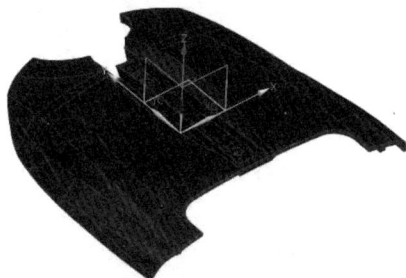

图 8-103　盒形塑料制件的数据模型

该套模具采用一模一腔的方式进行分模，即一套模具中有一个型腔。模架的尺寸需要全部重新设置，产品材料采用 ABS，收缩率为 0.5%。

8.2.1 设计流程

三板模设计流程如图 8-104 所示。

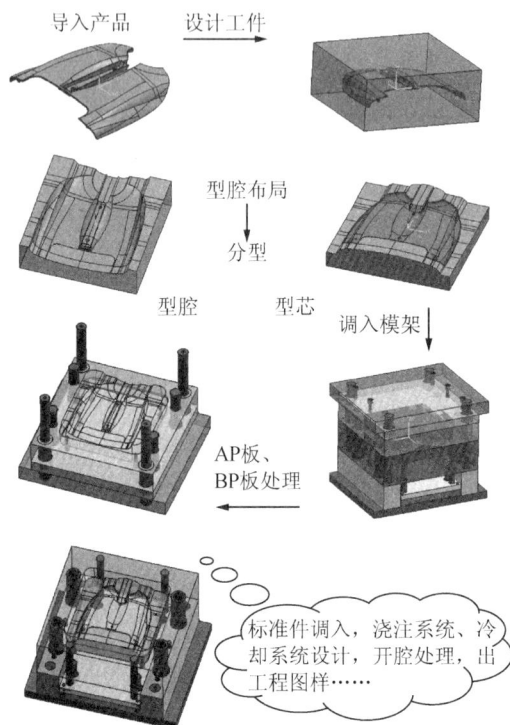

图 8-104 三板模设计流程

打开图 8-105 所示的产品模型文件，完成典型三板模的设计。

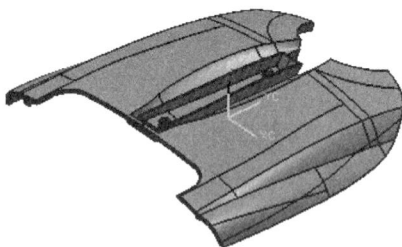

图 8-105 三板模产品模型

	源文件：Model\Chapter 8\PORT.prt
	操作结果文件：Results\Chapter 8\PORT_top_010.prt

【学习要点】

熟练 MoldWizard 模块进行典型三板模设计的过程。

8.2.2　设计前准备

设计前，需要整理以下资料。

1. 产品信息

产品名称为 PORT；材料为 ABS；收缩率为 0.5%；产品质量为 173g。

2. 注塑机信息

注塑机型号为 HTF450*2A；注塑射质量为 1296g；合模力为 4500kN；拉杆内距离为 780mm×780mm；最大模厚为 780mm，最小模厚为 330mm；定位圈直径为 200mm，喷嘴直径为 4mm，喷嘴球头 SR 为 15mm，喷嘴最大伸入高度为 50mm；顶棍孔直径 60mm。

3. 模具设计基本信息

模具寿命为 20 万模次；型腔数目为一模一腔；浇口形式为点浇口；取件方式为人工取件；顶出方式为机械顶出。

【提示】

设计前首先要了解设计的模具用于哪种注塑机，对注塑机参数的了解直接关系到模具设计是否合理。一般注塑机参数有厂商名、工场编号、机种名、最大型开距离、型厚、导柱间隔、螺杆直径、射出压力、射出量、成型机定位圈、成型机喷嘴半径、喷嘴直径。

8.2.3　设计准备

1. 项目初始化

操作步骤如下：

1）在 Windows 环境下选择【开始】|【所有程序】|【Siemens NX】|【NX】命令，进入 UG NX 界面，初始化环境。

2）选择【开始】|【所有应用模块】|【注塑模向导】命令，打开【注塑模向导】工具条。

3）单击【初始化项目】按钮 ，弹出【打开】对话框，选择【PORT.prt】文件，单击【OK】按钮。

4）弹出【初始化项目】对话框，设置【项目单位】为【毫米】，输入项目名称【PORT】，在【材料】下拉列表中选择【ABS】选项，如图 8-106 所示，单击【确定】按钮。

系统会根据【配置】选项自动加载装配文件，打开【装配导航器】界面就可看到图 8-107 所示的装配树。加载完后，UG NX 主窗口显示初始化后的产品模型，如图 8-108 所示。

图 8-106 项目名称为【PORT】的   图 8-107 装配导航器【PORT】   图 8-108 【PORT】初始化
　　　　初始化设置　　　　　　　　　　　　　　　　　　　　　　　　　产品模型

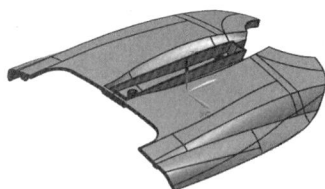

2. 模具坐标系设置

操作步骤如下:

1)单击【注塑模向导】工具条中的【模具 CSYS】按钮，弹出【模具 CSYS】对话框。

2)单击【确定】按钮，完成模具工件设置。模具工件完成结果如图 8-109 所示。

3. 设置工件

操作步骤如下:

1)单击【注塑模向导】工具条中的【工件】按钮，弹出【工件】对话框。该对话框中包括【类型】、【工件方法】、【尺寸】等参数。

2)在【类型】下拉列表中选择【产品工件】选项，在【工件方法】下拉列表中选择【用户定义的块】选项，在【尺寸】选项组中将限制【开始】的值设为—50mm，【结束】的值设为 85mm，如图 8-110 所示。勾选【预览】复选框可以预览显示结果，如图 8-111 所示。

3)单击【确定】按钮，完成模具工件设置。工件结果如图 8-112 所示。

图 8-109　模具工件完成结果

图 8-110　【工件】对话框设置

图 8-111　预览显示工件

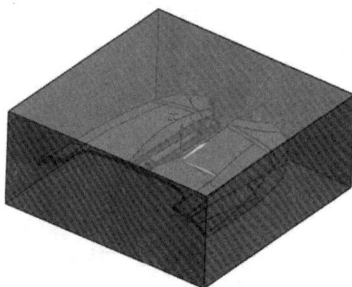

图 8-112　工件结果

8.2.4　分型

选择分型功能后，出现【模具分型工具】工具条和分型导航器，这两者的分型功能可以实现模具的分型。

1．区域分析

操作步骤如下：

1）单击【模具分型工具】工具条中的【区域分析】按钮，弹出【检查区域】对话框。选择＋ZC 作为脱模方向，单击【计算】按钮。

2）选择【区域】选项卡，得到图 8-113 所示的对话框。单击【设置区域颜色】按钮，发现【未定义的区域】中【交叉竖直面】数量为 10，【交叉区域面】数量为 28，【未知的面】数量为 12。

勾选【交叉竖直面】复选框，单击【应用】按钮，得到结果中【交叉区域面】数量为 40，单击【取消】按钮退出对话框。

图 8-113　【区域】选项卡设置

3）抽取曲线分割交叉区域面。选择【抽取曲线】命令，弹出图 8-114 所示的【抽取曲线】对话框。单击【等斜度曲线】按钮，弹出【矢量】对话框，选择【类型】为＋ZC轴，单击【确定】按钮。弹出【等斜度角】对话框，在【角度】数值框中输入 0，单击【确定】按钮。弹出【选择面】对话框，依次选择交叉区域面，单击【确定】按钮得到最终抽取曲线。

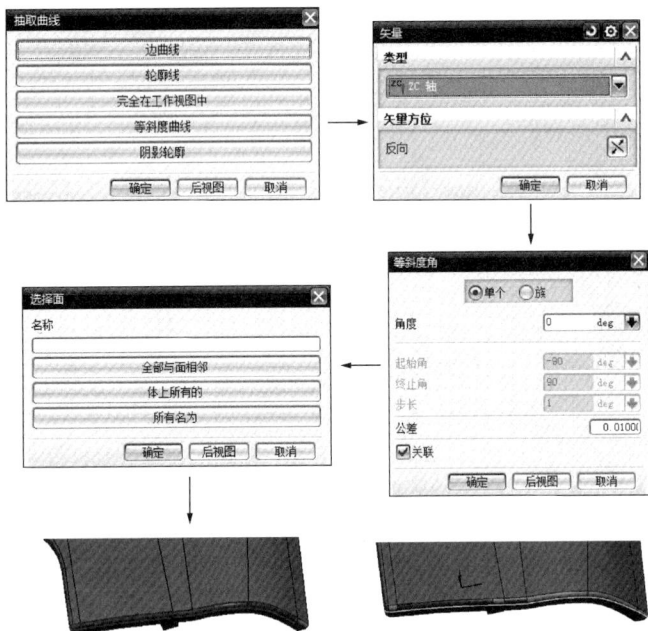

图 8-114　抽取分割线

4）分割交叉区域面。单击【注塑模工具】工具条中的【拆分面】按钮🔷，弹出图 8-115 所示的【拆分面】对话框。单击【选择面】按钮🔲，依次选择交叉区域面，再单击【选择曲线/点】按钮。依次选择抽取的等斜度曲线，单击【确定】按钮，完成交叉区域面拆分。

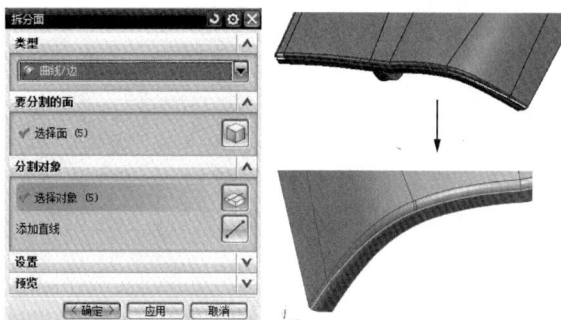

图 8-115　交叉区域面拆分

【提示】

分型过程中若出现交叉区域面，说明产品分型线在两个面中间。解决方法：模具设计中一般采用【抽取曲线】方式，抽取分割线将交叉区域面分割为两张面后重新编辑设计区域。

2. 定义区域

操作步骤如下：单击【模具分型工具】工具条中的【定义区域】按钮🔺，弹出【定义区域】对话框。选择【型芯区域】选项，勾选【创建区域】和【创建分型线】复选框，如图 8-116 所示，单击【确定】按钮，返回【模具分型工具】工具条。

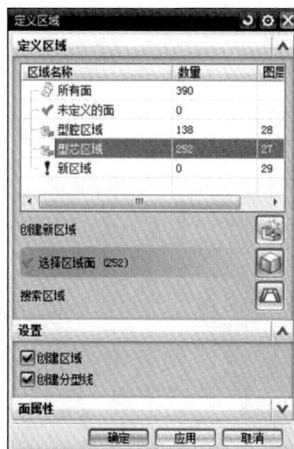

图 8-116　【定义区域】对话框设置

3. 曲面补片

操作步骤如下：

1）单击【模具分型工具】工具条中的【曲面补片】按钮 ，弹出【边缘修补】对话框。在【环列表】选项组中选择产品中的两个破孔，如图 8-117 所示。

图 8-117   选择产品中的两个破孔

2）单击【确定】按钮，得到图 8-118 所示的补片结果。

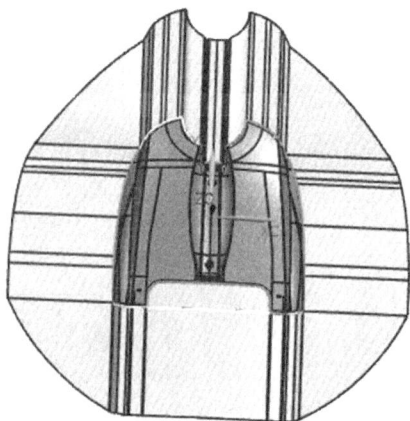

4. 创建分型面

操作步骤如下：

1）手动拉伸分型面。因为产品分型面比较复杂，所以直接导入已经制作完整的分型面部件 FXM.prt。

2）单击【模具分型工具】中的【编辑分型面和曲面补片】按钮 ，弹出【编辑分型面和曲面补片】对话框。

3）选择手动添加的分型面及两个补片。

4）单击【确定】按钮，得到图 8-119 所示的分型面结果。

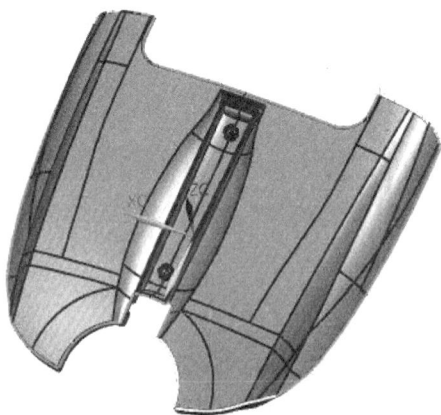

图 8-118   补片结果

图 8-119   分型面结果

5．定义型芯和型腔

操作步骤如下：

1）单击【模具分型工具】中的【定义型腔和型芯】按钮，弹出【定义型腔和型芯】对话框。

2）选择【型腔区域】选项，即选择型腔区域面。单击【应用】按钮得到图 8-120 所示的型腔区域，单击【确定】按钮，完成型腔部分的创建。

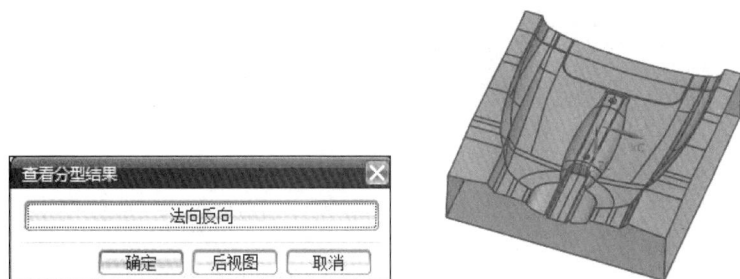

图 8-120　型腔区域创建

3）选择【型芯区域】选项，即选择型芯区域面。单击【应用】按钮得到图 8-121 所示的型芯区域，单击【确定】按钮，完成型芯部分的创建。

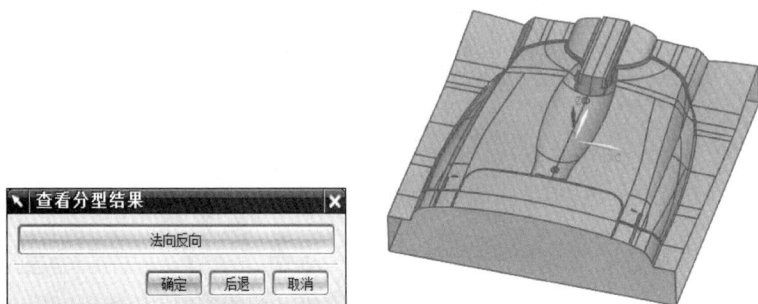

图 8-121　型芯区域创建

8.2.5　添加模架

1．导入模架、调整模架

操作步骤如下：

1）单击【注塑模向导】工具条中的【模架库】按钮，弹出【模架设计】对话框。

2）选择目录【LKM_PP】系统，根据成型镶件的布局尺寸，选择 DCI 型模架【5050】规格，AP_h 设置为 90、BP_h 设置为 150、EJB_open 设置为−5，shorten_ej 设置为 0，其他参数按系统默认设置，如图 8-122 所示，单击【应用】按钮，模架结果如图 8-123 所示。

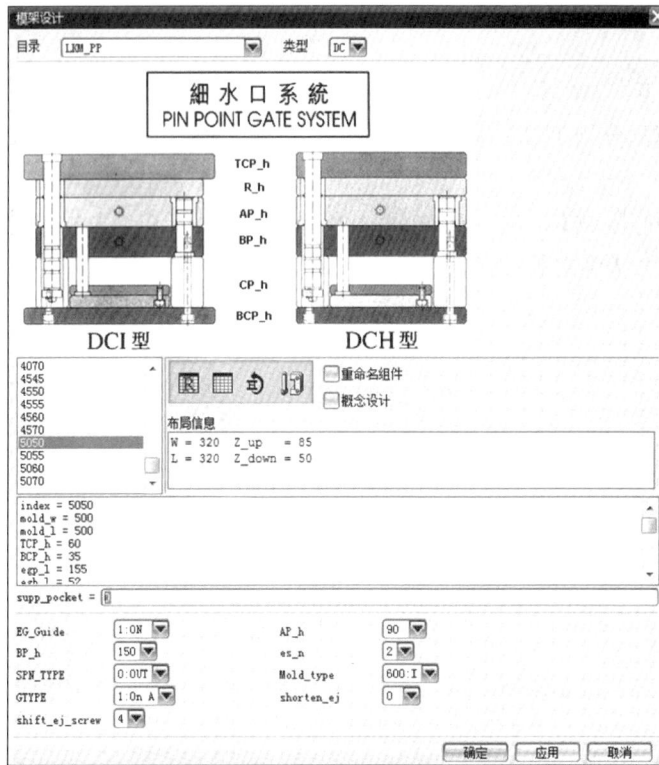

图 8-122 【模架设计】对话框参数设置

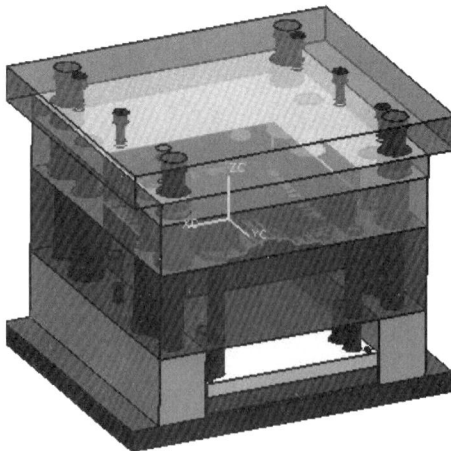

图 8-123 模架结果

3）通过观察发现模架与型腔位置不合适。调整模架：单击【移动组件】按钮，选择整副模架，选择 Z 方向移动 40mm，单击【确定】按钮，调整模架到合适位置，结果如图 8-124 所示。

图 8-124　调整模架

2. AP 板、型腔设计

操作步骤如下：

1）选中 AP 板并右击，在弹出的快捷菜单中选择【隐藏】命令。选中 AP 板内的型腔并右击，在弹出的快捷菜单中选择【隐藏】命令。

2）选择【编辑】|【隐藏】|【反转显示和隐藏】命令，得到图 8-125 所示的 AP 板图形。

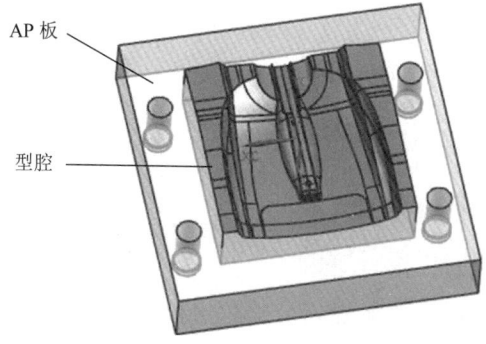

图 8-125　AP 板图形

选中型腔并右击，在弹出的快捷菜单中选择【设为工作部件】|【偏置面】命令，弹出【偏置面】对话框，在【要偏置的面】选项组中依次选择型腔的 4 个侧面，偏置 10mm，得到图 8-126 所示的偏置面结果。

3）选中 AP 板并右击，在弹出的快捷菜单中选择【设为工作部件】命令，如图 8-127 所示。

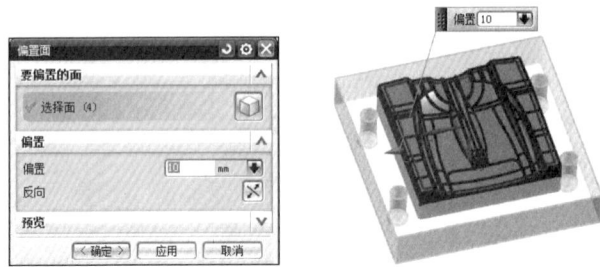

图 8-126　侧面偏置 10mm 的偏置面结果

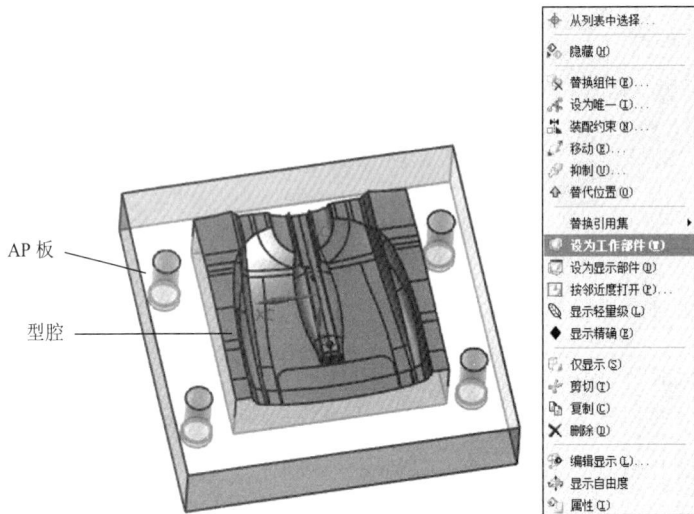

图 8-127　AP 板设为工作部件

4）打开【装配】工具条，单击【WAVE 几何链接器】按钮，弹出【WAVE 几何链接器】对话框，在【类型】下拉列表中选择【复合曲线】选项，翻转视图中的模型，调整视图为【线框图】，选择一个工件的上表面边界，如图 8-128 所示，单击【确定】按钮。注意：需要移除 WAVE 曲线的参数。

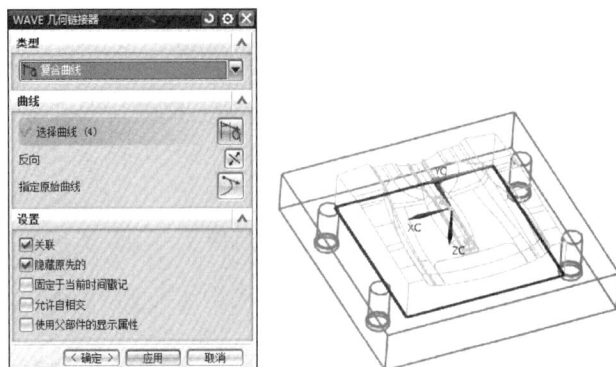

图 8-128　视图调整为线框图

5）确保建模模块已经被激活，单击【特征】工具条中的【拉伸】按钮▊，弹出【拉伸】对话框，在工具条下方的【过滤器】的下拉列表中选择【单条曲线】选项，在视图中选择第一次抽取出的型腔工件之一的边界线，设置拉伸方向沿−ZC 轴，设置拉伸长度足够长，以超出 AP 板下表面，选择【布尔】方式为【求差】，选择 AP 板为求差目标体，如图 8-129 所示，单击【应用】按钮。

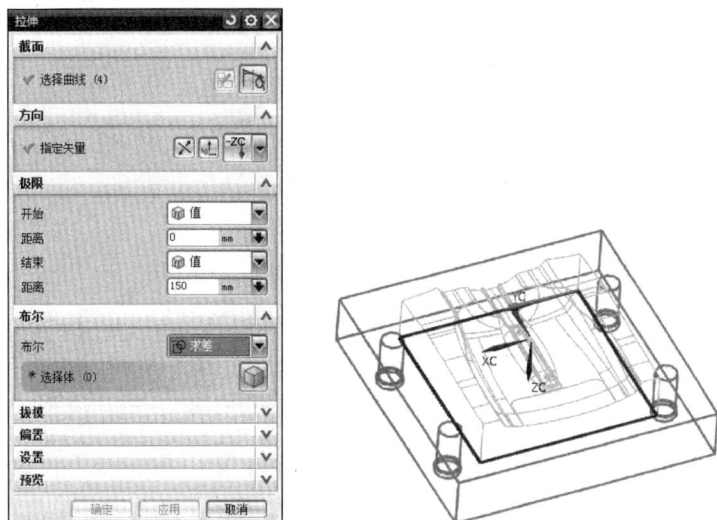

图 8-129　AP 板拉伸及其结果

6）如图 8-130 所示的 AP 板建框，调整 AP 板中型腔安装槽的尺寸，采用两正两斜定位方式。

7）调整型腔。选中型腔并右击，在弹出的快捷菜单中选择【设为工作部件】命令，调整型腔板尺寸，采用两正两斜定位方式，如图 8-131 所示。

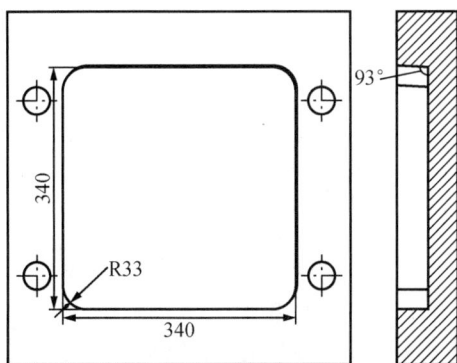

图 8-130　AP 板建框

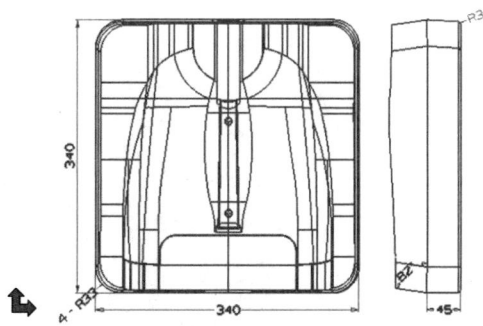

图 8-131　两正两斜定位方式的型腔设计

8）为型腔创建固定螺钉。其中，型腔的螺钉参数为 M12-50，固定螺钉的位置尺寸如图 8-132 所示，选用定位面为型腔的底部平面，依次输入螺钉坐标，单击【确定】按钮，完成螺钉设计。

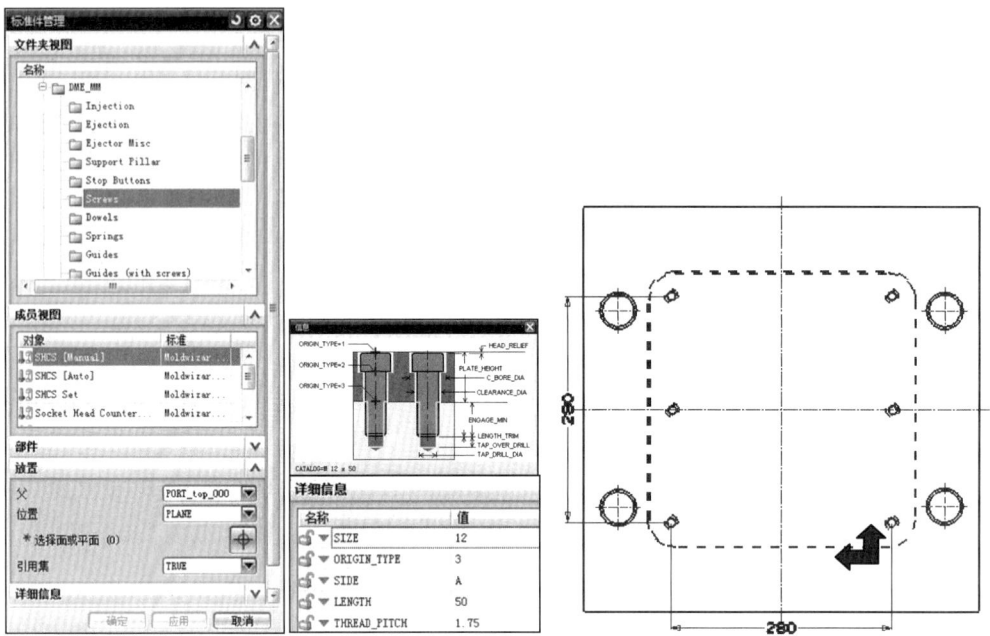

图 8-132　型腔固定螺钉

最终得到优化后的 AP 板与型腔板，如图 8-133 所示。

3. BP 板、型芯设计

参照 AP 板的设计，操作步骤如下：

1）选中 BP 板并右击，在弹出的快捷菜单中选择【隐藏】命令。选中 BP 板内的型芯并右击，在弹出的快捷菜单中选择【隐藏】命令，再选择【编辑】|【隐藏】|【反转显示和隐藏】命令，得到图 8-134 所示的显示模型图形。

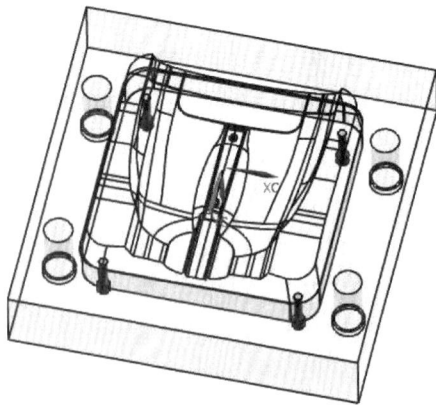

图 8-133　定模部分结果

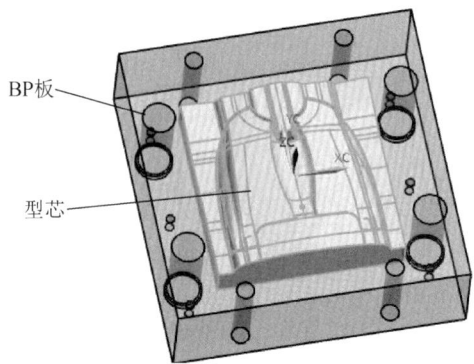

图 8-134　显示模型图形

选中型芯并右击，在弹出的快捷菜单中选择【设为工作部件】|【偏置面】命令，

弹出【偏置面】对话框，在【要偏置的面】选项组中依次选择型腔的 4 个侧面，偏置 3.5mm，得到图 8-135 所示的偏置面结果。

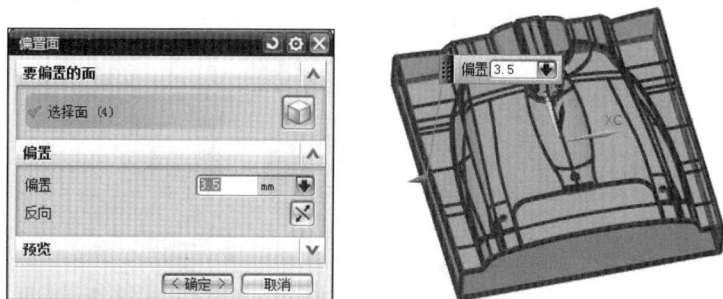

图 8-135　侧面偏置 3.5mm 的偏置面结果

2）选中 BP 板并右击，在弹出的快捷菜单中选择【设为工作部件】命令。

3）打开【装配】工具条，单击【WAVE 几何链接器】按钮，弹出【WAVE 几何链接器】对话框，在【类型】下拉列表中选择【复合曲线】选项，翻转视图中的模型，调整视图为【线框图】，选择型芯的底部边界，生成如图 8-136 所示 WAVE 曲线，单击【应用】按钮。注意：需要移除 WAVE 曲线的参数。

4）确保建模模块已经被激活，单击【特征】工具条中的【拉伸】按钮，弹出【拉伸】对话框，在工具条下方的【过滤器】的下拉列表中选择【单条曲线】选项，在视图中选择抽取出的型芯的边界线，设置拉伸方向沿 ZC 轴，设置拉伸长度足够长，以超出 BP 板上表面，选择【布尔】方式为【求差】，选择 BP 板为求差目标体，如图 8-137 所示，单击【应用】按钮。

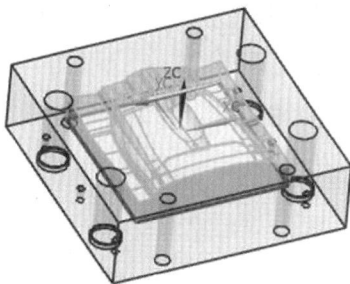

图 8-136　WAVE 曲线 3

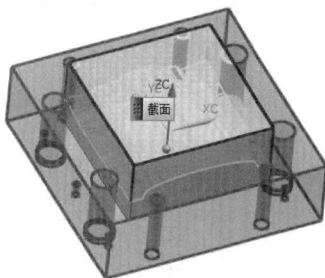

图 8-137　BP 板拉伸结果

5）如图 8-138 所示的 BP 板建框，调整动模板中型芯安装槽尺寸，采用两正两斜定位方式。

6）调整型芯。选中型芯并右击，在弹出的快捷菜单中选择【设为工作部件】命令，调整型芯板尺寸，采用两正两斜定位方式，如图 8-139 所示。

7）为型芯创建固定螺钉。其中，型芯的螺钉参数、固定螺钉的位置尺寸如图 8-140 所示，选择定位面为型芯的底部平面，依次输入螺钉坐标，单击【确定】按钮，完成螺钉设计。

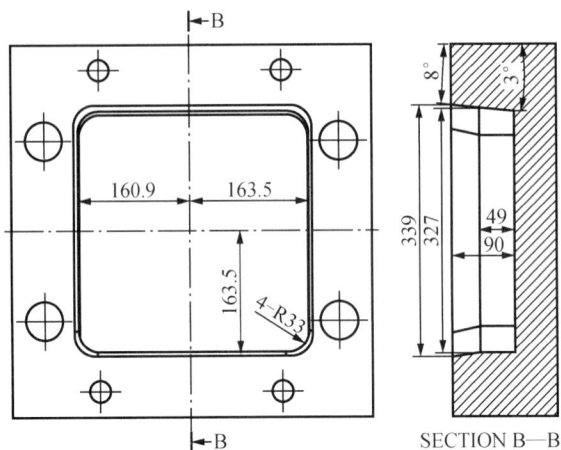

图 8-138　BP 板建框

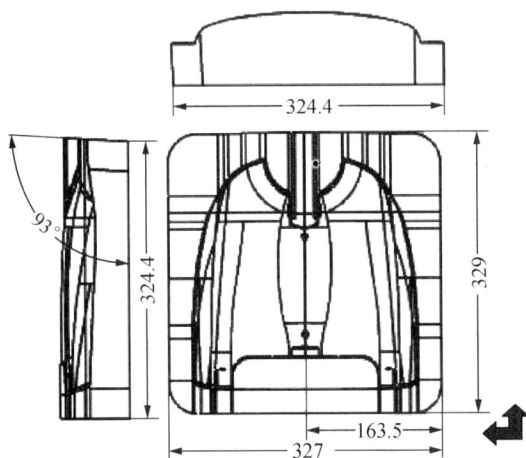

图 8-139　两正两斜定位方式的型芯设计

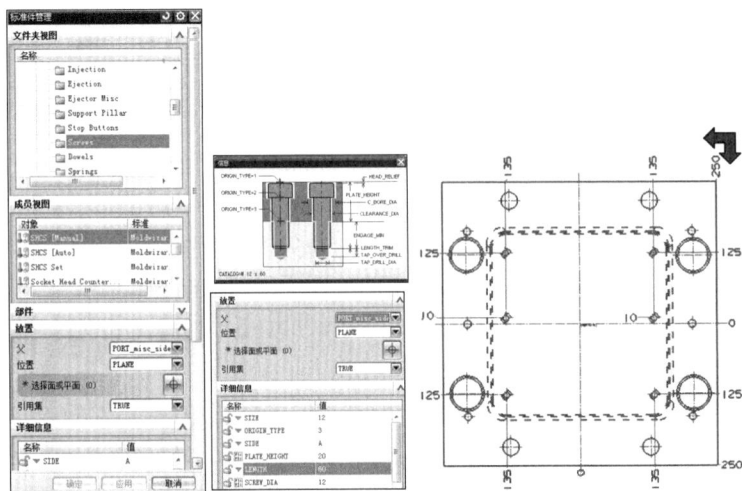

图 8-140　型芯固定螺钉设计

最终得到优化后的 BP 板与型芯镶件，如图 8-141 所示。

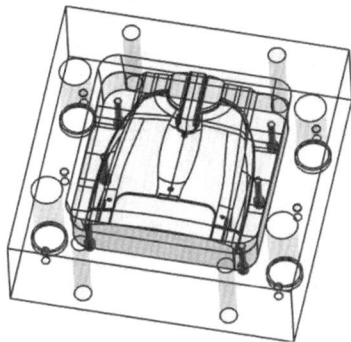

图 8-141　动模部分结果

8.2.6　浇注系统设计

由于本产品盒形塑料制件采用一模一腔，因此采用两点浇口进浇。

【提示】

浇注系统设计应根据选定注塑机型号（定位圈直径为 200mm，喷嘴直径为 4mm，喷嘴球头 *SR* 为 15mm，喷嘴最大深入高度为 50mm）确定定位圈的型号、浇口套的型号。

1. 定位圈的设计

操作步骤如下：

1）单击【注塑模向导】工具条中的【标准部件库】按钮，弹出【标准件管理】对话框，在【文件夹视图】选项组中选择生产厂商【FUTABA_MM】下的【Locating Ring Interchangeable】选项，在【详细信息】选项组中设置【TYPE】为【M_LRB】，【DIAMETER】为 100，【BOTTOM_C_BORE_DIA】为 36，设置定位圈的尺寸如图 8-142 所示，单击【确定】按钮。

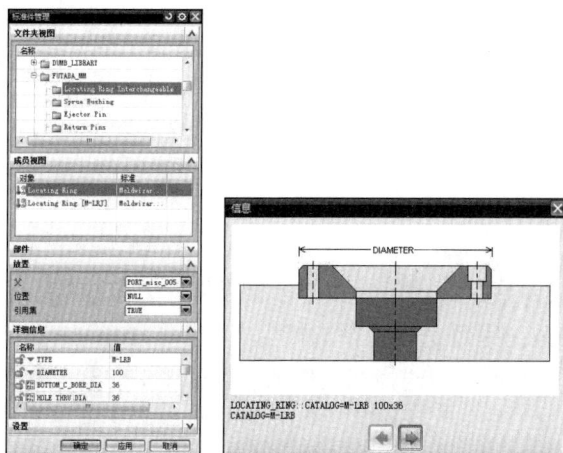

图 8-142　设置定位圈的尺寸

系统自动生成并安放定位圈，结果如图 8-143 所示。

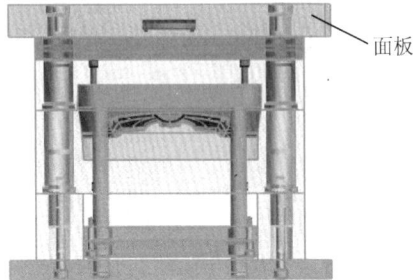

图 8-143　定位圈设计结果

2）通过观察，发现定位圈与面板位置不合适。单击【标准件管理】对话框中的【重定位组件】按钮，沿 ZC 方向移动 40mm，单击【确定】按钮，调整定位圈到合适位置，如图 8-144 所示。

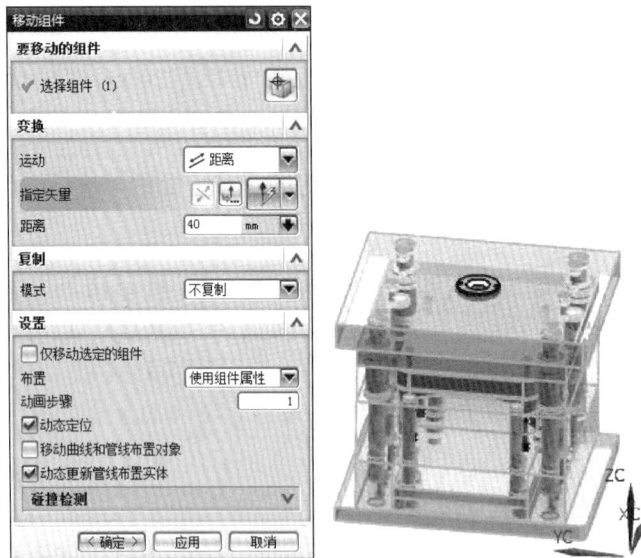

图 8-144　调整定位圈到合适位置

2．浇口套的设计

操作步骤如下：

1）单击【注塑模向导】工具条中的【标准部件库】按钮，弹出【标准件管理】对话框，同样在【文件夹视图】选项组中选择生产厂商【MISUMI】下的【Sprue Bushings】选项，在【成员视图】选项组中选择标准件列表中的【SBG-，SBG-H】选项。在【详细信息】选项组中设置浇口套参数，如图 8-145 所示，单击【确定】按钮。

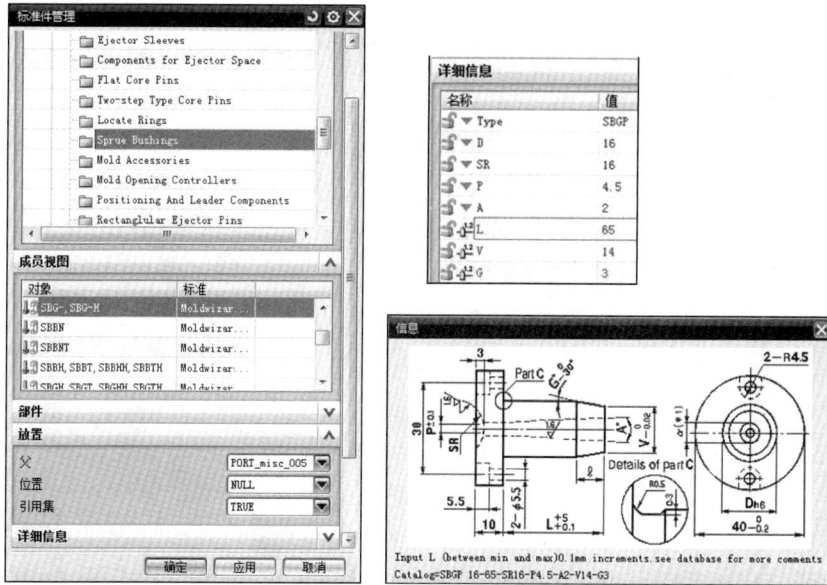

图 8-145 【标准件管理】对话框参数设置

系统自动生成并安放浇口套，结果如图 8-146 所示。

2）从图 8-146 所示浇口套可以看到，浇口套的头部与 AP 板底面未平齐，因此需要重定位操作，单击【注塑模向导】工具条中的【标准部件库】按钮，弹出【标准件管理】对话框，在视图中选择浇口套部件，如图 8-147 所示。

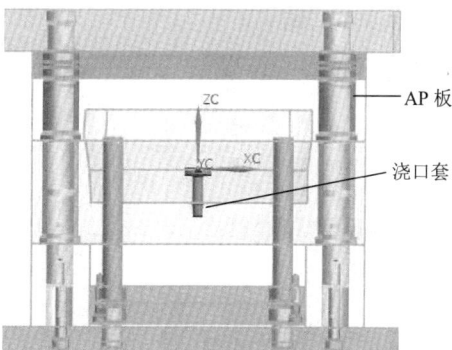

图 8-146 浇口套生成并被安放

图 8-147 重定位浇口套

3）单击【标准件管理】对话框中的【重定位】按钮，弹出【移动组件】对话框，并在衬套部件上出现动态坐标系，单击 ZC 轴方向箭头，沿 ZC 方向移动 200mm，衬套至与 AP 板底部平齐位置，如图 8-148 所示。

4）单击【移动组件】对话框中的【确定】按钮，再单击【标准件管理】对话框中的
【取消】按钮，退出对话框。完成的浇口套调整如图 8-149 所示。

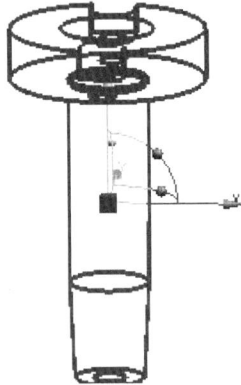

图 8-148 调整衬套与 AP 板底部平齐

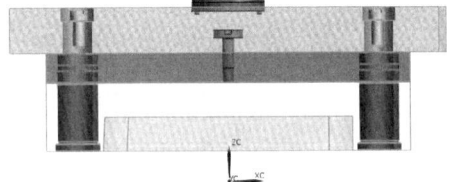

图 8-149 完成的浇口套调整

3. 添加浇口套固定螺钉

操作步骤如下：

1）单击【注塑模向导】工具条中的【标准部件库】按钮，弹出【标准件管理】
对话框，在【文件夹视图】选项组中选择生产厂商【DME_MM】下的【Screws】选项，
在【成员视图】选项组中选择【SHCS】，在【详细信息】选项组中设置【SIZE】为 5，
【ORIGIN_TYPE】为 2，【SIDE】为【A】，【LENGTH】为 10，如图 8-150 所示。

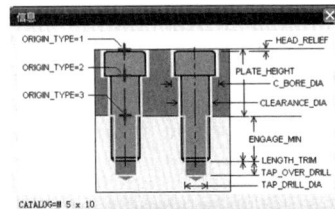

图 8-150 螺钉的尺寸参数设置

在【标准件管理】对话框的【放置】选项组中选择放置面，如图 8-151 所示，单击【确定】按钮，弹出【点】对话框。

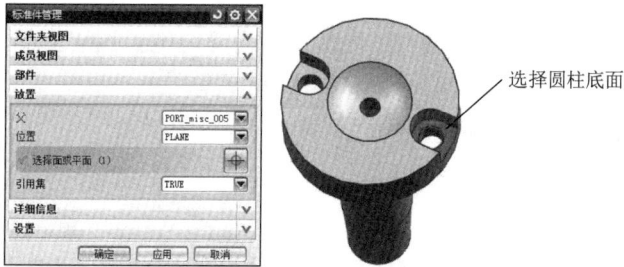

图 8-151 选择圆柱底面

2）分别选择两个圆柱底面圆心点，如图 8-152 所示，单击【确定】按钮。

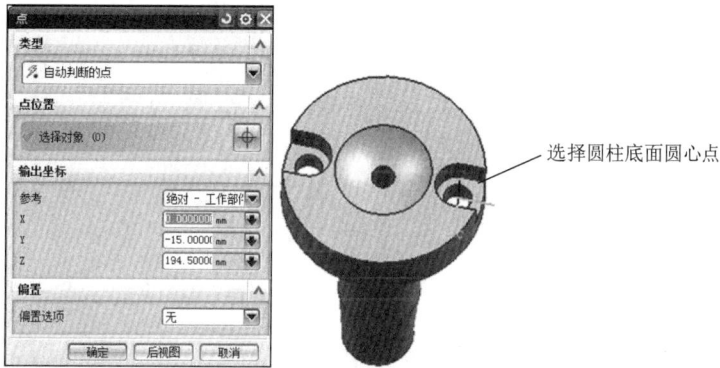

图 8-152 选择圆柱底面圆心点

添加完成的浇口套固定螺钉如图 8-153 所示。

4. 创建分流道

操作步骤如下：

1）调整坐标系。如图 8-154 所示，将模具相对坐标系调整到 AP 板底部。

图 8-153 添加完成的浇口套固定螺钉

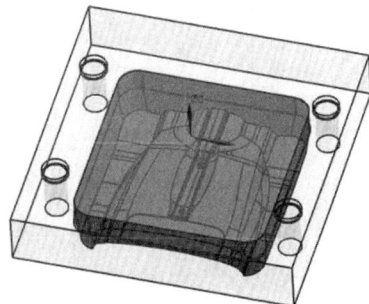

图 8-154 调整模型显示

2）单击【注塑模向导】工具条中的【流道】按钮，弹出【流道】对话框，单击【选择曲线】按钮，进入草图模式，设置引导线的长度为 66mm，如图 8-155 所示。设置完成后退出草图模式。

在【截面】选项组中设置梯形流道参数，单击【应用】按钮，系统自动创建流道通道。单击【取消】按钮，退出【流道】对话框。

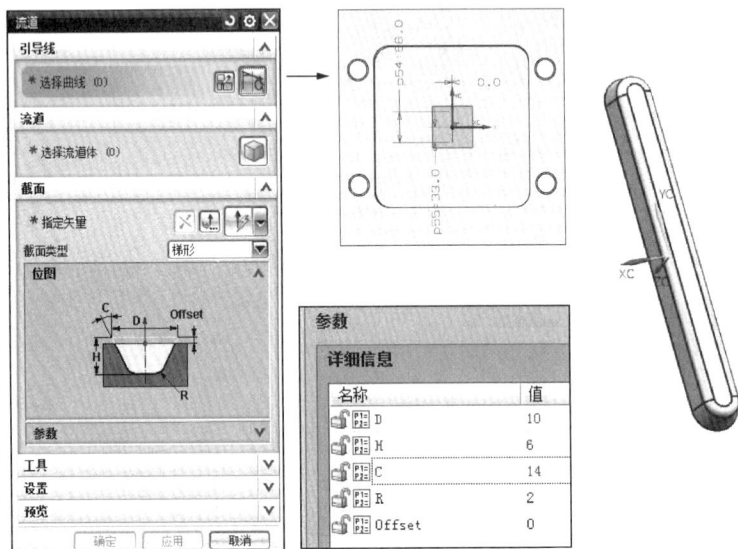

图 8-155　草图及梯形流道参数设置

5．创建点浇口

操作步骤如下：

1）单击【注塑模向导】工具条中的【浇口】按钮，弹出【浇口设计】对话框，选择浇口类型为【step pin】，设置浇口参数，如图 8-156 所示，单击【应用】按钮。

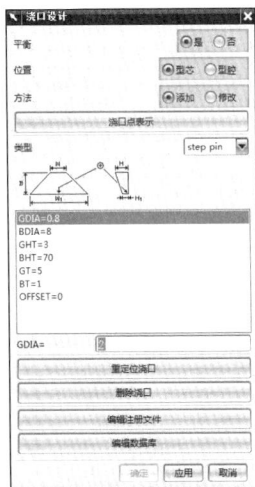

图 8-156　点浇口设置

2）设置坐标值，在【输出坐标】选项组输入坐标（X＝0，Y＝25，Z＝－118），如图 8-157 所示，单击【确定】按钮，弹出图 8-158 所示的【矢量】对话框，在【类型】下拉列表中选择－ZC 方向为浇口方向，单击【确定】按钮。

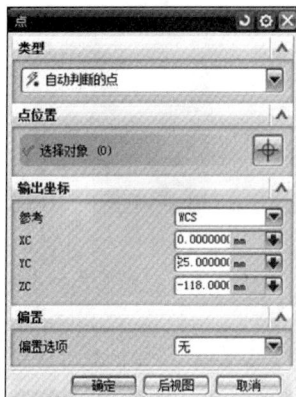

图 8-157　设置坐标值

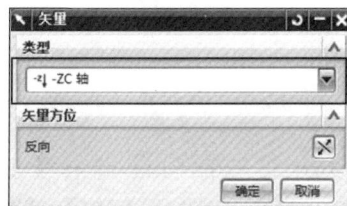

图 8-158　选择－ZC 方向为矢量方向

3）返回图 8-156 所示的【浇口设计】对话框，系统自动生成浇口，如图 8-159 所示，单击【取消】按钮退出对话框。

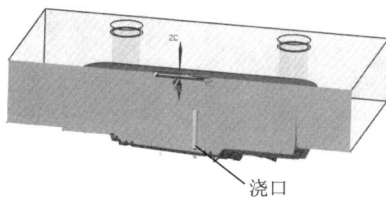

图 8-159　浇口设计完成

4）调整浇口尺寸。打开图 8-160 所示【偏置面】对话框，流道加长 48mm。调整浇口头部尺寸如图 8-161 所示。

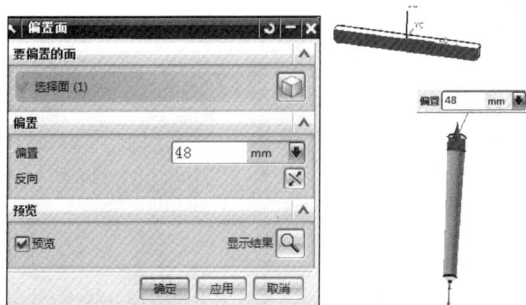

图 8-160　流道加长 48mm

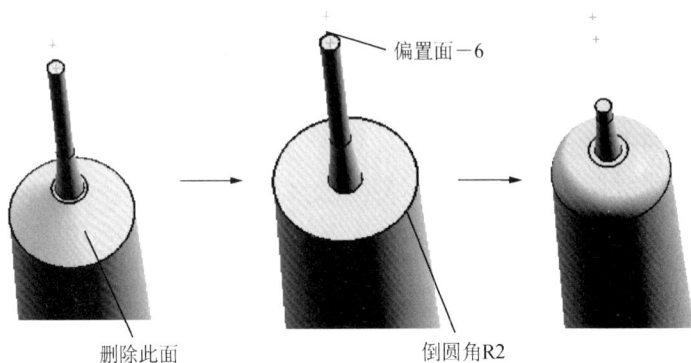

图 8-161　调整浇口头部尺寸

5）增加第二个浇口。选择【工具】|【重复命令】|【实例几何体】命令，弹出图 8-162 所示的【实例几何体】对话框，完成第二个浇口设计。调整第二个浇口位置，选择【移动对象】命令，弹出图 8-163 所示的【移动对象】对话框，将第二个浇口设计向＋ZC 方向移动 2.5mm。

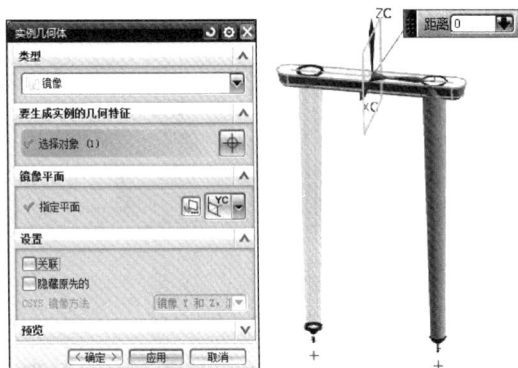

图 8-162　实例几何体

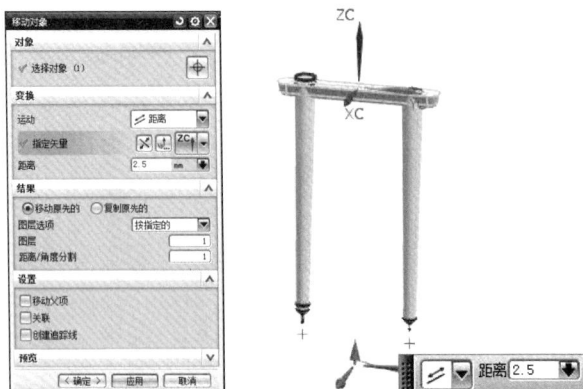

图 8-163　浇口设计向＋ZC 方向移动 2.5mm

6. 拉料杆设计

操作步骤如下：

1）单击【注塑模向导】工具条中的【标准部件库】按钮 🔳，弹出【标准件管理】对话框，在【文件夹视图】选项组中选择生产厂商【FUTABA_MM】下的【Sprue Puller】选项。在【成员视图】选项组中选择【Sprue Fuller［M-RLA］】选项，在【详细信息】选项组中选择拉料杆型号【M-RLA4*60】，如图 8-164 所示，在【放置】选项组中，选择定模板底面，单击【确定】按钮。

弹出【点】对话框，依次输入相对坐标点（0，25，0）、（0，−25，0），单击【确定】按钮，完成拉料杆设置。

图 8-164　拉料杆设置

2）调整拉料杆位置。单击【标准件管理】对话框中的【重定位】按钮 🔳，弹出【移动组件】对话框，如图 8-165 所示，并在拉料杆上出现动态坐标系，单击 ZC 轴方向箭头，沿 ZC 方向移动 65mm，将拉料杆调整到合适位置。

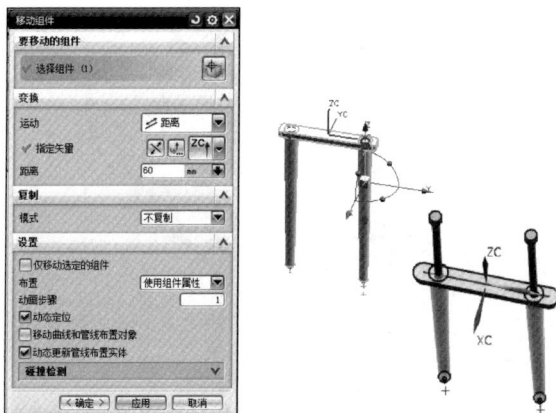

图 8-165　沿 ZC 方向移动 65mm

　　3）添加型芯固定螺钉。单击【注塑模向导】工具条中的【标准部件库】按钮，弹出【标准件管理】对话框，在【文件夹视图】选项组中选择生产厂商【DME_MM】下的【Screws】选项，选择固定螺钉型号【GS913 M8-8】，如图 8-166 所示，单击【应用】按钮，将螺钉调整到合适的位置。

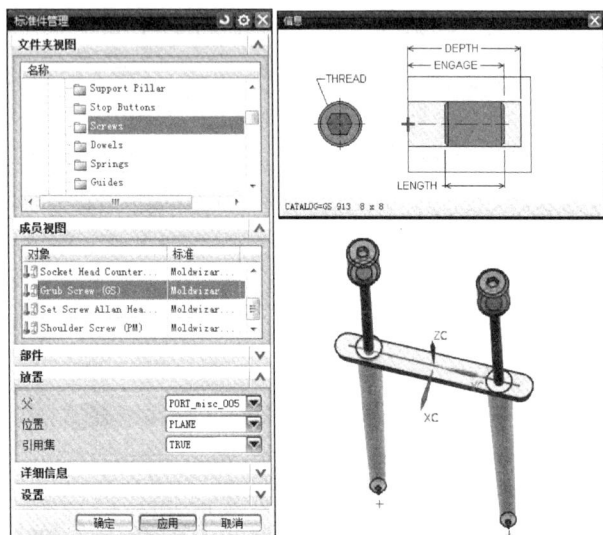

图 8-166　添加型芯固定螺钉的设置

8.2.7　斜顶系统设计

　　该产品在动模部分有 4 处安装圆孔，需进行抽芯设计，由于在产品内侧抽芯，因此动模抽芯机构设计了斜顶抽芯。

　　在产品动模部分的 4 处，倒扣设计有斜顶抽芯机构（图 8-167），利用注塑机的顶出力，在产品顶出时使斜顶实现边顶出边抽芯的运动，由于倒扣的抽芯距只有 2mm，因此适合于利用斜顶抽芯。

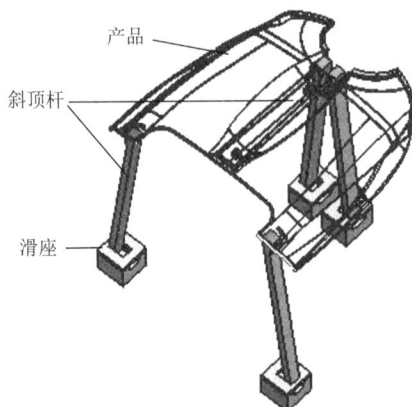

图 8-167　斜顶设计图

1．斜顶 1 设计

操作步骤如下：

1）定义坐标。如图 8-168 所示定义动态坐标，打开【WCS 动态】对话框，将工作坐标原点设置到此线中点，再选择－YC 方向移动 1.5mm，完成模具工作坐标设置，单击【存储 WCS】按钮 保存当前坐标系。

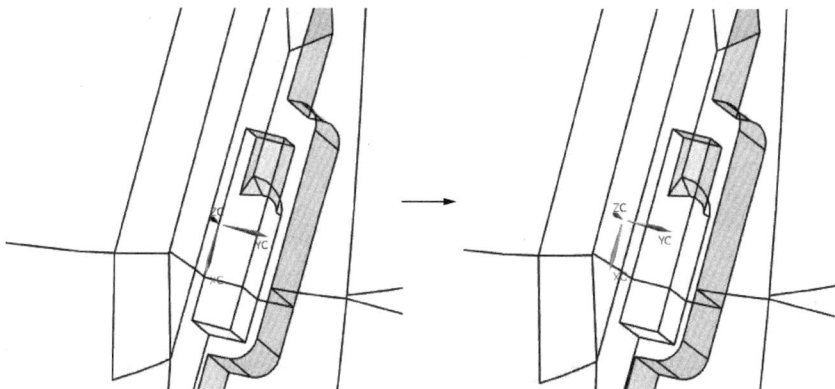

图 8-168　定义动态坐标 1

2）添加斜顶机构。单击【注塑模向导】工具条中的【滑块和浮升销库】按钮 ，弹出【滑块和浮升销设计】对话框。在【文件夹视图】选项组中选择【Lifter】选项，在【成员视图】选项组中选择【Dowel Lifter】选项，然后在【详细信息】选项组中设计斜顶 1 的各个参数选项，具体参数设置如图 8-169 所示。

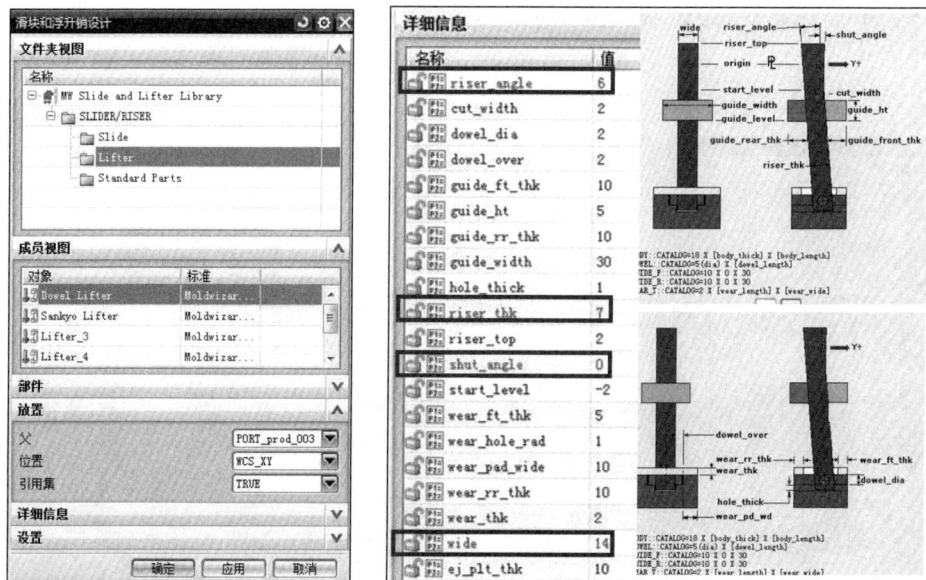

图 8-169　斜顶 1 的参数设置

单击【确定】按钮，可以看到斜顶标准体位置错误，如图 8-170 所示。斜顶组件的滑脚上表面与面针板距离 40mm。

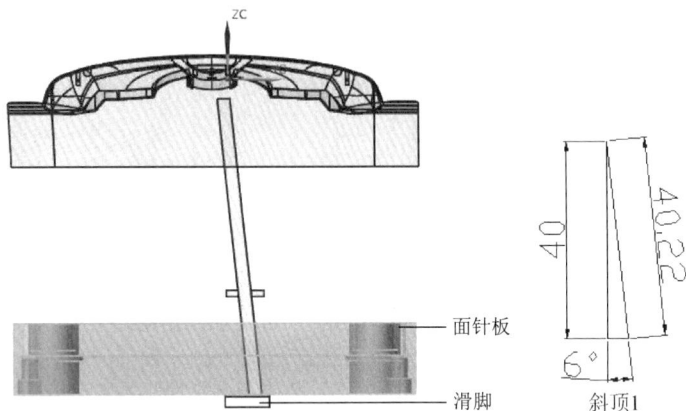

图 8-170　斜顶 1 参数

3）调整斜顶机构。单击【注塑模向导】工具条中的【滑块和浮升销库】按钮 ，弹出【滑块和浮升销设计】对话框。如图 8-171 所示，选择之前的斜顶机构，单击【重定位】按钮，弹出【移动组件】对话框。调整动态坐标与斜顶角度一致，如图 8-172 所示，将斜顶组件往斜顶杆方向移动 40.22mm。单击【确定】按钮，完成移动后的斜顶机构如图 8-173 所示。

4）创建斜顶 1 头部。选中型芯并右击，在弹出的快捷菜单中选择【设为工作部件】命令，将型芯设为工作部件。单击【注塑模工具】工具条中的【创建方块】按钮 ，弹出图 8-174 所示的【创建方块】对话框，选择倒扣部分面，单击【确定】按钮。

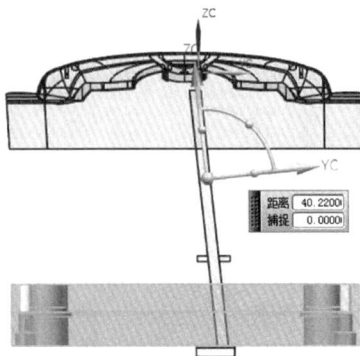

图 8-171　选择之前的斜顶机构　　　　　图 8-172　斜顶 1 移动组件

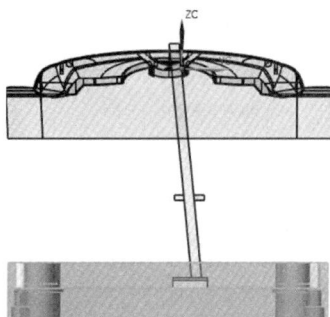

图 8-173　斜顶 1 调整结果

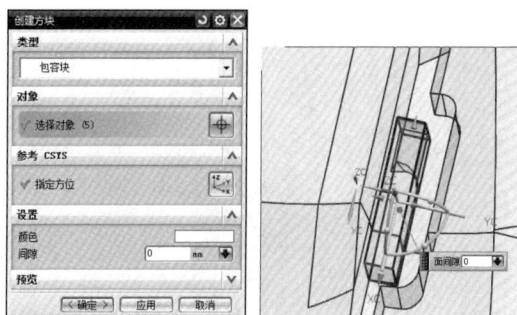

图 8-174　斜顶 1 的头部创建

弹出图 8-175 所示的【替换面】对话框，选择【要替换的面】为方块底板，【替换面】为型芯筋位底面，单击【确定】按钮。

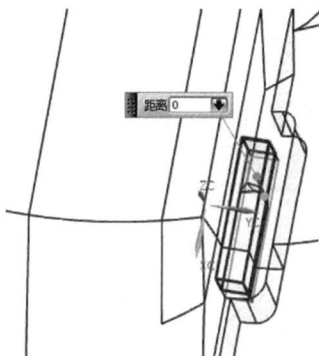

图 8-175　替换面

在图 8-176 所示的【求交】对话框中，选择【目标】为方块，【刀具】为型芯，单击【确定】按钮，完成斜顶 1 的头部创建。

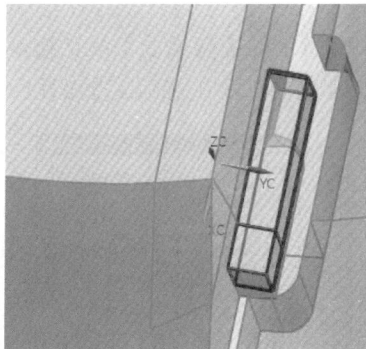

图 8-176　斜顶 1 的头部创建结果

5）斜顶 1 本体创建。选择斜顶本体并右击，在弹出的快捷菜单中选择【设为工作部件】命令，如图 8-177 所示。

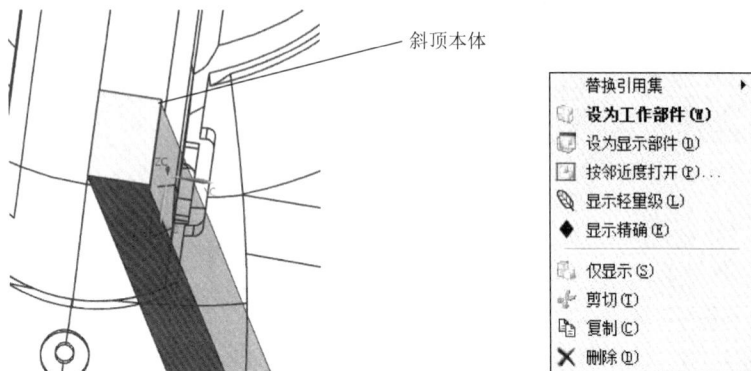

图 8-177   斜顶 1 本体设为工作部件

单击【装配】工具条中的【WAVE 几何链接器】按钮，弹出【WAVE 几何链接器】对话框，选择【类型】为【体】，然后在显示区选择斜顶头部，如图 8-178 所示，单击【确定】按钮。

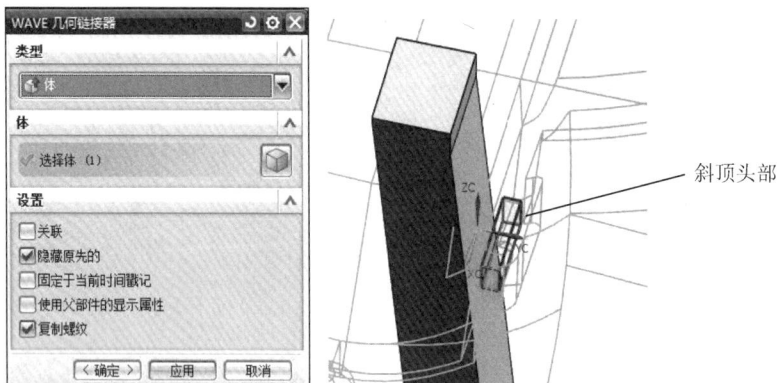

图 8-178   选择斜顶 1 头部

弹出图 8-179 所示的【替换面】对话框，选择【要替换的面】为斜顶本体侧面，【替换面】为斜顶头部侧面，单击【确定】按钮。

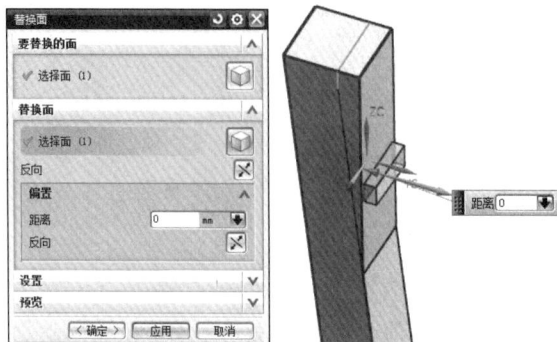

图 8-179   斜顶 1 替换面设置

在图 8-180 所示的【求和】对话框中，以斜顶本体为目标体，以斜顶头部为工具体，进行求和运算。

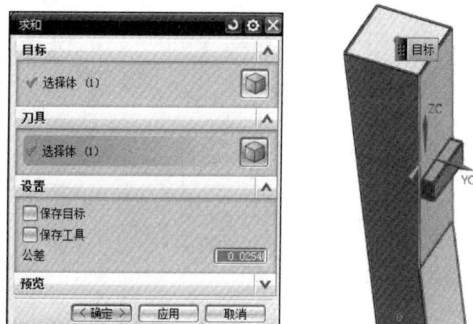

图 8-180　斜顶 1 的求和运算

6）修剪斜顶。单击【注塑模向导】工具条中的【修边模具组件】按钮，弹出【修边模具组件】对话框，选择斜顶 1 为目标体，在【修边曲面】下拉列表中选择刀具【CORE_TRIM_SHEET】，如图 8-181 所示，单击【确定】按钮，完成斜顶 1 的修剪。修剪完成的斜顶 1 如图 8-182 所示。

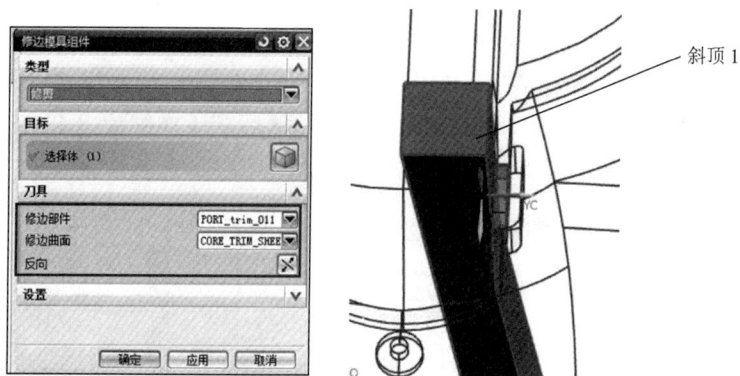

图 8-181　选择斜顶 1 为目标体

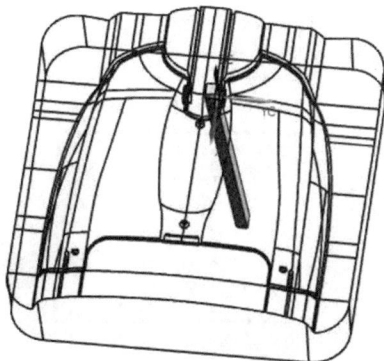

图 8-182　修剪完成的斜顶 1

2. 斜顶 2 设计

1）定义坐标。如图 8-183 所示定义动态坐标，打开【WCS 动态】对话框，将工作坐标原点设置到圆心，再选择-YC 方向移动 3mm，完成模具工作坐标设置，单击【存储 WCS】按钮 保存当前坐标系。

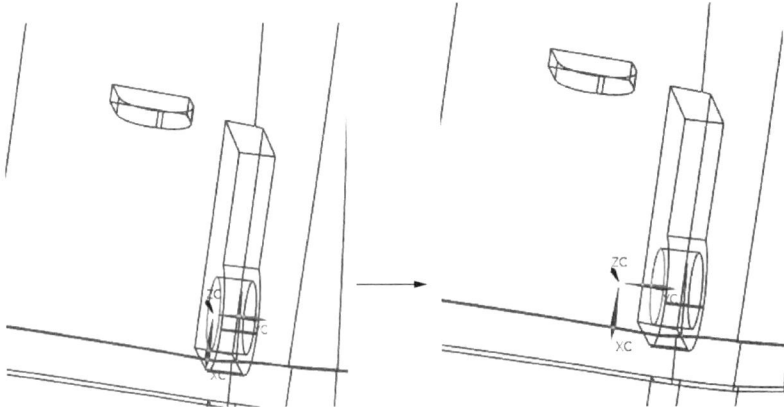

图 8-183　定义动态坐标 2

2）添加斜顶机构。单击【注塑模向导】工具条中的【滑块和浮升销库】按钮 ，弹出【滑块和浮升销设计】对话框。在【文件夹视图】选项组中选择【Lifter】选项，在【成员视图】选项组中选择【Dowel Lifter】选项，然后在【详细信息】选项组中设计斜顶的各个参数选项，具体参数设置如图 8-184 所示。

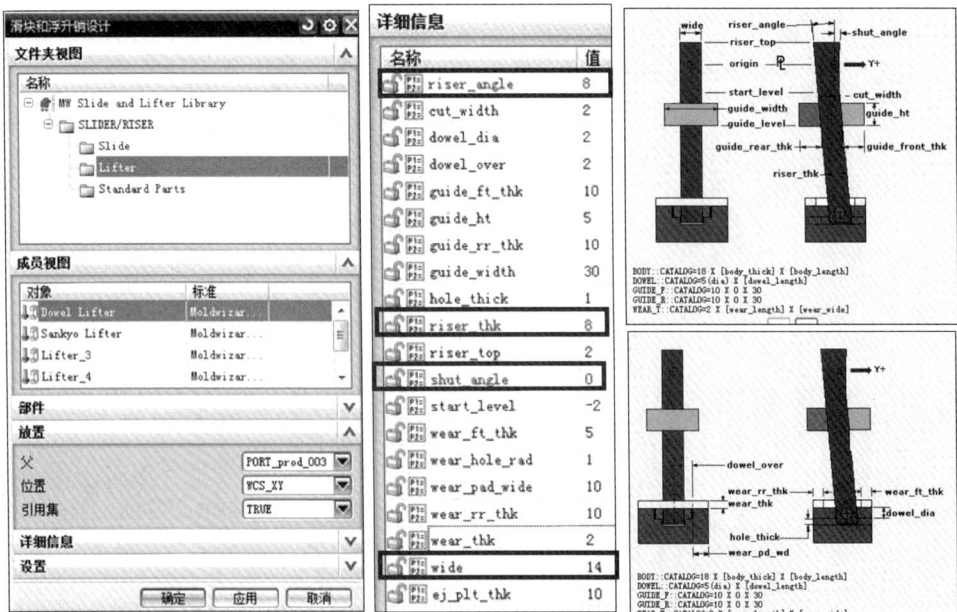

图 8-184　斜顶 2 的参数设置

单击【确定】按钮，可以看到斜顶标准体位置错误，如图 8-185 所示。斜顶组件的滑脚上表面与面针板距离 40mm。

3）调整斜顶机构。单击【注塑模向导】工具条中的【滑块和浮升销库】按钮 ，弹出【滑块和浮升销设计】对话框。如图 8-186 所示，选择之前的斜顶机构，单击【重定位】按钮，弹出【移动组件】对话框。调整动态坐标与斜顶角度一致，如图 8-187 所示，将斜顶组件往斜顶杆方向移动 40.39mm。单击【确定】按钮，结果如图 8-188 所示。

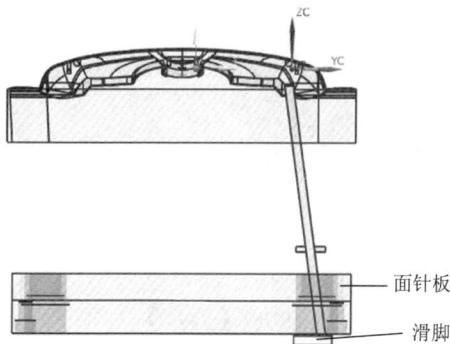

图 8-185　斜顶 2 参数

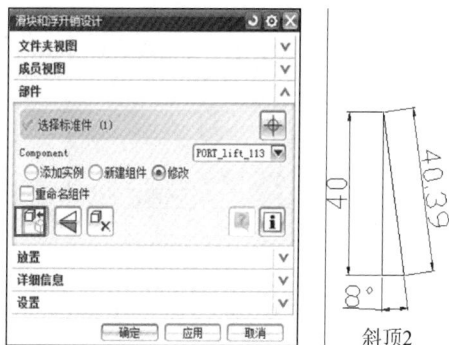

图 8-186　重定位斜顶 2

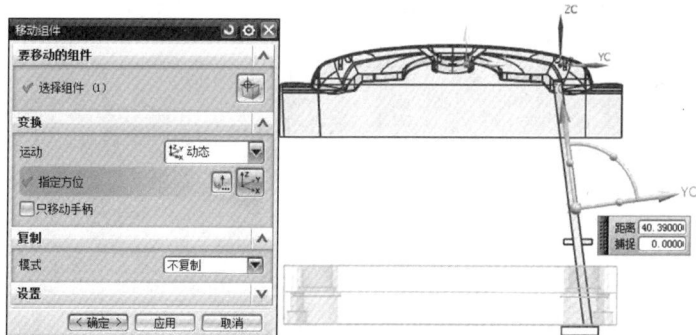

图 8-187　斜顶 2 移动组件

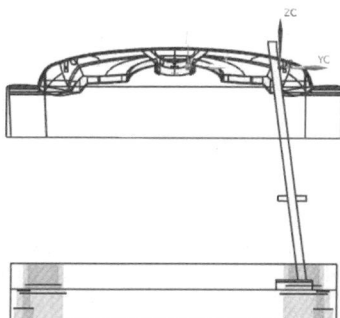

图 8-188　斜顶 2 调整结果

4）创建斜顶 2 头部。选中型芯并右击，在弹出的快捷菜单中选择【设为工作部件】命令，将型芯设为工作部件。单击【注塑模工具】工具条中的【创建方块】按钮，弹出图 8-189 所示的【创建方块】对话框，选择倒扣圆孔面，单击【确定】按钮。

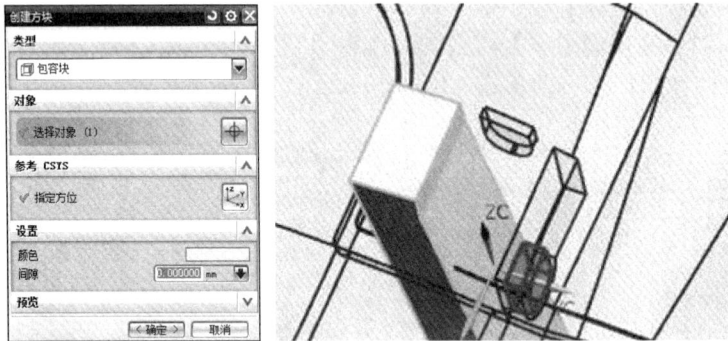

图 8-189　斜顶 2 的头部创建

在图 8-190 所示的【求交】对话框中，选择【目标】为方块，【刀具】为型芯，单击【确定】按钮，完成斜顶 2 的头部创建。

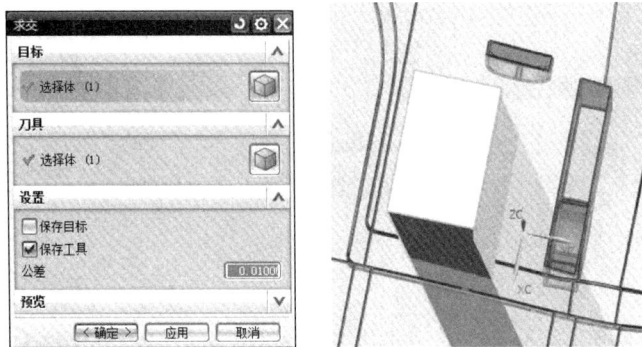

图 8-190　斜顶 2 的头部创建结果

5）斜顶 2 本体创建。选择斜顶本体并右击，在弹出的快捷菜单中选择【设为工作部件】命令，如图 8-191 所示。

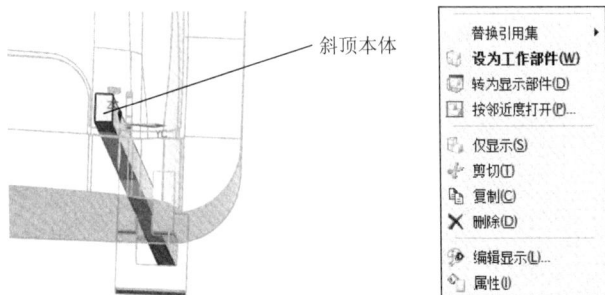

图 8-191　斜顶 2 本体设为工作部件

单击【装配】工具条中的【WAVE 几何链接器】按钮，弹出【WAVE 几何链接器】对话框，选择【类型】为【体】，然后在显示区选择斜顶头部，如图 8-192 所示，单击【确定】按钮。

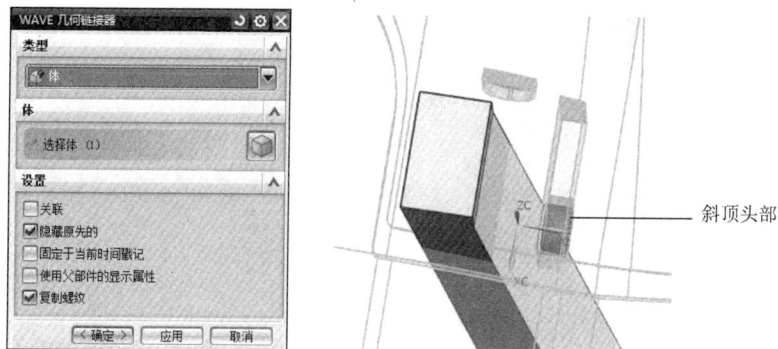

图 8-192　选择斜顶 2 头部

单击【注塑模工具】工具条中的【创建方块】按钮，选择斜顶本体侧面及斜顶头部内侧面，如图 8-193 所示，单击【确定】按钮。

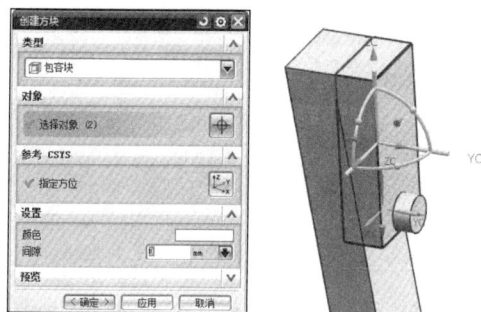

图 8-193　斜顶 2 本体创建

在图 8-194 所示的【求和】对话框中，以斜顶本体为目标体，以斜顶头部和创建方块为刀具体，进行求和运算。

图 8-194　斜顶 2 的求和运算

在图 8-195 所示的【偏置面】对话框中，【选择面】为斜顶底部面，在【偏置】数值框中输入 5，单击【确定】按钮，完成斜顶创建。

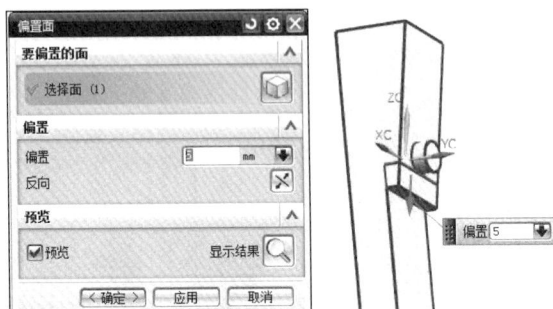

图 8-195　设置斜顶 2 的偏置距离为 5mm

6）修剪斜顶。单击【注塑模向导】工具条中的【修边模具组件】按钮，弹出【修边模具组件】对话框，选择斜顶 2 为目标体，在【修边曲面】下拉列表中选择刀具【CORE_TRIM_SHEET】，如图 8-196 所示，单击【确定】按钮，完成斜顶 2 的修剪。修剪完成的斜顶 2 如图 8-197 所示。

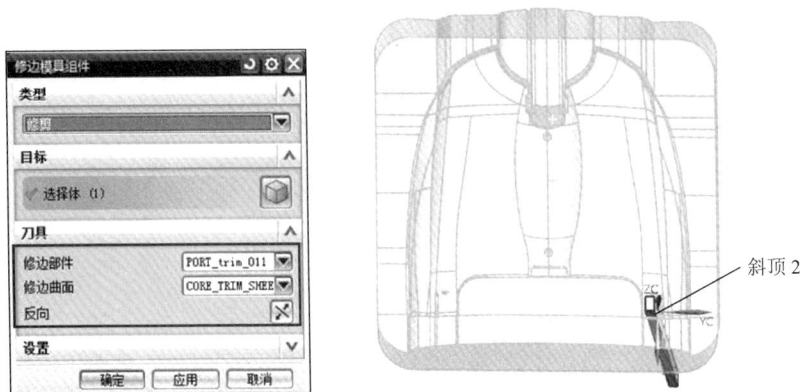

图 8-196　斜顶 2 修剪的刀具选择

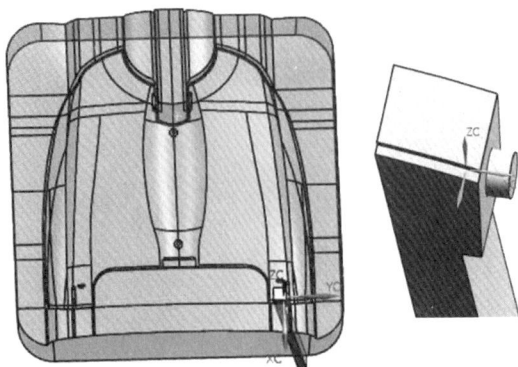

图 8-197　修剪完成的斜顶 2

3. 镜像装配斜顶组件

1）选中部件【PORT_prod_003】并右击，在弹出的快捷菜单中选择【设为工作部件】命令，得到的装配导航器结果，如图 8-198 所示。

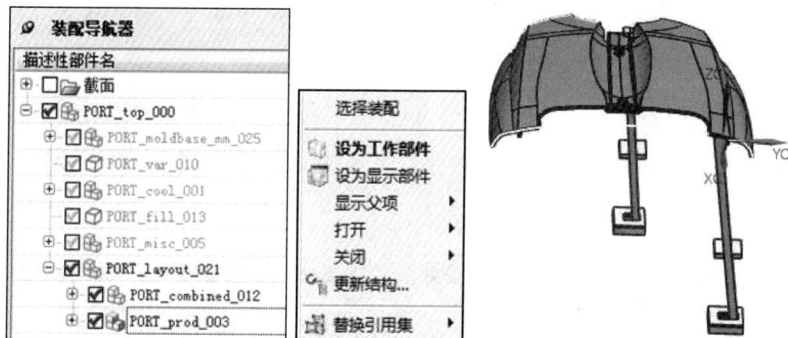

图 8-198　镜像装配斜顶组件设置

2）在【镜像装配向导】对话框中，单击【下一步】按钮选择斜顶 1 组件、斜顶 2 组件，单击【下一步】按钮，如图 8-199 所示。

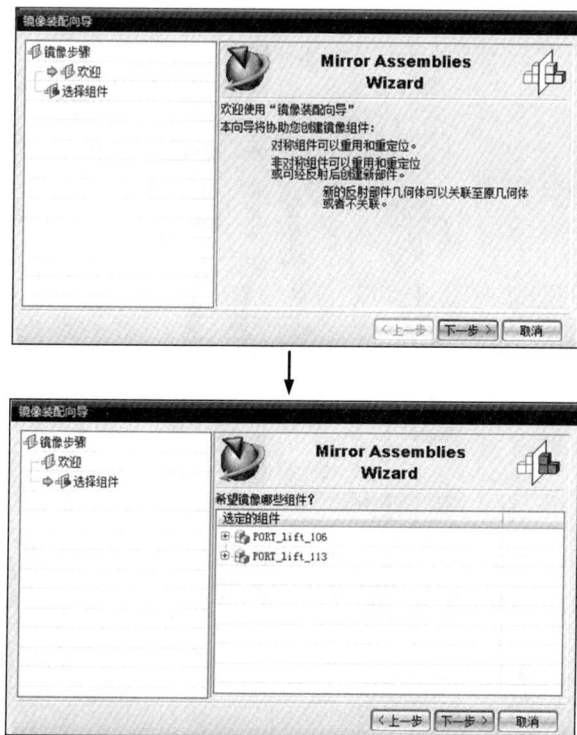

图 8-199　选择组件

3）如图 8-200 所示，单击【镜像平面】按钮，弹出【基准平面】对话框，选择【YC-ZC

平面】为镜像平面，单击【确定】按钮，返回【镜像装配向导】对话框。继续单击【下一步】按钮，确认部件文件名称后，单击【完成】按钮，完成斜顶组件镜像，斜顶镜像结果如图 8-201 所示。

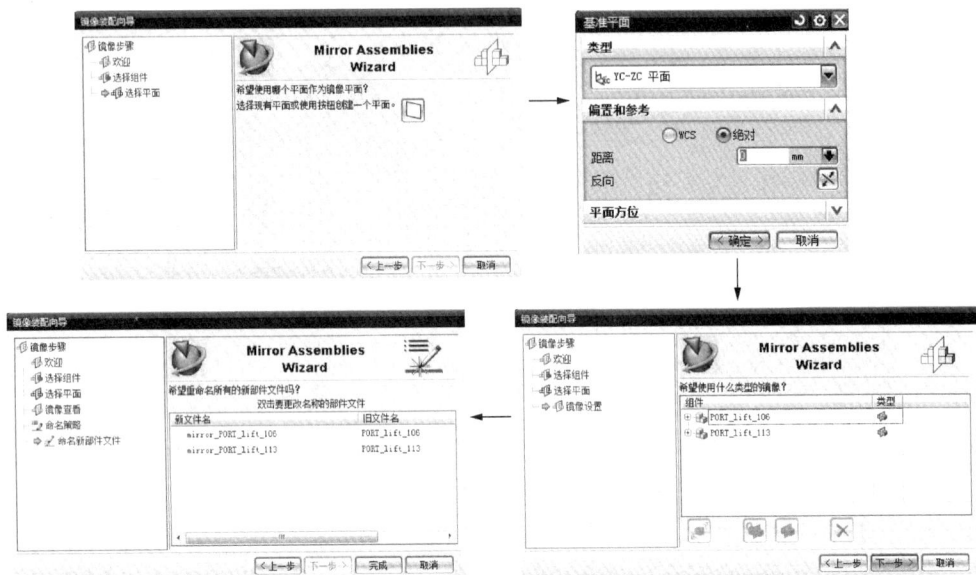

图 8-200　斜顶组件镜像装配过程

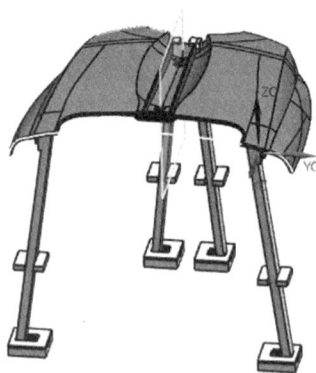

图 8-201　斜顶镜像结果

【提示】

斜顶组件镜像后，务必检查镜像体是否完好，防止出现镜像组件错位现象。

8.2.8　顶出系统设计

本产品是电器装饰盖，塑料制件曲面形状比较平坦，内表面是不可见面，内部有少量筋位，所以采用顶针推出产品的脱模形式。图 8-202 所示顶针主要分布在塑料制件的边缘及其他等包紧力较大的位置。

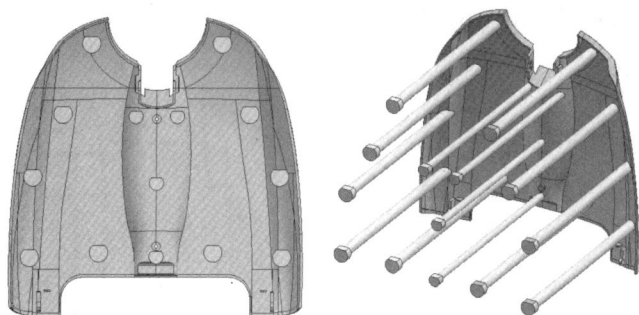

图 8-202　顶针排布图

1. 顶针设计

操作步骤如下：

1）单击【注塑模向导】工具条中的【标准部件库】按钮 ，弹出【标准件管理】对话框，在【文件夹视图】选项组中选择生产厂商【FUTABA_MM】下的【Ejector Pin】选项，在【部件】选项组中点选【新建组件】单选按钮，在【详细信息】选项组中设置【CATALOG_DIA】为 12.0，【CATALOG_LENGTH】为 300，如图 8-203 所示，单击【确定】按钮。

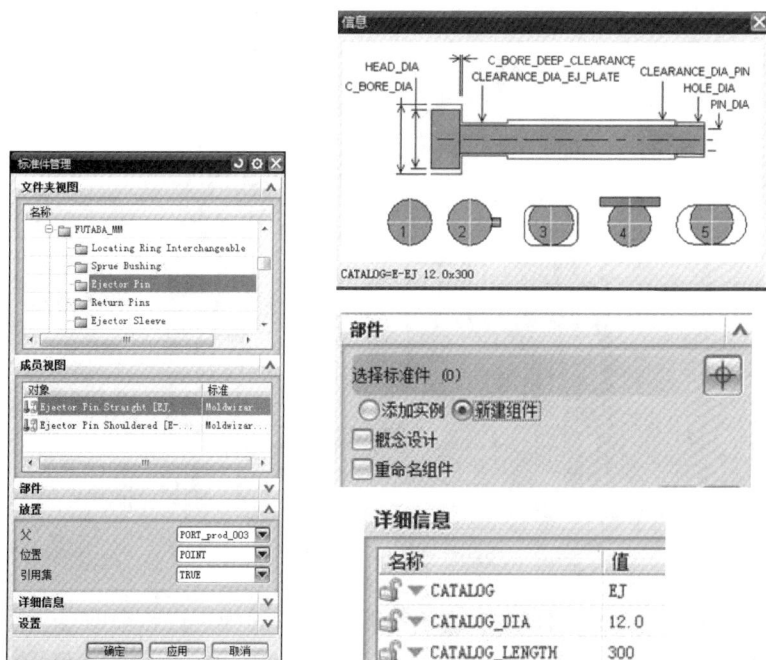

图 8-203　顶针设计的参数设置

2）弹出【点】对话框，选择绝对坐标，依次输入坐标（X＝60，Y＝110，Z＝0），单击【确定】按钮，如图 8-204 所示，系统在该坐标下自动创建顶针 1，如图 8-205 所示。

图 8-204　设置绝对坐标值

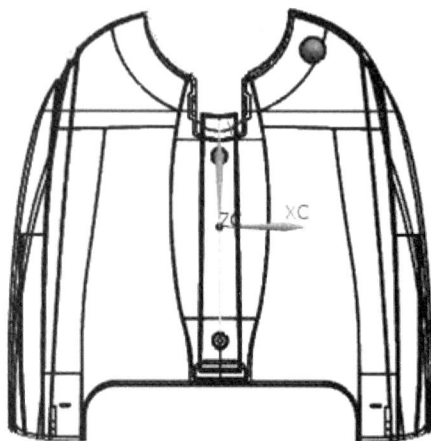

图 8-205　顶针 1 的创建

3）返回图 8-204 所示的【点】对话框，选择绝对坐标，依次输入坐标（X＝－60，Y＝110，Z＝0）、（X＝85，Y＝50，Z＝0）、（X＝－85，Y＝50，Z＝0）、（X＝115，Y＝－10，Z＝0）、（X＝－115，Y＝－10，Z＝0）、（X＝115，Y＝－80，Z＝0）、（X＝－115，Y＝－80，Z＝0）、（X＝50，Y＝－75，Z＝0）、（X＝－50，Y＝－75，Z＝0）。系统自动创建其余 9 根顶针，顶针 1 创建结果如图 8-206 所示。

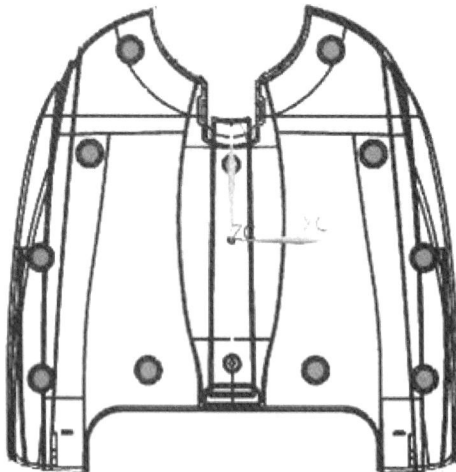

图 8-206　顶针 1 创建结果

4）顶针 2 创建。单击【注塑模向导】工具条中的【标准部件库】按钮，弹出【标准件管理】对话框，在【文件夹视图】选项组中选择生产厂商【FUTABA_MM】下的【Ejector Pin】选项，在【部件】选项组中点选【新建组件】单选按钮，在【详细信息】选项组中设置【CATALOG_DIA】为 8.0，【CATALOG_LENGTH】为 300，如图 8-207 所示，单击【确定】按钮。

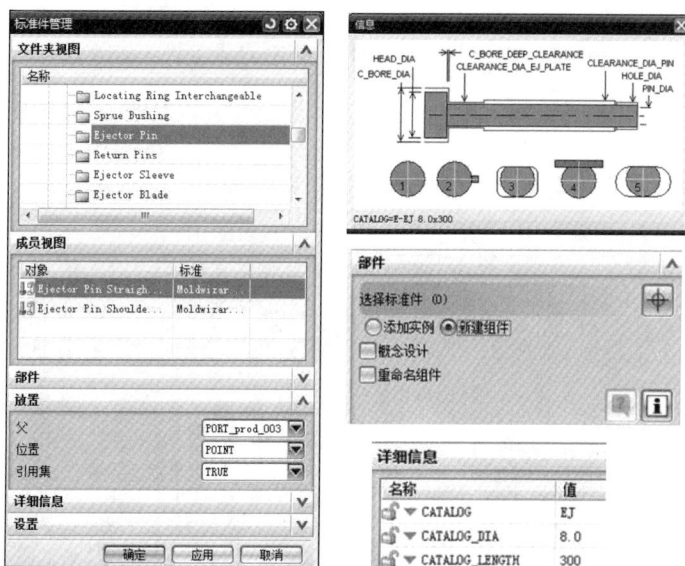

图 8-207 顶针 2 创建的参数设置

5）弹出【点】对话框，选择绝对坐标，依次输入坐标（X＝0，Y＝－80，Z＝0）、（X＝0，Y＝－15，Z＝0）、（X＝－20，Y＝45，Z＝0）、（X＝20，Y＝45，Z＝0），如图 8-208 所示，单击【确定】按钮，系统在该坐标下自动创建顶针 2。

调整顶针：单击【移动组件】按钮，选择所有顶针，选择 ZC 方向移动 40mm。

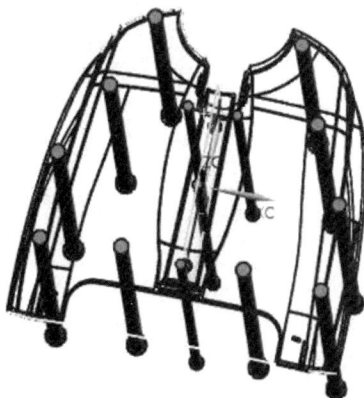

图 8-208 顶针 2 创建结果

【提示】

同规格顶针一起创建时，务必在【部件】选项组中点选【新建组件】单选按钮，如图 8-207 所示。

2. 修剪顶针

由于插入的顶针比较长，需要对其进行修剪操作。

1）单击【顶杆后处理】按钮，弹出【顶杆后处理】对话框。

2）依次选择产品中的所有顶针为目标体，在【刀具】选项组的【修边曲面】下拉列表中选择刀具【CORE_TRIM_SHEET】，即型芯面片体，如图 8-209 所示，单击【确定】按钮。

顶针修剪结果如图 8-210 所示。至此，顶针设计完毕。

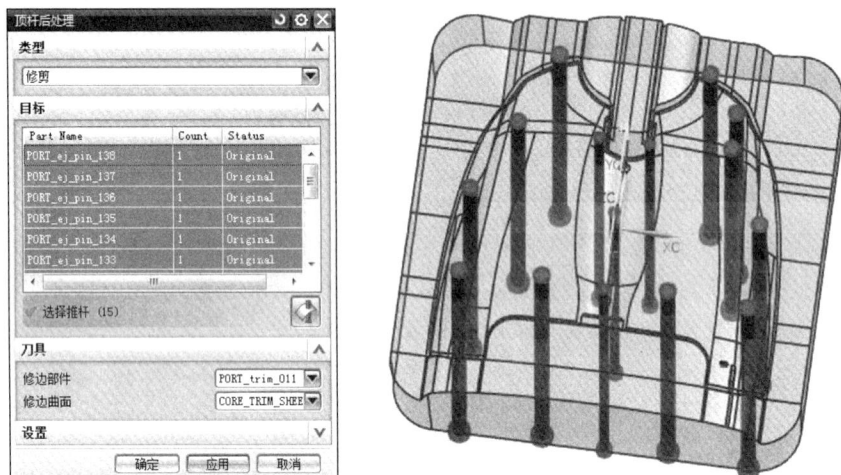

图 8-209　选择目标体

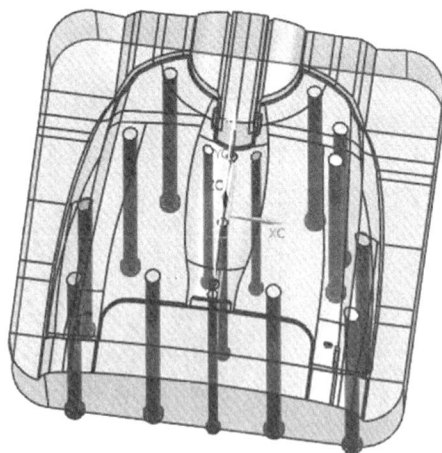

图 8-210　顶针修剪结果

3. 顶出系统复位

顶出系统复位主要是指弹簧辅助复位杆使顶出系统快速回位。

1）单击【注塑模向导】工具条中的【标准部件库】按钮，弹出【标准件管理】对话框，在【文件夹视图】选项组中选择生产厂商为【FUTABA_MM】下的【Springs】选项。复位弹簧一般选择矩形截面的弹簧，在【详细信息】选项组中设置弹簧的类型、直径等参数，在【详细信息】选项组中的【COMPRESSION】选项中设置弹簧压缩量为 10，如图 8-211 所示。

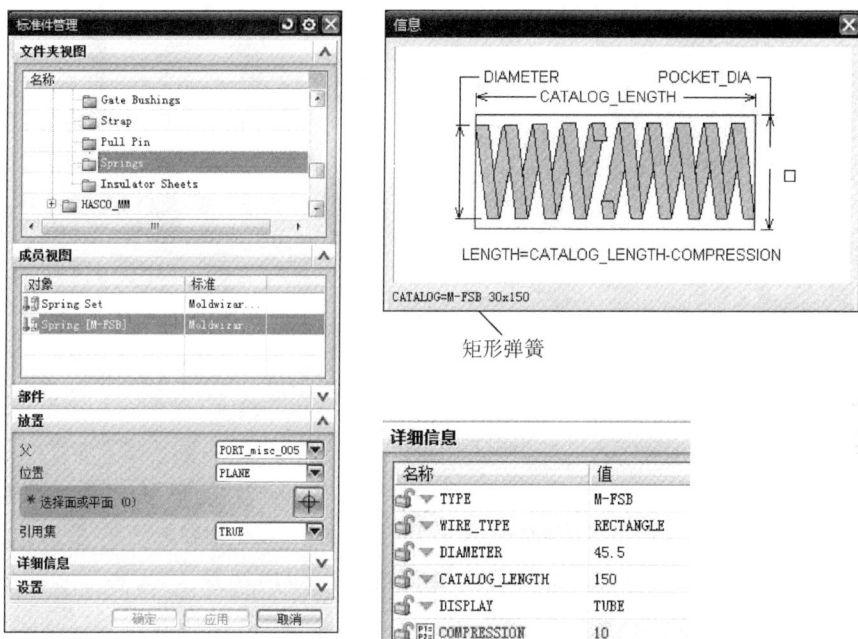

图 8-211　顶出系统复位的参数位置

2）参数设置完成后，在【放置】选项组中选取面针板的顶面，单击【确定】按钮。弹出【点】对话框，注意将【选择范围】设置为【整个装配】，选取复位杆的圆弧中心，单击【确定】按钮，如图 8-212 所示。

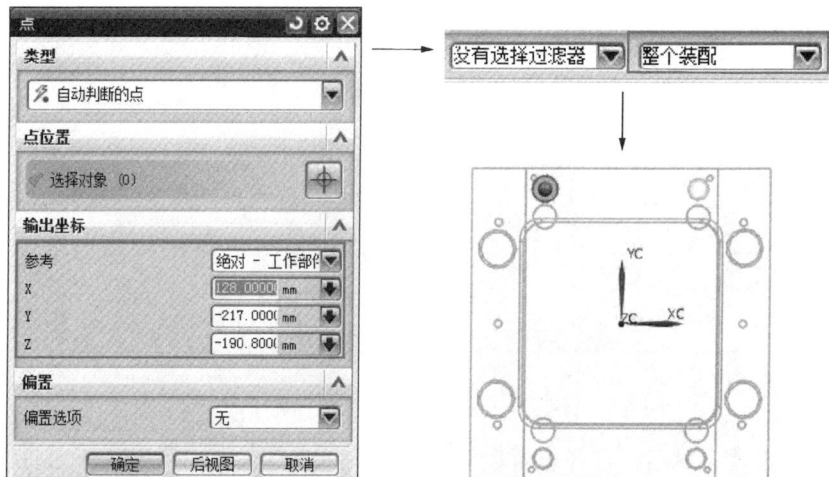

图 8-212　选取复位杆的圆弧中心

3）依次选择复位杆圆心，完成弹簧的创建，结果如图 8-213 所示。

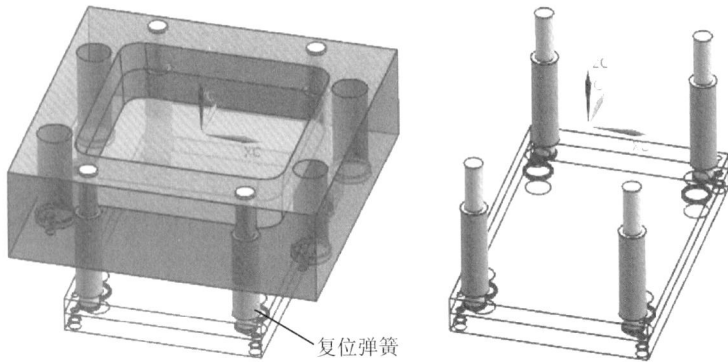

图 8-213　复位弹簧创建结果

4. 垃圾钉

操作步骤如下:

1) 单击【注塑模向导】工具条中的【标准部件库】按钮 ■ ，弹出【标准件管理】对话框，在【文件夹视图】选项组中选择厂商为【FUTABA_MM】下的【Stop Buttons】选项。在【详细信息】选项组中选择垃圾钉型号【M-STR/16】，如图 8-214 所示。

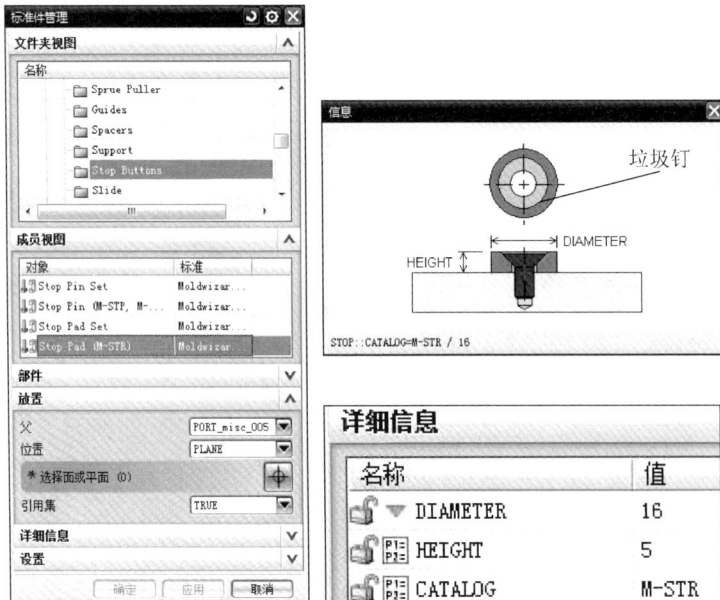

图 8-214　垃圾钉的参数设置

2) 参数设置完成后，在【位置】下拉列表中选择【PLANE】选项，选取面板的顶面，弹出【点】对话框，选取复位杆的圆弧中心，单击【确定】按钮，完成垃圾钉的创建，如图 8-215 所示。

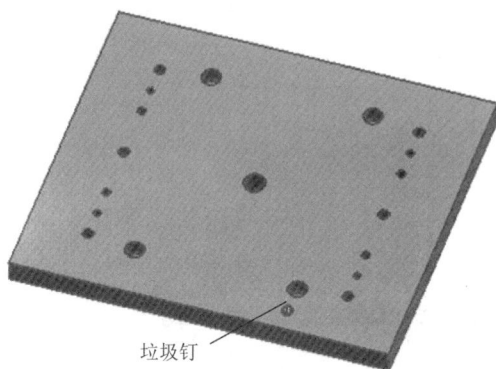

图 8-215　垃圾钉的创建

3）其他 3 个垃圾钉的创建方法相同，结果如图 8-216 所示。

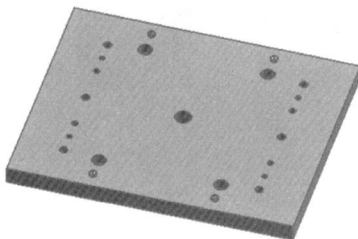

图 8-216　垃圾钉创建结果

8.2.9　冷却系统设计

根据产品实际情况，采用动、定模各两组水路设计。

1. 设计冷却水路

冷却水路的模具方位示意图如图 8-217 所示。

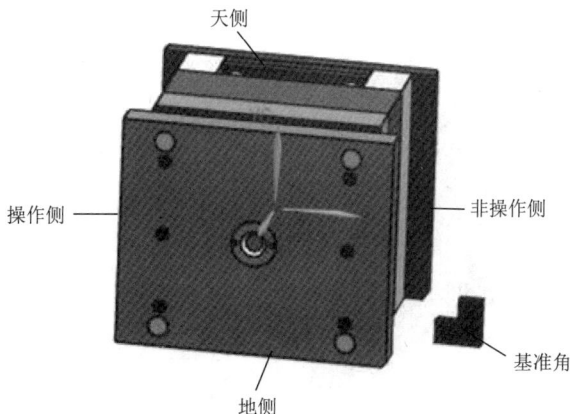

图 8-217　冷却水路的模具方位示意图

1）利用【冷却】命令在 AP 板上创建定模冷却系统的进出水路，冷却水路左右对称布置，共两组。

单击【模具冷却工具】工具条中的【冷却标准部件库】按钮 ，弹出【冷却组件设计】对话框。在【文件夹视图】选项组中选择【COOLING】选项，在【成员视图】选项组中选择【COOLING HOLE】选项，在【详细信息】选项组中设置冷却水路尺寸参数，设置【PIP_HREAD】为 1/4，设置参数【HOLE_1_DEPTH】为 140，【HOLE_2_DEPTH】为 140，如图 8-218 所示，单击【确定】按钮。

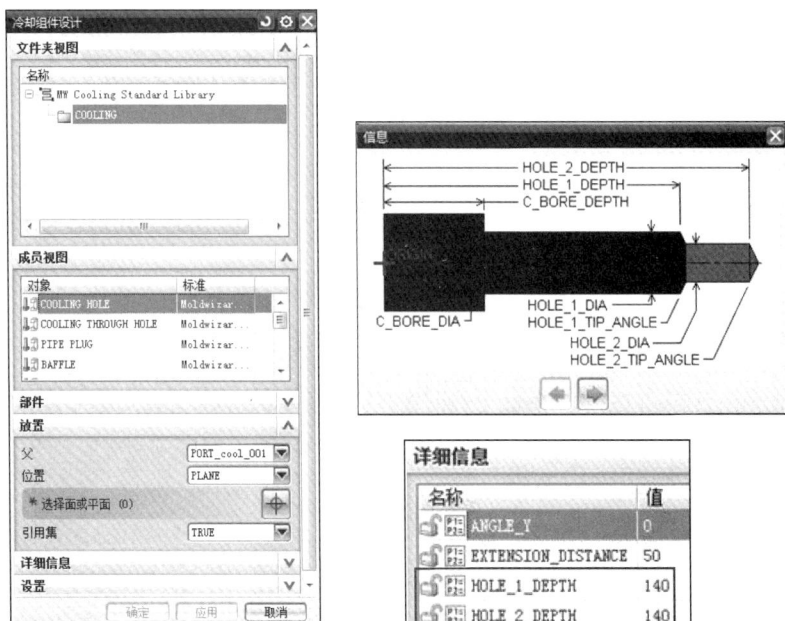

图 8-218　定模冷却水路的参数设置

2）单击【放置】选项组中的【选择面和平面】按钮，在视图中选择 AP 板的非操作侧面，如图 8-219 所示。

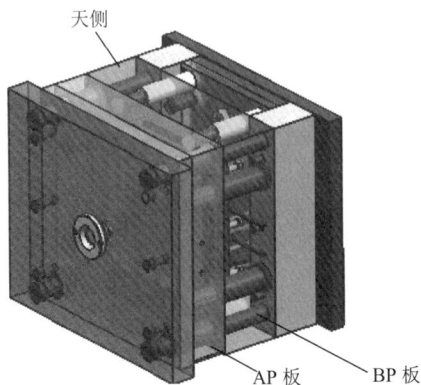

图 8-219　选择放置面 1

3）视图变为放置面正视图，并弹出【点】对话框，选择绝对坐标，依次输入坐标（X＝250，Y＝－35，Z＝105）、（X＝250，Y＝35，Z＝105），如图 8-220 所示，单击【确定】按钮，系统自动创建 AP 板上两条进出水路。

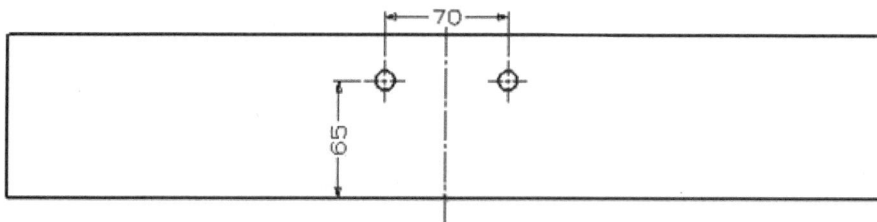

图 8-220　水路坐标设置

4）在型腔上创建冷却水路，水路大小为 1/4，位置和长度如图 8-221 所示。其中，水路 1 的长度为 140mm，定位平面为 YC 轴所指向的型腔外侧面，相对于绝对坐标的定位点为（X＝110，Y＝170，Z＝60）、（X＝110，Y＝－170，Z＝60）。水路 2 的长度为 140mm，定位平面为 XC 轴所指向的型腔外侧面，相对于绝对坐标的定位点为（X＝170，Y＝110，Z＝60）、（X＝170，Y＝－110，Z＝60）。水路 3 的长度为 280mm，定位平面为－YC 轴所指向的型腔外侧面，相对于绝对坐标的定位点为（X＝35，Y＝－170，Z＝60）。创建出的型腔水路效果如图 8-222 所示。

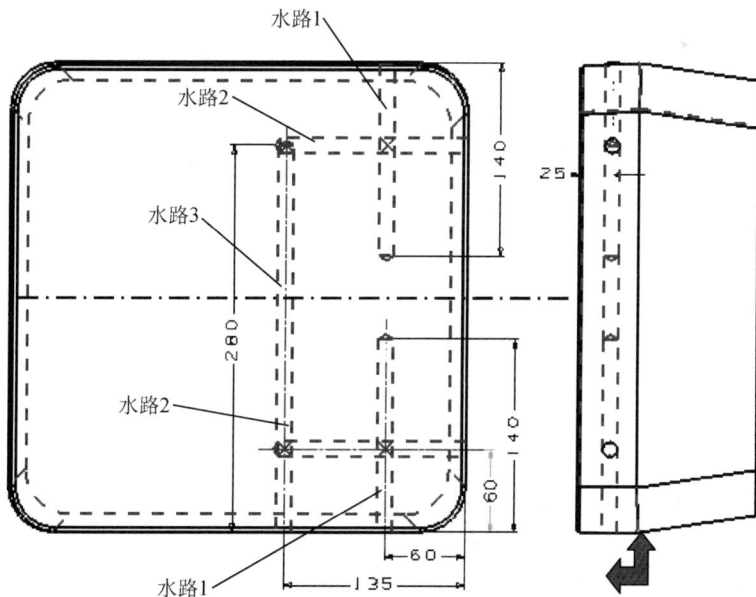

图 8-221　水路位置和长度

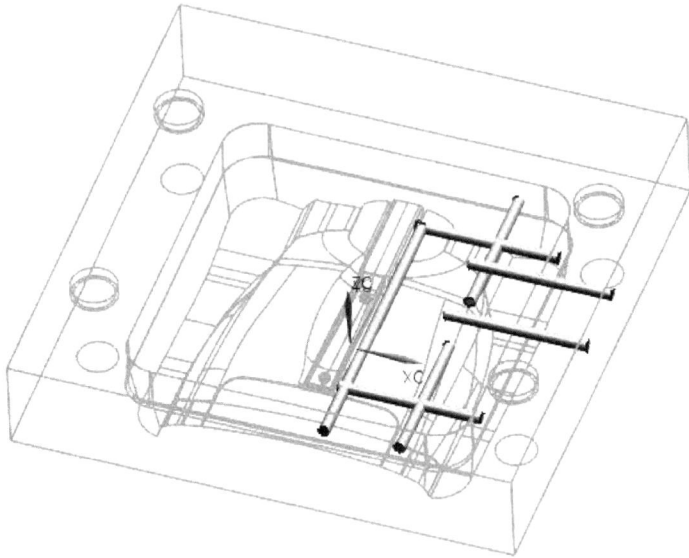

图 8-222　创建出的型腔水路效果

5）创建定模部分的进出水路和冷却水路的连接段。其长度为 50mm，定位平面为型腔底部平面，相对于绝对坐标的定位点为（X＝110，Y＝－35，Z＝85）、（X＝110，Y＝35，Z＝85）。创建后需要利用【重定位】命令将水路向 ZC 方向移动 25mm。创建型腔单侧水路效果如图 8-223 所示。

图 8-223　创建型腔单侧水路效果

6）利用【冷却】命令在 BP 板上创建动模冷却系统的进水水路，冷却水路左右对称布置，共两组。

单击【模具冷却工具】工具条中的【冷却标准部件库】按钮，弹出【冷却组件设计】对话框。在【文件夹视图】选项组中选择【COOLING】选项，在【成员视图】选项组中选择【COOLING HOLE】选项，在【详细信息】选项组中设置冷却水路尺寸参数。

设置【PIP_HREAD】为【1/4】，设置参数【HOLE_1_DEPTH】为 120，【HOLE_2_DEPTH】为 120，如图 8-224 所示，单击【确定】按钮。

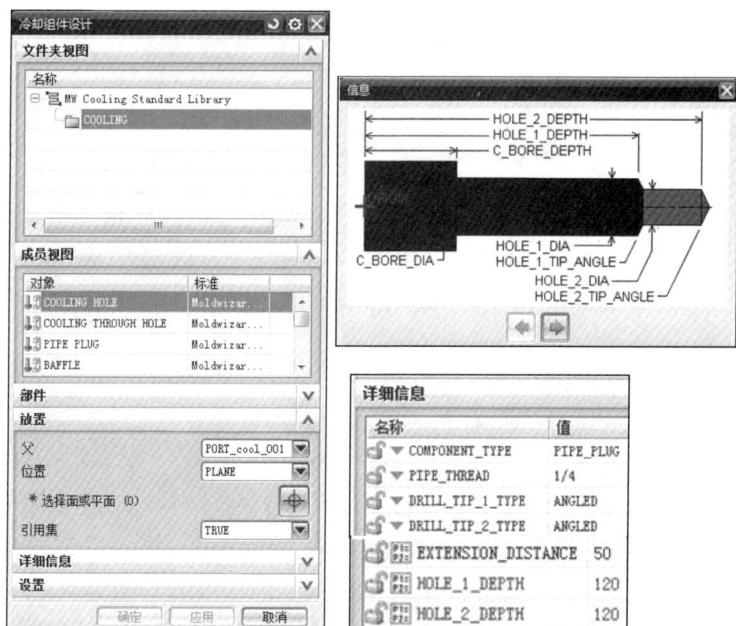

图 8-224　动模冷却水路的参数设置

7）在【放置】选项组中单击【选择面和平面】按钮，在视图中选择 BP 板的非操作侧面，如图 8-225 所示。

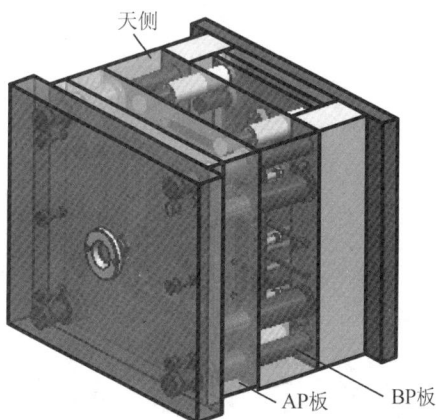

图 8-225　选择放置面 2

8）视图变为放置面正视图，并弹出【点】对话框，选择绝对坐标，依次输入坐标（X＝250，Y＝22.5，Z＝－80）、（X＝250，Y＝－45，Z＝－80）、单击【确定】按钮，系统自动创建 BP 板上两条进出水路，如图 8-226 所示。

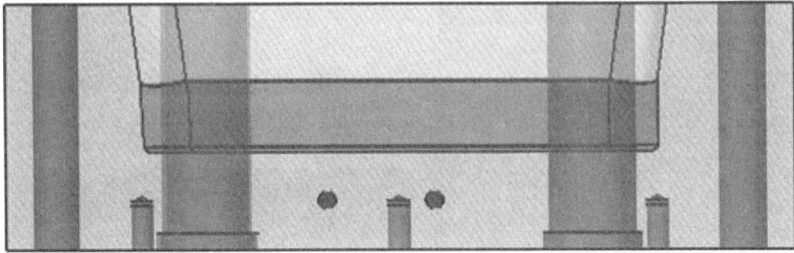

图 8-226　BP 板水路创建

9）在型芯上创建冷却水路。动模部分水路示意图如图 8-227 所示。其中，水路 1 的长度为 320mm，定位平面为 XC 轴所指向的型芯外侧面，相对于绝对坐标的定位点为（X＝163.5，Y＝22.5，Z＝－30）、（X＝163.5，Y＝－45，Z＝－30）。设置水路直径为 3/8。水路 2 的长度为 45mm，定位平面为型芯底面，相对于绝对坐标的定位点为（X＝90，Y＝22.5，Z＝－50）、（X＝0，Y＝22.5，Z＝－50）、（X＝－90，Y＝22.5，Z＝－50）。水路 3 的长度为 60mm，定位平面为型芯底面，相对于绝对坐标的定位点为（X＝45，Y＝22.5，Z＝－50）、（X＝－45，Y＝22.5，Z＝－50）。水路 4 的长度为 50mm，定位平面为型芯底面，相对于绝对坐标的定位点为（X＝90，Y＝－45，Z＝－50）、（X＝0，Y＝－45，Z＝－50）、（X＝－90，Y＝－45，Z＝－50）。水路 5 的长度为 55mm，定位平面为型芯底面，相对于绝对坐标的定位点为（X＝45，Y＝－45，Z＝－50）、（X＝－45，Y＝－45，Z＝－50）。动模部分型腔水路效果如图 8-228 所示。

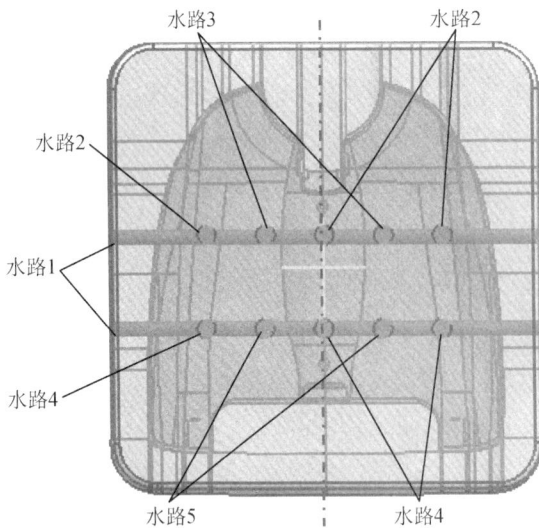

图 8-227　动模部分水路示意图

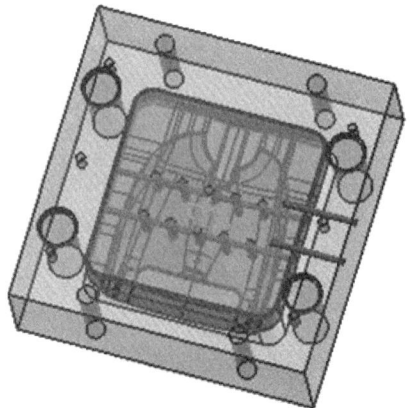

图 8-228　动模部分型腔水路效果

10）创建动模部分的进水水路和冷却水路的连接段。其长度为 55mm，定位平面为型腔底部平面，相对于绝对坐标的定位点为（X＝130，Y＝22.5，Z＝－50）、（X＝130，

Y＝－45，Z＝－50）。创建后需要利用【重定位】命令将水路向 ZC 方向移动 35mm。动模侧型腔单侧水路效果如图 8-229 所示。

图 8-229　动模侧型腔单侧水路效果

11）镜像水路。如图 8-230 所示，选择定模水路及动模进出水路和连接段，镜像平面为绝对坐标 YC-ZC 平面，完成动、定模水路镜像。动、定模水路镜像效果如图 8-231 所示。

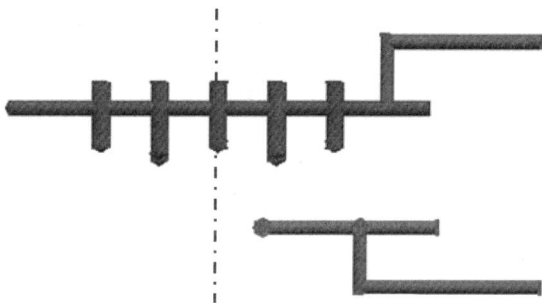

图 8-230　动、定模水路镜像前

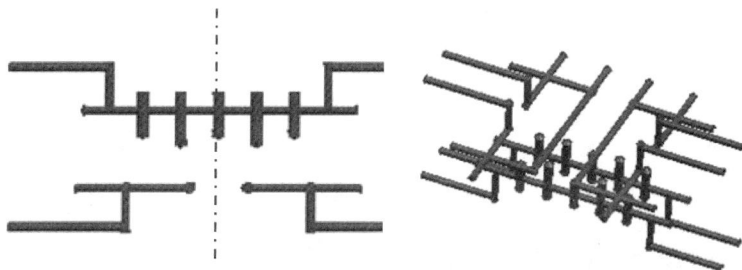

图 8-231　动、定模水路镜像效果

2. 水嘴、堵头、隔水片水堵标准件设计

1）水嘴设计。单击【模具冷却工具】工具条中的【冷却标准部件库】按钮⧉，弹出【冷却组件设计】对话框。在【文件夹视图】选项组中选择【COOLING】选项，在【成员视图】选项组中选择【CONNECTOR PLUG】选项，在【详细信息】选项组中设置冷却水路尺寸参数。选择供应生产商【SUPPLIER】为【HASCO】，设置【PIPE_THREAD】为 1/4，如图 8-232 所示，单击【确定】按钮。

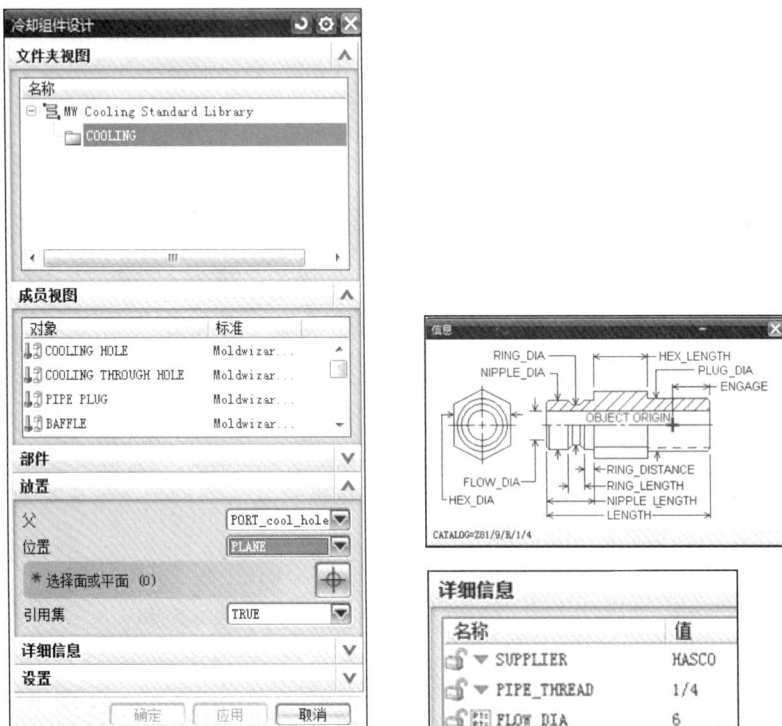

图 8-232　水嘴设计的参数设置

2）在【放置】选项组中选择水嘴的【父】部件为【PORT_COOL_SIDE_A_016】,【位置】为【PLANE】,在视图中选择 AP 板的非操作侧面,如图 8-233 所示。

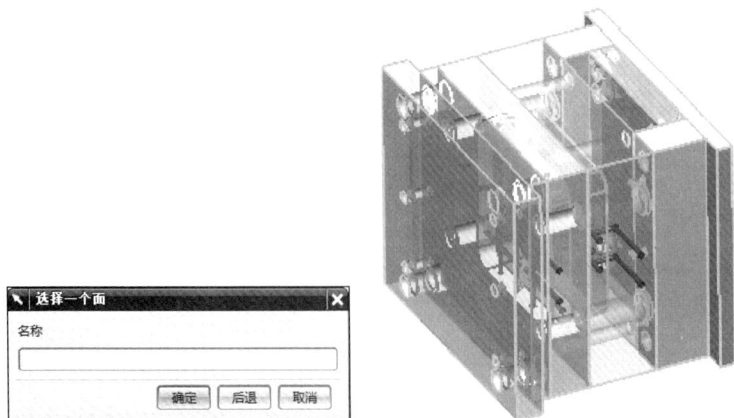

图 8-233　选择一个面

3）视图变为放置面正视图,并弹出【点】对话框,选择绝对坐标,依次选择 4 个进出水孔圆心,单击【确定】按钮,系统自动创建水嘴。非操作侧 4 个水嘴创建结果如图 8-234 所示。用同样方法创建操作侧进出水嘴。

图 8-234　非操作侧水嘴设计

4）型芯、型腔水堵设计。单击【模具冷却工具】工具条中的【冷却标准部件库】按钮 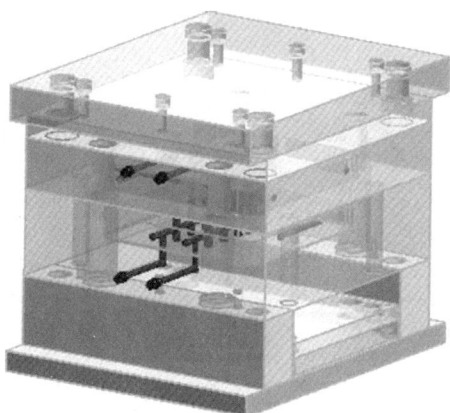，弹出【冷却组件设计】对话框。在【文件夹视图】选项组中选择【COOLING】选项，在【成员视图】选项组中选择【PIPE PLUG】选项，在【详细信息】选项组中设置冷却水路尺寸参数。选择供应生产商【SUPPLIER】为【HASCO】，设置【PIPE_THREAD】为 1/4，如图 8-235 所示，单击【确定】按钮。

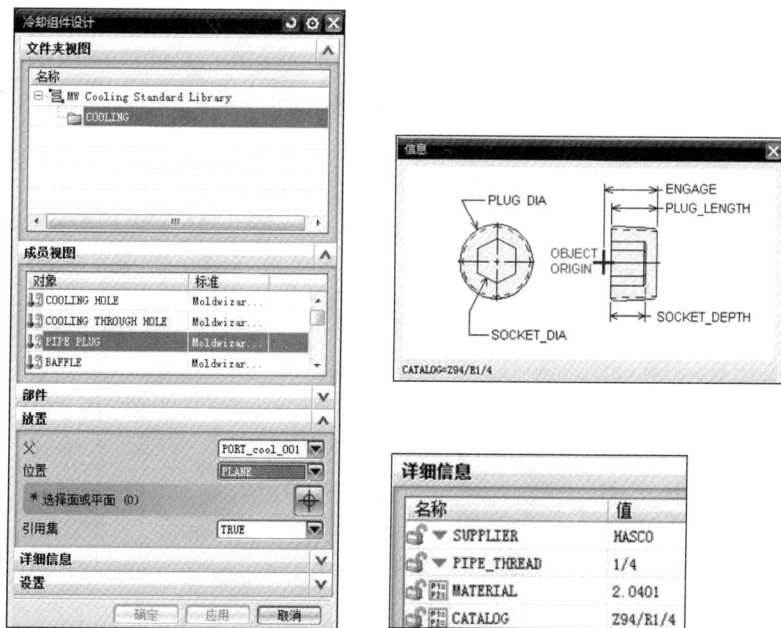

图 8-235　水堵设计的参数设置

在【放置】选项组中选择水嘴的【父】部件为【PORT_cool_001】，【位置】为【PLANE】，选择水路侧面，并弹出【点】对话框，依次选择型芯、芯腔侧面水孔中心，单击【确定】按钮，系统自动创建水路的水堵。水堵创建结果如图 8-236 所示。

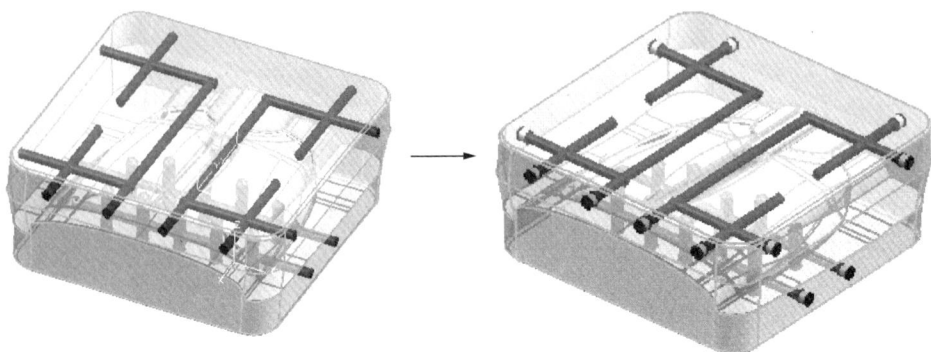

图 8-236　水堵创建结果

5）动模型芯镶件底部带隔水片水堵设计。单击【模具冷却工具】工具条中的【冷却标准部件库】按钮，弹出【冷却组件设计】对话框。在【文件夹视图】选项组中选择【COOLING】选项，在【成员视图】选项组中选择【BAFFLE】选项，在【详细信息】选项组中设置冷却水路尺寸参数。选择供应生产商【SUPPLIER】为【DME】，设置【PIPE_THREAD】为 3/8，如图 8-237 所示，单击【确定】按钮。

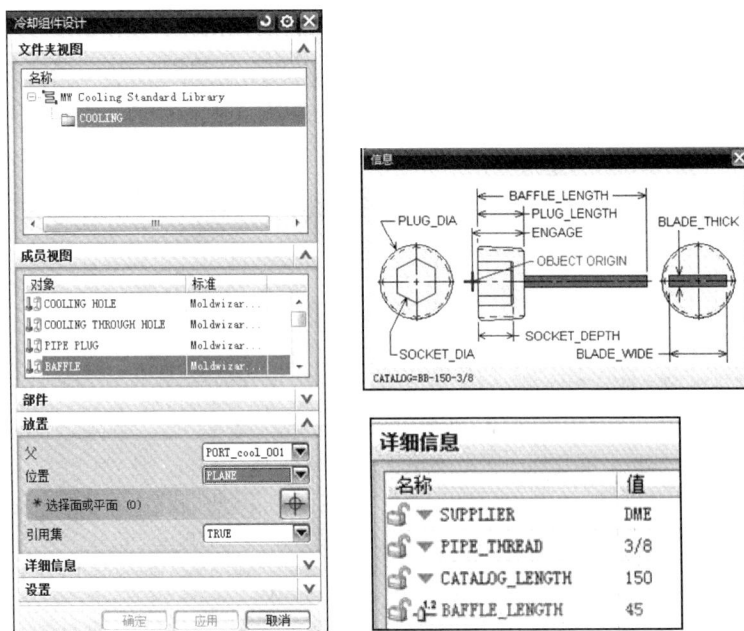

图 8-237　带隔水片堵设计的参数设置

在【放置】选项组中选择水嘴的【父】部件为【PORT_cool_001】，【位置】为【PLANE】，在视图中选择型芯的底面，视图变为放置面正视图，并弹出【点】对话框，选择绝对坐标依次选择水井孔中心，水路 2 的长度为 45mm，水路 3 的长度为 60mm，水路 4 的长度为 50mm，水路 5 的长度为 55mm。带隔水片水堵创建结果如图 8-238 所示。

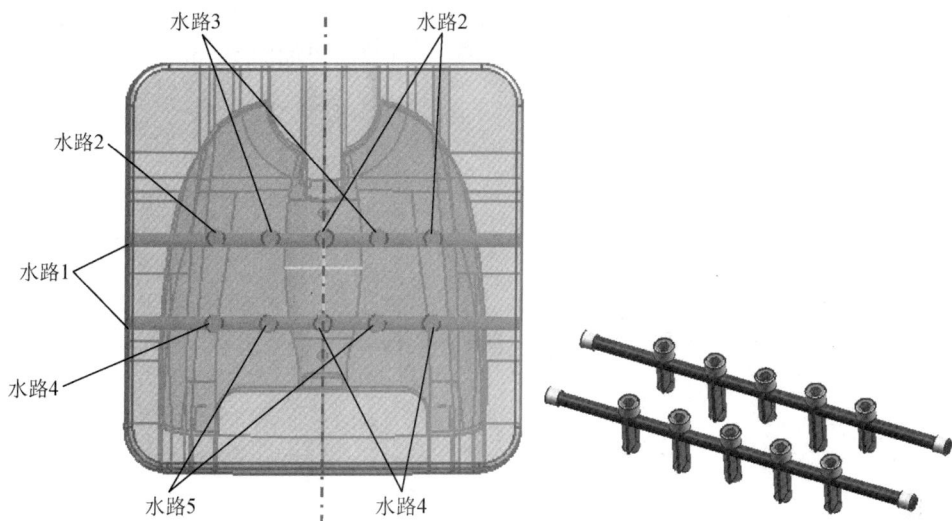

图 8-238　带隔水片水堵创建效果

6）水路密封圈设计。模具采用镶拼形式，因此模板之间要设置密封圈，防止漏水。

单击【模具冷却工具】工具条中的【冷却标准部件库】按钮，弹出【冷却组件设计】对话框。在【文件夹视图】选项组中选择【COOLING】选项，在【成员视图】选项组中选择【O-RING】选项，在【详细信息】选项组中设置冷却水路尺寸参数。设置厚度【SECTION_DIA】为 2，【FITTING_DIA】为 15，如图 8-239 所示，单击【确定】按钮。

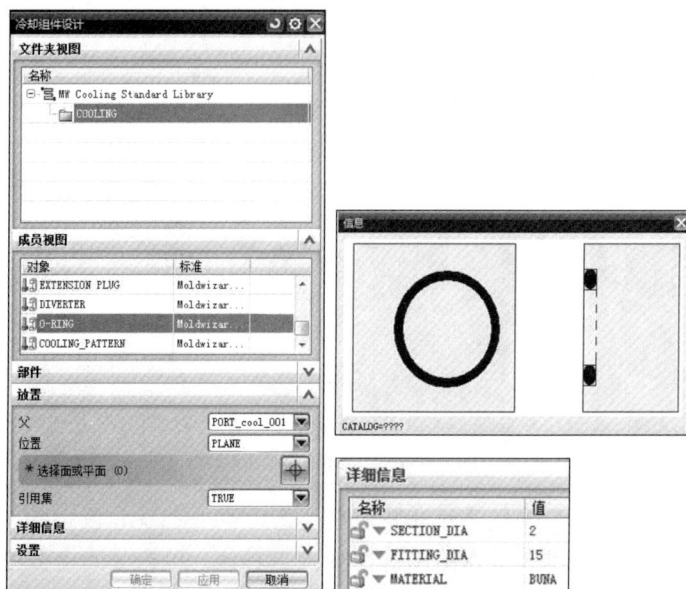

图 8-239　水路密封圈设计的参数设置

在【放置】选项组中选择水嘴的【父】部件为【PORT_cool_001】，【位置】为【PLANE】，在视图中选择动模框的底面，视图变为放置面正视图，并弹出【点】对话框，依次选择点为水路连接段中心，单击【确定】按钮，密封圈创建结果如图 8-240 所示。用同样方法创建定模与型腔之间的密封圈。

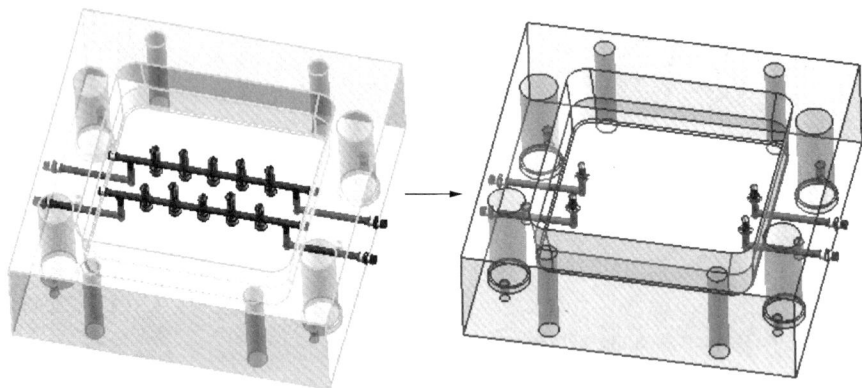

图 8-240　密封圈创建结果

3. 水路系统后处理

1）选中 AP 板、BP 板、型芯及型腔并右击，在弹出的快捷菜单中选择【隐藏】命令。选中 AP 板、BP 板内的所有水路并右击，在弹出的快捷菜单中选择【隐藏】命令，选择【编辑】|【隐藏】|【反转显示和隐藏】命令，得到图 8-241 所示的图形。

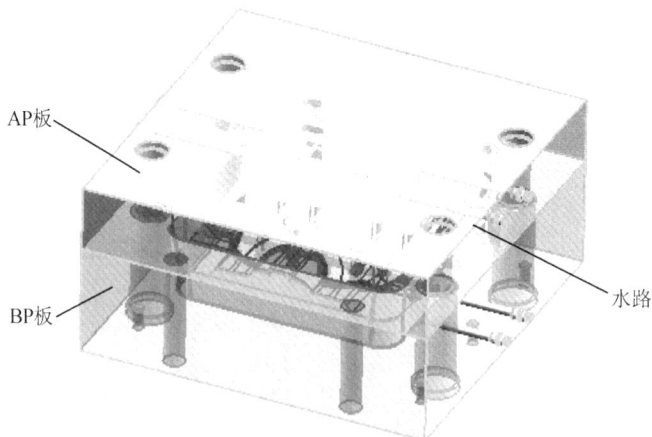

图 8-241　模型显示图形

2）单击【腔体】对话框中的【目标】按钮，选择 AP 板、BP 板、型芯及型腔为【目标】，如图 8-241 所示，选择所有水路及密封圈为工具体，单击【确定】按钮，完成水路孔的创建。

水路开腔完成后的 AP 板、BP 板如图 8-242 所示。

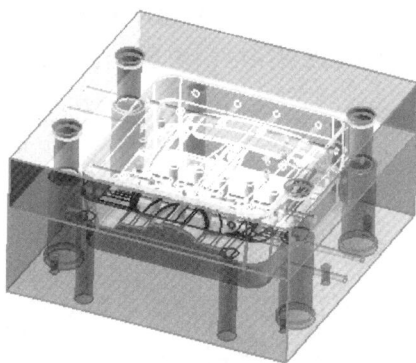

图 8-242　水路开腔完成后的 AP 板、BP 板

8.2.10　三板模标准件

1. 定距分型：内置定距分型机构设计

定距分型主要是指在有点浇口结构的三板模中，以机械方式控制各模板之间的开合行程。一般由止动螺栓和螺栓拉杆组成。

1）止动螺栓设计。单击【注塑模向导】工具条中的【标准部件库】按钮 ，弹出【标准件管理】对话框，在【文件夹视图】选项组中选择生产厂商【MISUMI_MM】下的【Mold Opening Controllers】选项，在【成员视图】选项组中选择【STBG】选项，在【详细信息】选项组中选择止动螺栓型号【STBG20-45-58】，具体参数如图 8-243 所示。

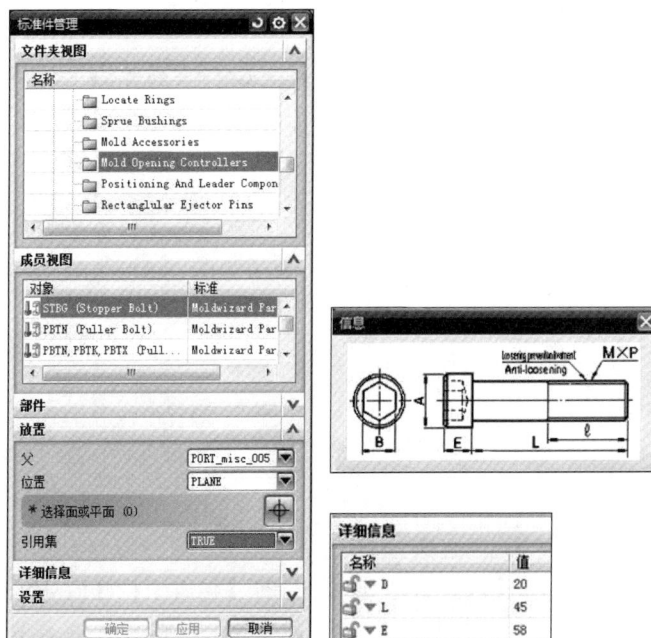

图 8-243　止动螺栓设计的参数设置

2）参数设置完成后，在【放置】选项组中选择【位置】为【PLANE】，选取流道板的顶面，弹出【点】对话框，选择绝对坐标，输入坐标（X＝75，Y＝－207，Z＝170），单击【确定】按钮，完成止动螺栓的创建，如图 8-244 所示。

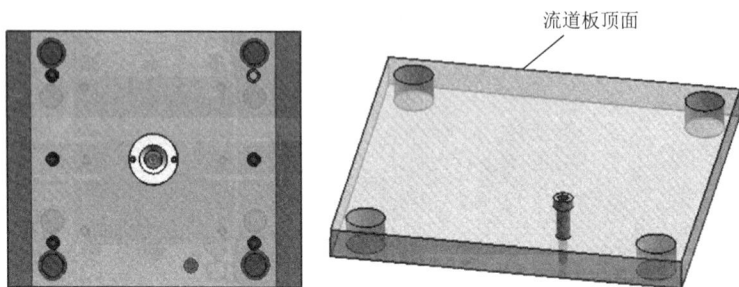

流道板顶面

图 8-244　止动螺栓创建结果

3）螺栓拉杆设计。单击【注塑模向导】工具条中的【标准部件库】按钮，弹出【标准件管理】对话框，在【文件夹视图】选项组中选择生产厂商【MISUMI_MM】下的【Mold Opening Controllers】选项，在【成员视图】选项组中选择【PBTN】选项，在【详细信息】选项组中选择螺栓拉杆型号【PBTN20-220】，具体参数如图 8-245 所示。

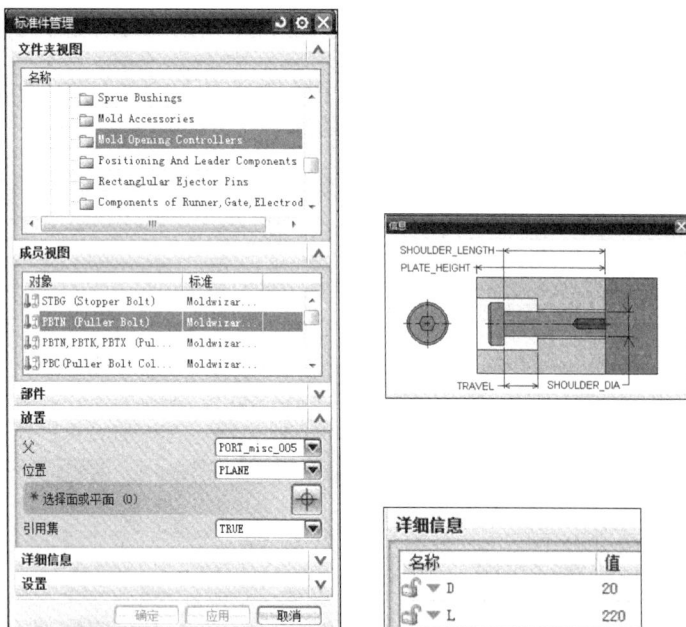

图 8-245　螺栓拉杆设计的参数设置

4）参数设置完成后，在【放置】选项组中选择【位置】为【PLANE】，选取流道板的底面，弹出【点】对话框，选择绝对坐标，输入坐标（X＝75，Y＝－207，Z＝130），单击【确定】按钮，完成螺栓拉杆的创建，如图 8-246 所示。

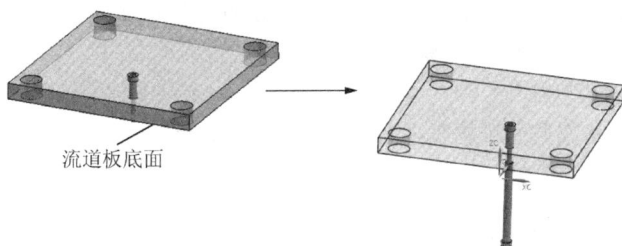

图 8-246　螺栓拉杆创建结果

5）镜像定距分型机构。如图 8-247 所示，选择止动螺栓和螺栓拉杆，镜像平面为绝对坐标 YC-ZC 平面和 XC-ZC 平面，完成定距分型机构镜像。

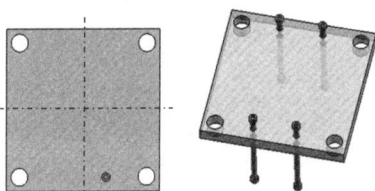

图 8-247　定距分型机构镜像结果

2. 锁模器设计

锁模器主要用于三板模开合时，使 BP 板和 AP 板暂时保持闭合状态。

1）尼龙锁模器设计。单击【注塑模向导】工具条中的【标准部件库】按钮，弹出【标准件管理】对话框，在【文件夹视图】选项组中选择生产厂商【FUTABA_MM】下的【Pull Pin】选项，在【成员视图】选项组中选择【M-PLL】选项，在【详细信息】选项组中选择尼龙锁模型号【M-PLL16】，具体参数设置如图 8-248 所示。

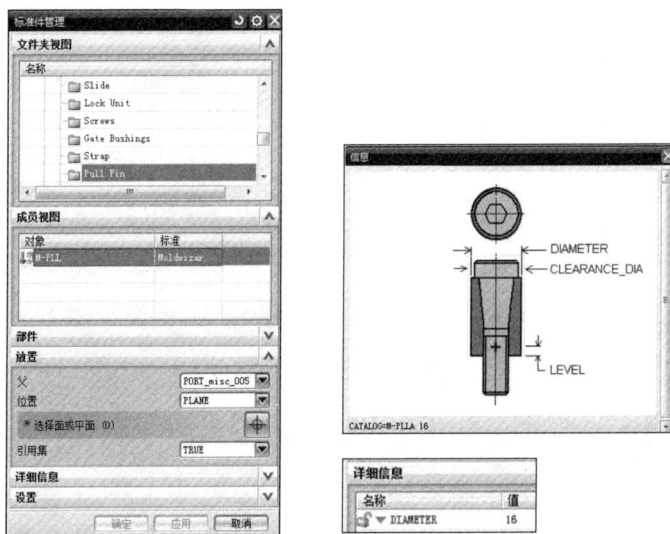

图 8-248　尼龙锁模器设计的参数设置

2）参数设置完成后，在【放置】选项组中选择【位置】为【PLANE】，选取 BP 板的顶面，弹出【点】对话框，选择绝对坐标，依次输入坐标（Y＝207，Y＝0，Z＝40）、（X＝－207，Y＝0，Z＝40）、（X＝0，Y＝207，Z＝40）、（X＝0，Y＝－207，Z＝40），单击【确定】按钮，完成尼龙锁模器的创建，如图 8-249 所示。

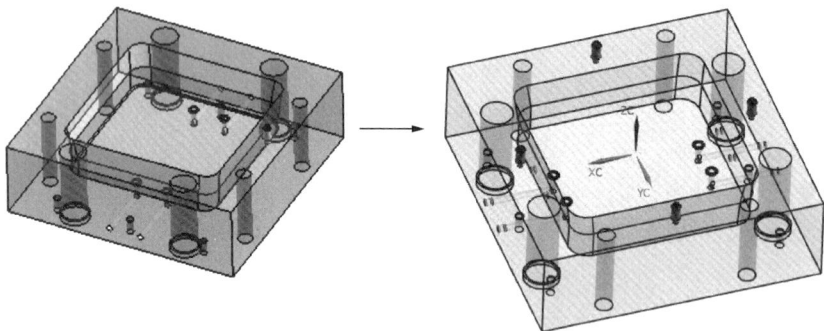

图 8-249　尼龙锁模器创建结果

3. 支撑柱挡圈设计

支撑柱挡圈的作用是防止止动螺栓损坏，保护支撑柱颈部位置。

1）支撑柱挡圈设计。单击【注塑模向导】工具条中的【标准部件库】按钮，弹出【标准件管理】对话框，在【文件夹视图】选项组中选择生产厂商【FUTABA_MM】下的【Lock Unit】选项，在【成员视图】选项组中选择【Shoulder Interlock［M-DSB］】选项，在【详细信息】选项组中选择挡圈型号【M-DSB40/45×30】，具体参数设置如图 8-250 所示。

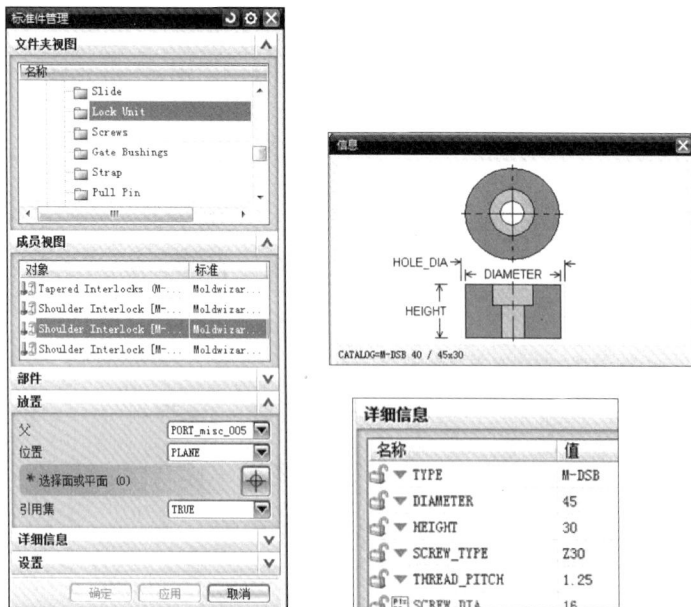

图 8-250　支撑柱挡圈设计的参数设置

2）选取支撑柱的顶面，弹出【点】对话框，依次选择支撑柱圆心，单击【确定】按钮，完成支撑柱挡圈的创建，如图 8-251 所示。

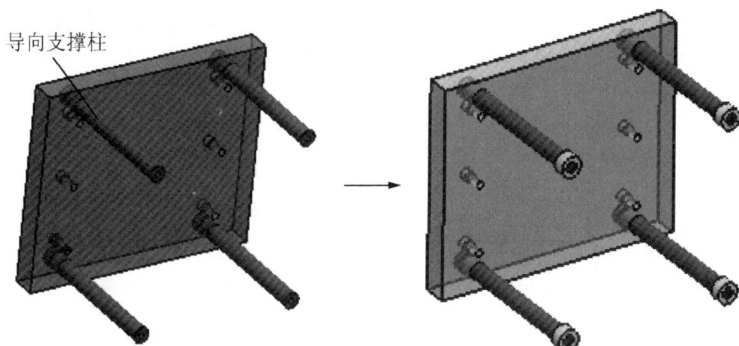

图 8-251　支撑柱挡圈设计结果

4. 顶出限位柱设计

1）顶出限位柱设计。单击【注塑模向导】工具条中的【标准部件库】按钮，弹出【标准件管理】对话框，在【文件夹视图】选项组中选择生产厂商【FUTABA_MM】下的【Support】选项，在【成员视图】选项组中选择【Knock out Pillar】选项，在【详细信息】选项组中选择限位柱型号【M-ERA40×25 11】，具体参数设置如图 8-252 所示。

2）参数设置完成后，在【放置】选项组中选择【位置】为【PLANE】，选择面针板顶面，弹出【点】对话框，选择绝对坐标，依次输入坐标（X＝0，Y＝-174，Z＝-170）、（X＝0，Y＝174，Z＝-170），单击【确定】按钮，完成顶出限位柱设计，如图 8-252 所示。

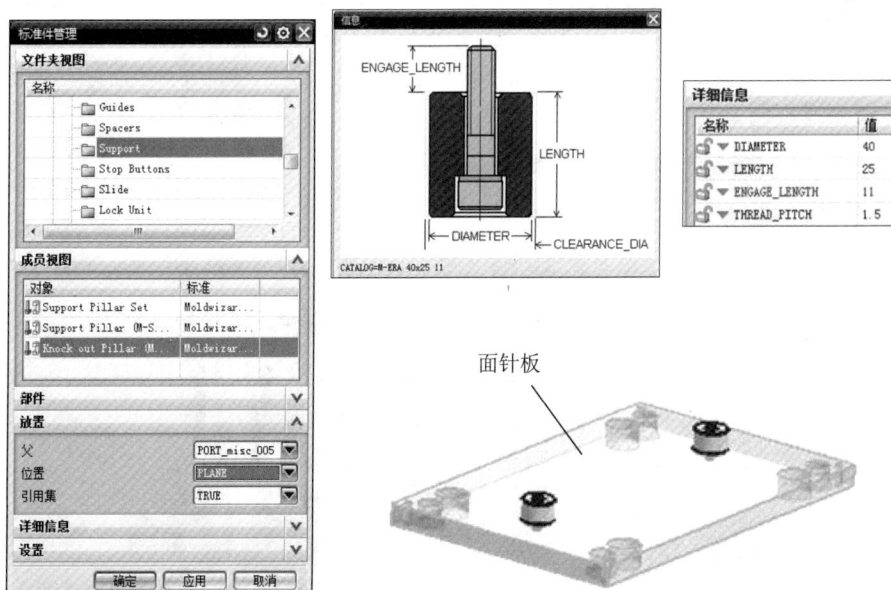

图 8-252　顶出限位柱具体参数设置及设计结果

8.2.11 模具后处理

至此，整副模具设计基本完成了，但有些标准件导入后，没有及时进行开腔操作。在实际加工中模具还需设计安装吊环的螺钉孔，为了美观需要对整副模具的板进行倒角操作等后处理工作。

1. 标准件腔体设计

标准件腔体设计的模具如图 8-253 所示。

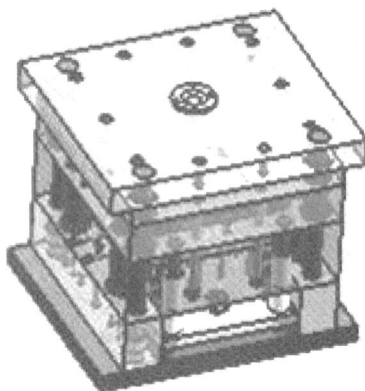

图 8-253　标准件腔体设计的模具

操作步骤如下：

1）设置视图显示方式为【局部着色】，单击【注塑模向导】工具条中的【腔体】按钮，弹出【腔体】对话框，在视图中选择定位圈、浇口衬套等标准件作为【刀具】。

2）单击【查找相关组件】按钮，系统自动搜索查找相关组件，并高亮显示，如图 8-254 所示，单击【应用】按钮，完成浇注及顶出系统标准件腔体的创建。

图 8-254　浇注及顶出系统标准件腔体的创建

标准件腔体完成后的模具如图 8-255 所示。

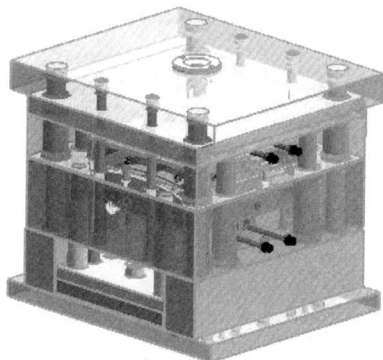

图 8-255　标准件腔体完成后的模具

【提示】

在腔体阶段，要特别注意模具标准件修剪后出现的不合理之处需要设计人员检查修改。针对本套模具修剪问题，具体参考三维数据。

2. 主吊环孔的创建

AP 板、BP 板吊环孔的尺寸需考虑整副模具的重心位置，也要兼顾分开吊装时的平衡。

1）全部显示部件，设置视图显示方式为【局部着色】。

2）选择【分析】|【测量体】命令，弹出【对象体】对话框在【对象】选项组中选择整副模具，在【结果显示】选项组中选择【创建主轴】选项，单击【确定】按钮，得到整副模具质量约为 965kg，如图 8-256 所示。

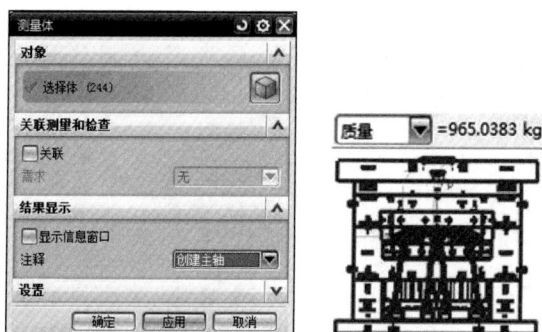

图 8-256　测量体

3）根据模具重心，创建主吊环位置点。选中 BP 板并右击，在弹出的快捷菜单中选择【设为工作部件】命令，设置 BP 板为工作部件。单击【建模】工具条中的【点】按钮，弹出【点】对话框，选择绝对坐标，输入坐标（X＝0，Y＝250，Z＝－10），如图 8-257 所示，单击【确定】按钮。

图 8-257　创建主吊环位置点

4）根据模具质量及标准模架标准，选择主吊环大小为 M24。

单击【特征】工具条中的【孔】按钮，弹出【孔】对话框，在【位置】选项组中选择创建的【点】，选择孔的方向为－YC 轴，设置孔的【大小】为【M24×3】，如图 8-258所示，单击【确定】按钮，完成主吊装孔设计。

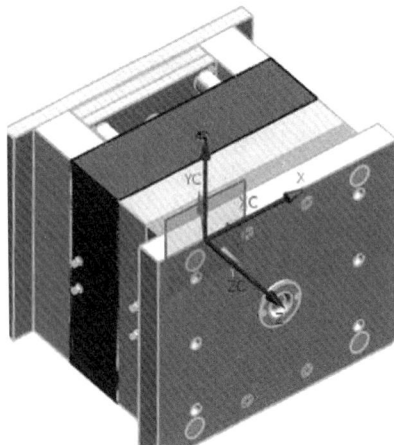

图 8-258　主吊环孔的设置

3. 撬模位、模板倒角操作

1）单击【特征操作】工具条中的【倒斜角】按钮，对 BP 板的直角边缘倒【距离】

为 2mm 的斜角，如图 8-259 所示，单击【应用】按钮。

2）分别将 BP 板和模架上的其他板设为工作部件，重复上述操作，对板的边缘倒【距离】为 2mm 的斜角，倒角处理后的结果如图 8-260 所示。

图 8-259　倒斜角

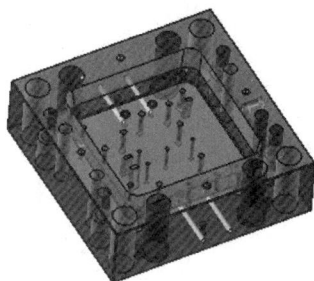

图 8-260　倒角处理后的结果

4. K.O 孔设计

操作步骤如下：

1）选中底板并右击，在弹出的快捷菜单中选择【设为工作部件】命令。选择【孔】命令，设计 K.O 孔直径为 60mm，在【放置】选项组中选择模板中心点，【布尔】为【求差】方式，选择体底板，单击【确定】按钮，完成 K.O 孔创建，如图 8-261 所示。

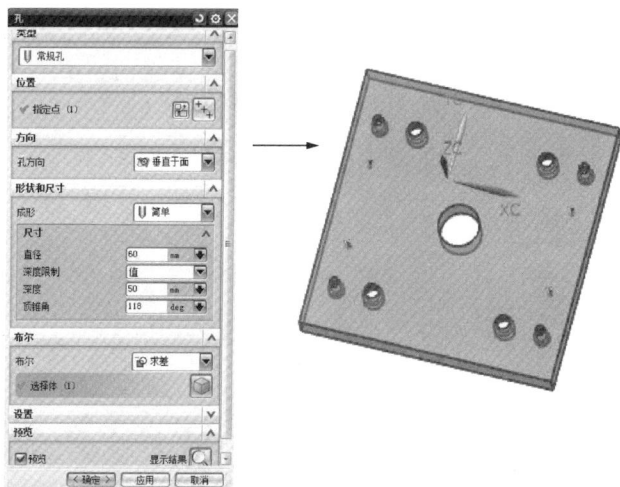

图 8-261　模具 K.O 孔设计

2）选择【文件】|【全部保存】命令，保存文件。

══本章小结══

本章通过盒形塑料制件的模具设计来介绍简单二板模的设计流程，通过电器装饰盖的模具设计来介绍典型三板模的设计流程，运用 MoldWizard 模块进行模具设计。其主要包括整副模具的设计过程及设计细节，模具设计的流程及设计要点；MoldWizard 设计简单二板模和典型三板模的方法，标准模架的设计和调用过程。

思考与练习

1. 在模具设计前需要准备什么资料？有何优势？
2. 简述三板模常用标准件及其作用。
3. 在模具中，为何需要设置复位弹簧？其形式有哪几种？
4. 在模具中，为何需要设置拉料杆？其形式有哪几种？

附录 成型加工温度、模具温度

及注射成型过程的一般塑胶收缩率

材料	标称	密度/ （g/cm³）	玻璃纤维 含量/%	平均比热容/ [kJ/(kg·K)]	加工温度/℃	模具温度/℃	收缩率/%
聚苯乙烯	PS	1.05		1.3	180～280	10	0.3～0.6
聚苯乙烯，中、高冲击性	HI-PS	1.05		1.21	170～260	5～75	0.5～0.6
聚苯乙烯-丙烯腈	SAN	1.08		1.3	180～270	50～80	0.5～0.7
丙烯腈-丁二烯-苯乙烯	ABS	1.06		1.4	210～275	50～90	0.4～0.7
苯烯腈-苯乙烯-丙烯酸	ASA	1.07		1.3	230～260	40～90	0.4～0.6
低密度聚乙烯	LDPE	0.954		2.0～2.1	160～260	50～70	1.5～5.0
高密度聚乙烯	HDPE	0.92		2.3～2.5	260～300	30～70	1.5～3.0
聚丙烯	PP	0.915		0.84～2.5	250～270	50～75	1.0～2.5
聚苯烯-GR	PPGR	1.15	30	1.1～1.35	260～280	50～80	0.5～1.2
聚异丁烯	IB				150～200		
聚甲基戊烯	PMP	0.83			280～310	70	1.5～3.0
软质聚氯乙烯	PVC-soft	1.38		0.85	170～200	15～50	＞0.5
硬质聚氯乙烯	PVC-rigid	1.38		0.83～0.92	180～210	30～50	0.5
聚氟亚乙烯	PVDF	1.2			250～270	90～100	3.0～6.0
聚四氟乙烯	PTFE	2.12～2.17		0.12	320～360	200～230	3.5～6.0
聚甲基丙烯酸甲酯（丙烯）	PMMA	1.18		1.46	210～240	50～70	0.1～0.8
聚氧甲烯（乙缩烯）	POM	1.42		1.47～1.5	200～210	＞90	1.9～2.3
聚苯撑氧或聚氧化亚苯	PPO	1.06		1.45	250～300	80～100	0.5～0.7
聚苯撑氧-GR	PPO-GR	1.27	30	1.3	280～300	80～100	＜0.7
醋酸纤维素	CA	1.27～1.3		1.3～1.7	180～320	50～80	0.5
醋酸-丁酸纤维素	CAB	1.17～1.22		1.3～1.7	180～230	50～80	0.5
丙酸纤维素	CP	1.19～1.23		1.7	180～230	50～80	0.5
聚碳酸醋	PC	1.2		1.3	280～320	80～100	0.8
聚碳酸酯-GR	PC-GR	1.42	10～32	1.1	300～330	100～120	0.15～0.55
聚乙烯对苯二甲酸乙酯	PET	1.37			260～290	140	1.2～2.0
聚乙烯对苯二甲酸乙酯-GR	PET-GR	1.5～1.57	20～30		260～290	140	1.2～2.0
聚丁烯对苯二酸	PBT	1.3			240～260	60～80	1.5～2.5
聚丁烯对苯二酸-GR	PBT-GR	1.52～1.57	30～50		250～270	60～80	0.3～1.2
尼龙6（聚酸胺6）	PA 6	1.14		1.8	240～260	70～120	0.5～2.2
尼龙6-GR	PA 6-GR	1.36～1.65	30～50	1.26～1.7	270～290	70～120	0.3～1
尼龙6/6	PA 66	1.15		1.7	260～290	70～120	0.5～2.5
尼龙6/6-GR	PA66-GR	1.20～1.65	30～50	1.4	280～310	70～120	0.5～1.5

材料	标称	密度/ (g/cm³)	玻璃纤维含量/%	平均比热容/ [kJ/(kg·K)]	加工温度/℃	模具温度/℃	收缩率/%
尼龙11	PA 11	1.03～1.05		2.4	210～250	40～80	0.5～1.5
尼龙12	PA 12	1.01～1.04		1.2	210～250	40～80	0.5～1.5
聚醚砜	PSO	1.37			310～390	100～160	0.7
聚硫化亚苯	PPS	1.64	40		370	＞150	0.2
热塑性聚亚安酯	PUR	1.2		1.85	195～230	20～40	0.9
酚甲醛树脂 GP	PF	1.4		1.3	60～80	170～190	1.2
三聚氰胺甲醛 GP	MF	1.5		1.3	70～80	150～165	1.2～2
三聚氰胺酚甲醛	MPF	1.6		1.1	60～80	160～180	0.8～1.8
聚酯树脂	UP	2.0～2.1		0.9	40～60	150～170	0.5～0.8
环氧树脂	EP	1.9	30～80	1.7～1.9	70	160～170	0.2

注：注意与流动方向及横向的不同收缩率、制程影响。

参 考 文 献

褚建忠，吴治明，闫瑞涛，2011. 塑料模设计基础及项目实践[M]. 2版. 杭州：浙江大学出版社.

H. 瑞斯，2005. 模具工程[M]. 2版. 朱元吉，等译. 北京：化学工业出版社.

吴立军，乔女，郑才国，2013. UG NX 8 模具设计基础教程[M]. 2版. 北京：清华大学出版社.

吴中林，朱生宏，谌丽容，2011. 立体词典：UG NX 6.0 注塑模具设计[M]. 杭州：浙江大学出版社.

张维合，2007. 注塑模具设计实用教程[M]. 北京：化学工业出版社.